쉽게 풀어 쓴

식품위생학

FOOD HYGIENICS

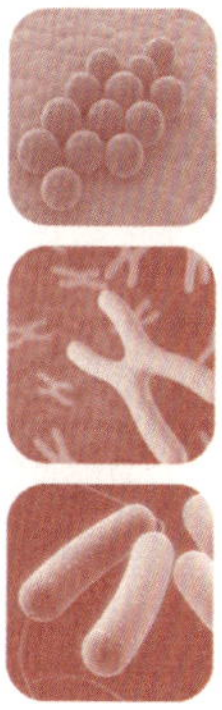

오명석
강양선
임영숙

지식인

Profile

오명석

세종대학교 조리외식경영학과 박사
강동대학교 호텔조리제빵과 교수

강양선

세종대학교 조리외식경영학과 박사
한국관광대학교 호텔제과제빵과 교수

임영숙

세종대학교 조리외식경영학과 박사
강동대학교 호텔조리제빵과 겸임교수

쉽게 풀어 쓴
식품위생학

2016년 7월 20일 초 판 발행
2018년 3월 15일 개정증보판 발행
2022년 3월 10일 제 3 판 발행

지은이 | 오명석 · 강양선 · 임영숙
펴낸이 | 김종욱
펴낸곳 | 지식인
등 록 | 제301-2013-134호
주 소 | 서울시 도봉구 도봉로 180길 20 투웨니퍼스트 102동 602호
전 화 | 02)2266-8606 (대)
팩 스 | 02)2266-8607
E-mail | jisikin2013@naver.com
홈페이지 | www.jisikinbook.co.kr

ISBN 978-89-98591-72-4 (93590)

값 19,000원

쉽게 풀어 쓴

식품위생학

쉽게 풀어 쓴

FOOD 식품위생학
HYGIENICS

PREFACE

현대사회는 식품산업의 발달로 편리한 식생활을 영위할 수 있게 되었지만, 반면에 식품으로 인한 건강상의 문제도 그만큼 늘어나고 있다. 식품은 인간의 삶을 영위하는데 없어서는 안 될 소중한 것이지만 식품의 생산, 제조, 가공, 조리, 저장 중에 생성된 유해물질이나 오염으로 인해 인간의 건강을 위협하는 새로운 문제점들이 빈번하게 발생하고 있다.

대부분 식품들은 그 자체에 유해한 물질을 함유하는 경우는 드물고, 식품을 통하여 발생하는 문제들은 대체로 외부에서 식품으로 유해물질이 오염되어 그 식품과 함께 섭취함으로써 발생하게 된다. 이에 이 책에서는 식품으로 인해 생기는 위생상의 위해를 방지하고 식품의 질적 향상을 도모하며 인간의 생명과 건강을 증진시키는데 필요한 사항을 '공중위생학'의 중요한 분야로 추구한다. 그러므로 '식품위생학'에서의 최종적인 목표는 건강한 삶을 추구하는 것이다.

이 책의 구성은 식품위생학의 개념과 미생물의 HACCP, 주방용품, 환경위생관리, 집단급식의 위생관리, 사고예방 등으로 되어 있다. 가급적 어려운 내용들은 피하고 쉽게 학습자들이 이해할 수 있도록 하였다.

끝으로, 제3판을 출간하는데 있어 수고해주신 지식인의 관계자 여러분께 진심으로 감사를 드립니다.

저자 일동

CHAPTER 01 식품위생의 개념 ······ 009
1. 식품위생의 개요 ······ 011
2. 식품의 위해인자 ······ 012
3. 독성시험 및 규제치 설정 ······ 013

CHAPTER 02 식품과 미생물 ······ 019
1. 미생물의 개요 ······ 021
2. 미생물의 분류와 특징 ······ 022
3. 식품위생의 오염지표미생물 ······ 027
4. 식품미생물의 성장에 영향을 주는 인자 ······ 031
5. 식품의 부패 및 보존 ······ 037

CHAPTER 03 식중독 ······ 047
1. 식중독의 개념 ······ 049
2. 세균성 식중독 ······ 050
3. 자연독 식중독 ······ 085
4. 곰팡이와 관련된 식중독 ······ 096
5. 화학적 식중독 ······ 102

CHAPTER 04 HACCP ······ 117
1. HACCP 개요 ······ 119
2. HACCP시스템의 적용방법 및 절차 ······ 124
3. 선행요건 관리 ······ 136

CHAPTER 05 설비, 기기, 기구 및 주방용품 ······ 149
1. 설비와 기구 ······ 151
2. 기구의 배치 ······ 152
3. 기기의 선택 ······ 152
4. 기기의 종류 ······ 155
5. 설치 ······ 162
6. 유지와 교체 ······ 163
7. 난방, 환기, 냉방 ······ 164

CHAPTER 06 세척, 살균 소독 ······ 167
1. 세척 ······ 169
2. 살균 ······ 176
3. 주변 환경청소 ······ 186

4. 청소용품 ··· 188
5. 개인위생관리 ··· 189

CHAPTER 07 환경위생관리 ··· 193
1. 건물의 입지조건 ··· 195
2. 내부의 위생설비 ··· 196
3. 배관 위해요소 ··· 202
4. 급수 및 오물처리의 위생관리 ··· 204
5. 위생동물, 해충방역 ··· 208
6. 시설 및 기구의 위생적 관리 ··· 219
7. 식품취급자의 위생 ··· 220

CHAPTER 08 집단급식의 위생관리 ··· 223
1. 식품의 구매 및 검수단계 ··· 225
2. 식품의 저장단계 ··· 227
3. 전처리 및 세척단계 ··· 231
4. 조리단계 ··· 234
5. 배식단계 ··· 236
6. 급식시설 및 기기의 위생관리 ··· 238

CHAPTER 09 사고의 예방 ··· 241
1. 식음료업장의 안전사고 ··· 243
2. 위험관리 ··· 251
3. 식중독사고 ··· 254

CHAPTER 10 교육과 훈련 ··· 257
1. 교육과 훈련 ··· 259
2. 교육과 훈련의 장점 ··· 259
3. 훈련 방해요소 ··· 261
4. 훈련계획 ··· 262
5. 교육실행 ··· 266
6. 성과측정 ··· 267

CHAPTER 11 식품첨가물 ··· 269
1. 식품첨가물 ··· 271
2. 식품첨가물 종류와 분류 ··· 272
3. 식품첨가물을 올바르게 사용하는 방법 ··· 273
4. 식품첨가물 각론 ··· 274

쉽게 풀어 쓴

FOOD HYGIENICS 식품위생학

CHAPTER 01

식품위생의 개념

쉽게 풀어 쓴

FOOD 식품위생학

HYGIENICS

1 식품위생의 개요

최근 식품산업의 발달로 편리한 식생활을 영위할 수 있게 되었지만, 반면에 식품으로 인한 건강상의 문제도 그만큼 늘어나고 있는 추세이다. 식품은 인간의 삶을 영위하는데 없어서는 안 될 소중한 것이지만, 식품의 생산 · 제조 · 가공 · 조리 · 저장 중에 생성된 유해물질이나 오염으로 인해 인간의 건강을 위협하는 새로운 문제점이 발생하고 있다. 대부분의 식품은 그 자체에 유해한 물질을 함유하는 경우는 드물고, 식품을 통하여 발생하는 문제들은 대체로 외부에서 식품으로 유해한 물질이 오염되어 그 식품과 함께 섭취함으로서 발생한다.

식품위생이란 "식품의 생육, 생산, 제조에서 최종적으로 사람이 섭취할 때까지의 모든 단계에 있어서 식품의 안전성 · 건전성 및 완전무결성을 확보하기 위한 모든 수단을 말한다."라고 세계보건기구WHO 환경전문위원회에서는 정의하고 있다.

우리나라 「식품위생법」의 목적은 "식품으로 인하여 생기는 위생상의 위해를 방지하고 식품영양의 질적 향상을 도모하며 식품에 관한 올바른 정보를 제공하여 국민보건의 증진에 이바지함을 목적으로 한다."라고 규정하고 있다. 「식품위생법」 제2조에서 식품위생이란 "식품, 식품첨가물, 기구 또는 용기 · 포장을 대상으로 하는 음식에 관한 위생을 말한다."라고 정의하였다. 식품위생의 최종 목적은 국민이 좀 더 나은 식생활을 영위할 수 있도록 음식과 관련된 식품첨가물뿐만 아니라 식품과 직접적으로 접촉되는 기구 및 용기 · 포장까지도 위해요소가 없어야 한다. 식품위생은 식품의 안전성을 확보하는 일이며 식품의 섭취로 인해 건강장해가 일어나지 않도록 각종 병원균이나 유해물질 등이 함유하지 않도록 하여 안전한 식생활이 되어야 한다. 식품위생을 모든 면에서 지속적으로 관리하기에는 식품산업이 크기와 다양성 때문에 매우 어려운 일이다. 따라서 우리가 건전한 식생활을 영위하기 위해서는 식품위생과 관련된 프로그램을 정부와 식품산업체가 긴밀하게 연계하여 식품의 안전성을 확보하기 위해 노력해야 한다.

식품위생학은 식품으로 인한 질병과 위해(危害)를 방지하고 인간의 생명과 건강을 증진시키는데 필요한 사항을 연구하는 학문으로써 '공중위생학'의 중요한 분야로 최종적인 목표는 건강한 삶을 의미한다.

식품위생학을 세계보건기구에서 사용하는 표현은 'Food Hygiene'으로서 주로 영국과 유럽에서 사용하고, 식품에 의한 위생상의 위해를 예방하는데 더 중점을 둔 'Food Sanitation'은 요즘 사용하는 용어로 주로 미국 등에서 사용하고 있다.

2 식품의 위해인자

식품이란 "모든 음식물(의약으로 섭취하는 것은 제외한다)을 말한다."라고 우리나라 「식품위생법」에서 정의하고 있으며, 식품의 위해인자는 식품의 생산에서 최종 섭취되기까지의 과정에서 다양한 경로를 거쳐 발생한다. 식품의 위해요소는 식품 내 존재 또는 생성원인에 따라 내인성, 외인성, 유인성으로 분류할 수 있다.

내인성Natural, Intrinsic은 식품의 원재료에 함유되어 있는 자연독성 성분으로 식품 자체에 독성물질을 함유하고 있다. 유독·유해 성분을 가진 복어독, 마비성 조개독, 각종 버섯독, 시안배당체, 식물성 알칼로이드 등이 있고, 식이성 알레르겐, 항비타민 물질, 항갑상선 물질, 항효소성 물질 등과 같은 고유의 유독물질로 생리작용을 하는 성분 등이 내인성에 속한다.

외인성Invasion, Add은 식품 원료에는 함유되어 있지는 않지만 식품의 생산부터 생육, 제조, 가공, 저장, 유통 및 소비되는 과정에서 외부로부터 혼입되거나 이행된 것을 말한다. 곰팡이독과 같은 미생물오염에 의한 것과 세균성 식중독균, 경구감염병균, 기생충에 의한 것과 허용되지 않은 식품첨가물을 의도적으로 첨가한 유해물질이나 환경오염물질, 잔류농약, 방사능물질, 용기 및 포장재 용출물질 등 가공과정에서 과오로 오염되거나 인위적으로 첨가된 것이다.

유인성Induce은 식품의 조리, 제조, 저장과정이나 유통 등의 과정에서 식품 중에 또는 식품섭취 시 생성된 유해물질로 병해를 일으키는 것을 말한다. 유지의 조사, 가열, 산화에 의해 과산화물이나 휘발성 물질이 생성되는 물리적 생성물이 있고, 화학적 생성물은 조리과정 중 가열분해물과 식품성분이 상호 반응하여 생성되는 화합물이 있으며, 생리적 생성물은 생체 내 반응생성물 등이다.

표 1.1 식품 위해물질 생성원인

생성원인	위해종류		위해물질
내인성	자연독에 의한 유해 · 유독성분		복어독, 마비성 조개독, 버섯독, 시안배당체, 식물성 알칼로이드, 발암물질 등
	고유 유해물로 생리적 작용성분		식이성 알레르겐, 항비타민 물질, 항갑상선 물질, 항효소성 물질 등
외인성	생물적인 것		세균성 식중독균, 경구감염병균, 기생충, 곰팡이독 등
	인위적인 것	의도적으로 첨가	허용되지 않은 식품첨가물(둘신, 롱가리트 등)
		오염물질	환경오염물질, 방사능물질, 용기 · 포장재 용출물질, 잔류농약 등
		가공과정 중 과오	비소, PCB 등
유인성	물리적 작용 생성물질		가열산화 유지
	화학적 작용 생성물질		조리과정 중 가열분해물(Trp-P-1, IQ 등), 식품성분의 상호반응으로 생성되는 N-니트로소 화합물 등
	생리적 작용 생성물질		N-니트로사민의 생체 내 생성

3 독성시험 및 규제치 설정

식품의 섭취에서 가장 중요한 것은 안전성인데, 인체에 위협을 줄 수 있는 요인을 제거하고 동시에 인체에 미치는 영향을 알아보는 독성평가가 필요하다. 독성평가는 화학물질이나 의약품의 사용량이 생명체에 얼마나 많은 영향을 미치는지 용량 의존적으로 측정하는 방법이다.

독성평가에는 동물이 실험에 많이 이용되고, 세포나 미생물을 이용한 시험관 내

실험 및 인체에 미치는 영향을 관찰하는 역학조사 등을 시행하여 평가하고 있다. 일반적인 독성평가는 급성독성, 아만성독성, 만성독성 및 특수독성시험 등의 단계를 거친 다음, 인체에 위해를 미치지 않는 최대무작용량과 1일 섭취허용량을 구하여 사용량을 규제하고 있다.

1) 안전성평가를 위한 위해요인 분석

안전성평가는 독성시험을 통해서 독성작용이 일어나지 않는 범위를 측정하는 과정이며, 가장 초기단계는 식품 내에 존재하는 위험요인을 파악하는 것이다. 섭취량의 평가자료나 영양평가자료 및 인체적용시험자료, 생물학적 유용성자료, 흡수 · 분포 · 대사 · 배설자료 등 이미 확보된 자료를 근거로 하여 제안된 섭취량에서 해당된 원료의 안전성을 입증할 수 없을 때에는 식품 내에 존재하는 위해요인을 파악한다.

대상물질이 파악되면 이 물질이 어떤 식품에 어느 정도 함유하고 소비자가 얼마나 소비하는지를 분석하여 인체에 노출되는 양을 추정한다. 저농도라도 반복해서 섭취하면 생체기관에 축적되어 어느 시점이 되면 아만성 또는 만성중독 등의 증상이 나타난다. 만성중독의 증상은 주로 장기에 장해가 나타나며 회복하기 어려운 상태까지 이르기도 하며, 원인물질을 규명하는데 있어 급성중독보다 어려운 경우가 많다.

(1) 급성독성시험

급성독성시험Acute Toxicity Test은 시험물질을 시험동물에 단회 투여하였을 때 단기간 내에 나타내는 독성의 강도를 평가하기 위한 시험이다. 시험물질을 실험동물에 1회 투여하여 2주 정도까지 독성증상을 관찰한다. 주로 설치류(랫드, 마우스)와 비설치류는 비글개와 영장류를 사용하며, 기존에는 반수치사량(LD50)을 구하는 것이 목적이었지만, 최근에는 OECD 독성시험 방법이나 국내 독성시험 기준에서는 반수치사량을 구하기보다 개략의 치사량을 평가하는 것으로 변경되었다. 투여량은 실제식품에서 섭취할 예상량보다 많은 양을 투여하여 독성이 나타나는 표적 장기나 독성증상을 관찰하며 투여량에 따른 증상을 관찰한다. 이 시험은 다음 단계의 아만성독성 및 만성

독성시험에 대한 용량범위를 정하기 위함이다.

우리나라에서 독극물 분류는 반수치사량(LD50)값이 30mg/kg 이하는 독약, 30~300mg/kg은 극약, 300mg/kg 이상은 보통약으로 구분한다.

표 1.2 독성의 분류

등 급	구 분	사람(경구치사량)
1	무독성(Practically Nontoxic)	15g/kg 이상
2	저독성(Slightly Toxic)	5~15g/kg
3	보통독성(Moderately Toxic)	0.5~5g/kg
4	고독성(Very Toxic)	50~500mg/kg
5	극독성(Extremely Toxic)	5~50mg/kg
6	맹독성(Super Toxic)	5mg/kg 이하

(2) 아만성독성시험

아만성독성시험Subchronic Toxicity Test은 치사량 이하의 용량을 단기간 투여하여 생체에 미치는 영향을 관찰하는 시험으로, 보통 만성독성시험에 투여할 투여량을 결정하는 자료를 얻는데 그 목적을 둔다. 아만성독성시험은 1개월에서 1년 정도 투여하는데, 보통 3개월 정도 반복 투여하여 독성 정도를 조사하고 발암성을 제외한 모든 만성독성에 대한 정보를 제공하며 만성독성시험을 위한 투여량을 결정하게 된다. 이 실험은 표적 장기와 시험물질의 축적성에 대한 정보를 제공한다.

(3) 만성독성시험

만성독성시험Chronic Toxicity Test은 화학물질이나 식품첨가물 등을 장기간 섭취했을 때 나타날 수 있는 독성영향을 확인하기 위해 실시하는 시험이다. 만성독성은 장기간 투여할 경우 나타나는 특정장기에 축적된 손상을 확인하고, 말기에 나타나는 부작용의 위해평가에 이용될 수 있는 자료를 구한다. 실험동물로 마우스Mouse와 랫Rat인 경우에는 2년 정도, 개나 원숭이는 1년간 투여하여 시험하는데, 실험동물의 일생동안 또는 한세대 이상 걸쳐서 실시하며, 이 실험을 통해 최대무작용량No Observed Adverse

Effect; NOAEL값을 구하고 최소중독량 등을 결정한다.

2) 특수독성시험

(1) 유전독성시험

유전독성시험Genetic Toxicity Test은 유전자의 손상과 염색체에 미치는 상해작용을 검사하는 시험으로 유전자변이시험, 염색체이상시험, 소핵시험 등으로 구분한다. 가장 편리한 유전독성시험은 박테리아를 이용한 복귀돌연변이 시험인데, 이 시험법은 박테리아의 세포와 동물의 세포에는 차이점 및 복귀돌연변이 관찰에 따른 제한점 등 여러 가지 문제점이 있어 이 시험만으로 발암원을 찾아내기는 어렵다. 이 실험법의 문제점을 해결하기 위해 고안된 실험법이 포유동물을 이용한 염색체이상, 염색분체 교환, DNA 염기손상을 관찰하는 것이다. 설치류의 골수에서 생성되는 조혈세포염색체의 이상을 관찰하는 소핵세포시험법이 있다. 위 세 가지 시험법 모두에서 이상이 관찰되지 않았다면 유전독성은 없다는 것으로 판단할 수 있다.

(2) 발암성시험

발암성시험Carcinogenicity Test은 시험물질을 시험동물에 장기간 노출하였을 때 암(종양)을 유발할 수 있는지를 평가하기 위한 시험으로, 설치류의 생애기간 동안인 2년에 걸쳐 진행하며 종양 생성의 빈도와 장기 및 조직 등 이상을 관찰한다. 이 실험은 실제 사람에게 노출되는 양에 비해서 높은 양을 시험동물에게 투여하기 때문에 현실적으로 맞지 않는다는 비난을 받는 시험이다. 그래서 이 실험과 함께 앞에서 설명된 유전독성시험의 결과와 종합하여 발암성 여부를 판단하고 있다.

(3) 최기형성시험

최기형성시험Teratogenicity Test은 새끼가 자궁 내에서 기관 형성기에 어미에게 시험물질을 투여하여 시험물질이 태아에게 미치는 영향을 조사하는 시험으로 출산예정일 직전에 새끼를 대상으로 기형뿐만 아니라 태아의 사망이나 발육지연을 검사하는 시험이다. 시험물질은 어미에게 악영향을 미치지 않는 최대농도로 하며, 유산이나 사산의 경우 그 시점을 관찰하고, 생존한 차세대는 장기조직이나 골격의 이상을 관찰하는 시험이다.

3) 일일섭취허용량과 규제치 설정

(1) 최대무작용량

독성작용은 일정농도 이하에서는 독성이 관찰되지 않으며, 독성작용은 농도에 비례한다는 것과 안전하게 사용할 수 있는 양을 실험을 통해 알 수 있다. 최대무작용량NOAEL : No Observed Adverse Effect Level은 실험동물에게 일생동안 시험물질을 계속적으로 투여했을 때 아무런 독성이 나타나지 않는 양으로, 동물실험 또는 사람의 임상연구에서 무독성이 인정된 최고섭취량을 의미하므로 안전한 양이라 할 수 있다.

(2) 안전계수

동물실험의 결과를 인체에 적용시키기 위해서 안전계수Safety Factor가 사용되는데, 최대무작용량을 기초로 사람이 일생동안 섭취해도 해가 없다고 생각되는 양을 환산하여 사용한다. 화합물의 독성작용은 개개인의 차이, 동물과 사람 간의 차이가 있다고 볼 수 있으므로 민감도의 차이를 정확한 수치로 나타내기가 어렵다. 그래서 안전함을 두기 위해 동물과 사람의 차이를 10배로 하고, 사람과 사람들과의 차이를 10배로 하여, 동물실험 결과를 사람에게 적용할 경우 100배 차이를 둔 100이라는 안전계수를 통상적으로 적용하여 사용한다. 일반적으로 독성기전에 대한 정보가 충분하지 않을 경우 100이라는 계수를 사용하지만, 이 수치는 유동적이다. FAO/WHO에서 인정하는 각 식품첨가물에 대한 안전계수는 100~250배로 나눈 값이다.

(3) 일일섭취허용량

일일섭취허용량ADI : Acceptability Daily Intake이란, 어떤 경로나 식품을 통하든 관계없이 사람에게 노출되어도 안전하다고 생각되는 양을 말하며, 안전계수를 적용하여 인체에 무해한 양을 설정한 것이다. 식품 내의 최대허용량을 몇 가지 식품에 시험물질이 얼마나 들어가는가와, 이 시험물질이 들어간 식품의 섭취량이 얼마나 되는가를 고려하여 결정하게 되는데, 즉 사람이 일생동안 섭취하여도 아무런 해를 끼치지 않을 것으로 예상되는 양이다. 독성을 유발하지 않는 동물실험과 사람의 최대무작용량에 안전계수로 나누어 사람 체중 kg당 1일 섭취 허용량을 구한다.

일일허용섭취량(ADI : mg/kg) = 최대무작용량(NOAEL) / 안전계수(Safety Factor)

CHAPTER 02

식품과 미생물

쉽게 풀어 쓴

FOOD 식품위생학

HYGIENICS

1 미생물의 개요

미생물Microorganism은 식품뿐만 아니라 자연계에 널리 분포하고 있으며, 사람의 눈으로 볼 수 없고 현미경으로 관찰할 수 있는 작은 생물이다. 미생물은 주위 환경의 요인들에 의해 영향을 미치면서 증식과 사멸의 반복을 통해 생태계를 만들어가고 있다. 미생물들은 김치, 요구르트, 술 등 발효를 일으켜 좋은 식품을 만들어 주기도 하지만, 식품의 부패를 일으키기도 하고 식중독을 일으켜 해를 주기도 한다.

미생물의 존재를 확인한 것은 17C가 되어서야 네덜란드의 미생물학자 안토니 반 레벤후크Antony Van Leeuwenhoek가 현미경을 발견한 이후부터이다. 그 후 미생물이 식품에 중요한 역할을 한다는 것이 밝혀진 것은 프랑스 생화학자 루이 파스퇴르Louis Pasteur에 의해 와인의 신맛이 미생물 때문이라는 사실을 입증하였고, 그 미생물을 살균시키는 파스퇴르살균법Pasteurization은 지금까지 사용되고 있는 저온살균법이다. 미생물이 질병의 원인이 될 수 있다는 사실이 밝혀지면서 미생물학의 연구기술도 발전하게 되었으며, 미생물학이 발전하게 된 기초가 된 것이다.

미생물은 식품의 제조 및 가공에 이용되기도 하며, 식품관리를 비위생적으로 할 경우 식품을 변질시켜 섭취하기 어렵게 하기도 하고, 병원성미생물은 경구전염병과 식중독 및 곰팡이독의 중독증 등을 일으켜 사람의 건강에 영향을 줄 수도 있다. 미생물의 종류로는 세균, 바이러스, 곰팡이, 원생동물, 조류 등이 있다.

미생물에 의한 식품의 오염에는 1차 오염과 2차 오염이 있는데, 1차 오염은 물, 강, 바다, 공기, 토양, 동·식물체, 사람 등 자연환경으로부터의 오염이고, 2차 오염은 가공 직후부터 섭취할 때까지의 전 과정에서 다양하게 오염됨을 말한다.

2 미생물의 분류와 특징

1) 세균

세균Bacteria은 가장 작은 단세포 미생물로 크기가 다양하고 인체의 피부, 목, 입, 코 피부에 생긴 상처, 손톱 밑 등에 널리 분포하고 있으며 물, 바람, 식물, 동물, 인간 등에 의해 식품을 오염시킨다. 인체에 침입한 세균은 감염형 식중독이나 경구전염병 등을 일으키거나 식품을 오염시켜 독소를 생성하기 때문에, 중요한 위해요소로 세균에 의한 피해를 줄이기 위한 예방정책이 필요하다. 세균은 생긴 형태에 따라서 구균Coccus, 간균Bacillus, 나선균Spirillum으로 구분한다.

구균은 균의 형태와 배열방법에 따라서 단구균Monococcus, 쌍구균Diplococcus, 사련구균Tetracoccus, 팔련구균Sarciana, 연쇄상구균Streptococcus, 포도상구균Staphylococcus 등으로 구

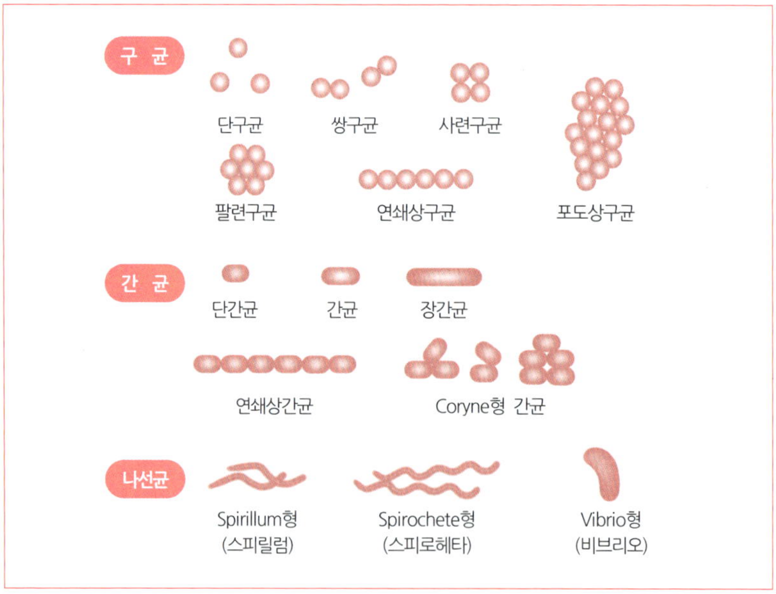

그림 2.1 다양한 세균의 모양

분이 된다.

간균 중 장간균은 길이가 폭의 2배 이상이 되는 것이며, 단간균은 길이가 폭의 2배 이하이다. 나선균은 나선의 정도가 불안정한 짧은 콤마Comma와 같은 비브리오Vibrio와 스필릴럼Spirillum, 여러 번 구부러진 스피로헤타Spirohaeta가 있다. 그림 2.1은 다양한 세균의 모양이다.

세균은 2분법Binary Fission에 의해 증식하며 세균들은 외부의 환경이 적당하면 20~30분만에 한 번씩 분열한다. 바실루스Bacillus나 클로스트리디움Clostridium과 같은 일부세균들은 외부환경이 성장이나 증식에 열악할 때 일종의 저항체인 포자Spore를 생성하여 좋지 않은 환경에서 장기간 살아남을 수 있으며, 주위환경이 생육에 좋은 조건으로 변하면 발아하여 증식하게 된다. 포자는 냉동·냉장·열이나 화학약품 등에도 저항력이 강하여 소독제 등에 의해서도 살아남는 경우가 있다.

세균들은 대사산물로 인체에 해로운 독소를 생성하는데, 독소의 종류는 두 가지로 나누어 볼 수 있다.

첫 번째로, 엔도톡신Endotoxins은 감염형 식중독에서 나타나는 형태로 독소가 세균내에 생성되고 세균이 장내에서 사멸하기 전까지 세포 밖으로 나오지 않는다. 이런 종류의 세균에 감염되면 어느 정도 시간이 지나 침입한 세균이 사멸해야 증상이 나타난다. 두 번째로, 엑소톡신Exotoxin은 독소형 식중독에서 나타나는 형태로 독소가 몸속에 들어가는 즉시 나타나며 세균이 증식하면서 독소를 생성하여 밖으로 내보내는 것으로, 생균의 섭취와는 관계없이 그 독소에 오염된 식품을 섭취하게 되면 증상이 나타나게 된다. 두 독소는 소화기계에 해로운 영향을 주기 때문에 엔테로톡신Entertoxin이라 불린다.

식품의 부패나 안전성과 관련이 있는 세균은 세포벽의 구성에 의해 차이를 나타내는데, 그람염색은 세균의 분류학상 중요한 염색법으로 염색에 의해 균을 구분할 수 있으며 그람양성균Gram-positive과 그람음성균Gram-negative으로 구분한다. 그람양성균과 그람음성균을 살펴보면 표 2.1과 표 2.2와 같다.

표 2.1 식품과 관련된 그람양성 세균들

세균명	구분	산소요구도	포자	특 성
Bacillus	간균	호기성	있음	열에 강해 통조림생산에 문제, 빵 부패의 원인
Clostridium	간균	혐기성	있음	열에 강하며 통조림 제조 시 문제가 되는 식중독균
Corynebacterium	간균	호기성	없음	사람에 대한 병원균인 C. Diphtheria는 디프테리아 유발
Lactobacilus	간균	미호기성	없음	요구르트, 치즈 등 발효세균, 유제품, 육류, 청주, 김치의 부패 및 산패시키기도 함
Listeria	간균	호기성	없음	냉장온도에서도 증식하는 식중독균
Mycobacterium	간균	호기성	없음	가열살균하지 않는 우유를 통해 결핵 유발
Leuconostoc	구균	혐기성	없음	요구르트, 치즈 등 발효, 유제품과 육류의 부패를 유발
Micrococcus	구균	호기성	없음	고온, 고염에서도 증식, 냉장육 부패
Staphylococcus	구균	통성혐기성	없음	사람이나 동물의 장관, 피부나 점막에 존재하는 포도상 구균, 독소형 식중독균
Streptococcus	구균	통성혐기성~편성혐기성	없음	발효유와 치즈 및 버터 등의 스타터(Starter)로 이용

표 2.2 식품과 관련된 그람음성 세균

세균명	구분	산소요구도	특 성
Acetobacter	간균	호기성	식초 제조에 이용
Aeromonas	간균	통성혐기성	A. Hydrophilia가 엔테로톡신을 만들어 설사 원인, 저온성장균
Alcaligenes	간균	호기성 또는 혐기성	자연계에 널리 분포, 육류나 생유부패 유발
Bacterioides	간균	혐기성	사람의 기도, 소화관 등에 상재, 육류부패 유발
Campylobacter	간균	미호기성	가금류나 사람의 장관에 존재, 가장 흔한 식중독균
Escherichia	간균	통성혐기성	분변오염지표 세균
Proteus	간균	호기성	달걀과 저온 보관되지 않은 육류부패
Pseudomonas	간균	호기성	육류, 가금류, 수산식품 등 부패
Salmonella	간균	통성혐기성	동물의 장관에 상재, 세계적으로 많은 식중독 유발세균
Shigella	간균	호기성	포도당을 분해하여 산을 생성, 오염된 물에서 발견, 세균성 위장염의 원인균
Vibrio	간균	혐기성	수중이나 해수에 존재, 콜레라, 비브리오 패혈증 원인균
Yersinia	간균	호기성 또는 혐기성	자연계에 널리 분포, 저온성식품 부패 및 식중독 유발세균

2) 바이러스

바이러스Virus는 따로 떨어져서는 증식을 못하기 때문에 동물의 세포나 세균세포에 기생하여 증식하는 초여과성 미생물로, 일반 광학현미경으로는 관찰할 수 없는 0.5㎛ 정도의 크기로 전자현미경으로 관찰할 수 있는 미생물이다. 일반 미생물과는 다른 구조를 가지고 있으며 DNA와 RNA 중 어느 한쪽의 핵산과 그것을 보호하는 단백질로 싸인 형태로 존재한다. 독자적인 대사능력을 거의 갖지 못하여 살아있는 세포 내에서만 증식하며 사람, 동물, 식물뿐만 아니라 다른 미생물들에게도 질병을 일으키는 병원성미생물이다.

바이러스는 식물을 숙주로 기생하는 식물바이러스, 동물을 숙주로 기생하는 동물바이러스와 세균에 기생하는 바이러스로 분류한다. 식물바이러스는 담배 모자이크 바이러스, 감자 바이러스와 같이 식물조직의 상처를 통해 병을 일으킨다. 동물 바이러스는 동물구제역, 광견병 및 헤르페스 등의 질병을 일으키고, 사람에게 바이러스로 인해 발병되는 질환은 유행성간염 A, B, C, D형 바이러스, 일본뇌염, 홍역, 소아마비, 수두, 유행성출혈열, AIDS 바이러스, 감기 등 환자와 접촉이나 곤충의 매개로 인해 감염된다.

표 2.3 바이러스 질환

숙 주	질 환
식물	담배 모자이크병(TMV), 감자 바이러스
동물	동물구제역, 광견병, 헤르페스(Herpes Virus)
사람	간염 A, B, C, D형, 일본뇌염, 홍역, 소아마비, 수두, 유행성출혈열, 에이즈(AIDS)

식품이나 식기, 조리기구, 식품취급자의 손 등을 통해서 감염되며 식품취급자가 개인위생을 지키지 않거나, 하수에 의해 오염된 물을 사용하거나 오염된 급수원을 사용할 경우 사람에게 감염된다. 바이러스 질환을 예방하는 가장 좋은 방법은 식품 취급자의 개인위생을 철저히 할 것과 환경을 청결히 하고 가열살균과 소독제 등을 통한 살균이다.

3) 곰팡이류

(1) 곰팡이

곰팡이Molds는 분류학상 진균류Eumycetes에 속하는 다세포미생물이다. 곰팡이의 번식은 주로 포자에 의해 이루어진다. 포자는 수분이나 영양 등 적당한 환경이 되면 발아하여 균사체로 발육한다. 포자는 유성생식으로 형성되는 유성포자와 무성생식으로 생성하는 무성포자가 있는데, 이들의 형태, 형성방법, 기타성질이 다양하여 곰팡이의 분류에 중요한 지표가 된다.

곰팡이는 건조식품에도 적절한 온도가 유지되면 증식할 수 있고, pH가 높고 낮음에 상관없이 어떤 조건에서도 증식하며 식염이나 당이 높은 식품에도 증식하여 식품을 변질시킨다. 곰팡이는 발효식품인 간장제조나 여러 가지의 치즈를 숙성시키는 등 식품생산에도 활용되고 페니실린Penicillin과 같은 유용한 항생제를 만들기도 하며, 일부 곰팡이들은 곰팡이독Mycotoxin이나 유해색소를 생성하여 인체에 치명적인 해를 가하기도 한다. 곰팡이독은 가열조리에 의해서도 잘 파괴되지 않으므로, 곰팡이로 인한 위해를 방지하는 방법은 곰팡이가 생성된 식품을 섭취하지 않는 것이다.

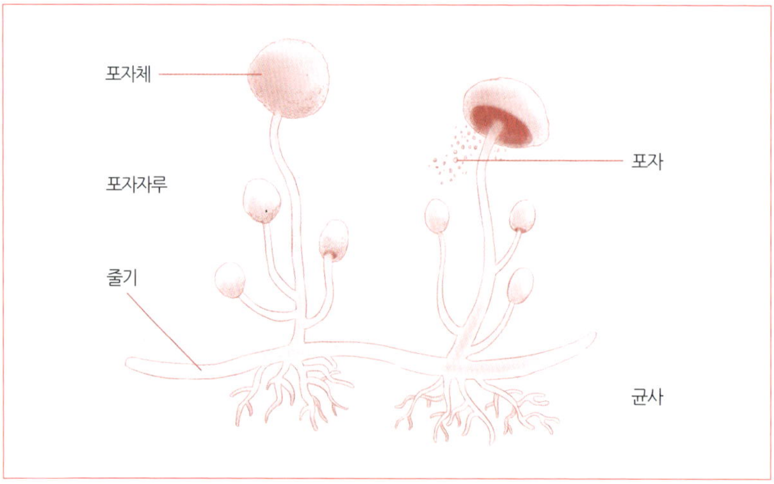

그림 2.2 곰팡이 형태

(2) 효모

효모Yeast는 통성혐기성 미생물로 단순한 단세포곰팡이로, 주로 출아에 의해 증식하는 진균류를 총칭한다. 효모의 형태는 구형, 난형, 타원형, 소시지형, 삼각형과 레몬형 등이 있고, 살아있지 않는 식물성유기물을 먹고 자라며 세균보다 크다. 양조, 알코올, 제빵 등의 발효에 이용되는 유용한 효모가 있고 과일주스, 육류나 잼 등 부패를 일으키기도 하는 효모가 있다.

번식은 출아법Budding으로 무성생식을 하며 성장속도가 빠른 것이 특징이고, 온도, pH, 낮은 수분활성도에서도 잘 성장하는 특징이 있다. 소금이나 설탕에 절인 식품을 숙성시키거나 부패시키기도 하는 미생물이다. 효모는 식품을 변질시키기도 하지만, 식중독을 유발하거나 인체에 유해한 독을 생성하지 않아 식품위생상 위해성은 낮은 편이다.

4) 원생동물

원생동물은 엽록소를 가지고 있지 않으며 운동성이 활발한 단세포동물로 호기성이며, 연못이나 강, 토양 속이나 바닷물 속에 살고 있고 건조에 대한 저항성이 낮다.

생식은 분열 또는 출아에 의한 무성생식을 하고, 접합이나 배우자에 의해 유성생식을 하기도 한다. 대부분 비병원성이지만 아메바성이질, 톡소플라즈마증, 말라리아 같은 질병을 일으키는 병원성을 가진 것도 있다.

3 식품위생의 오염지표미생물

지표미생물Indicator Organisms들은 식품의 제조 · 가공 또는 저장동안 직 · 간접적으로 얼마나 식품을 위생적으로 취급하였는지 나타내는 지표가 되는 미생물이다. 음식물을 취급하는 동안 각종 미생물에 오염될 가능성이 매우 높고, 위생의 척도로 식품과 분변과의 오염 관련성이다. 지표미생물들에 대한 기준으로는 장에서 유래하는 세균으로서 분변과 관계없이 자연적 오염균으로 존재하면 안 되고, 외계에서 증식하지 않고 장기간 생존이 가능하며 배양을 통한 성장과 구분이 되어야 하며 소수라도 비교적 용이하게 검사할 수 있어야 하는 균이다.

오염지표균Indicator Bacteria of Contamination으로 대장균군, 장구균, 분변계 대장균군 등을 지표미생물로 이용하여 검사하고 있으며, 이 균주들이 식품에서 검출된다는 것은 질병을 직접적으로 유발하지는 않지만, 장내에 존재하는 미생물들이므로 소화기계균이나 식중독균이 같이 공존할 가능성이 높음을 뜻한다.

지표미생물로 사용되려면, 다음과 같은 여러 가지 조건을 갖는다.

- 사람의 분변에 많이 존재하는 미생물이어서 분변에 의한 오염을 쉽게 검출할 수 있어야 한다.
- 병원성미생물과 함께 존재한다.
- 살균처리 등에 병원성미생물과 유사한 방식으로 반응한다.
- 분변이 아닌 곳에서는 검출되지 않는 미생물이어야 한다.
- 오염된 환경에서 병원성미생물과 거의 유사한 기간 동안 살아남을 수 있어야 한다.
- 실험실에서 쉽고 빠르게 분리되고 검출되어야 한다.

1) 대장균군

대장균군Coliform Group은 그람음성의 간균으로 호기성 및 통성혐기성의 균으로 44~45.5℃에서 배양하였을 때 유당을 분해하여 산Acid과 가스Gas를 생산하는 포자를 형성하지 않는 균이다. 보통 인축의 장관이 주요 서식처이고 엔테로박터Enterobacter, 에세리키아Escherichia, 시트로박터Citrobacter, 클렙시엘라Klebsiella 등이 혼재하고 있다.

대장균군은 사람이나 동물의 장내나 배설물에서 발견되므로 분변의 오염을 의미하며, 장내세균과에 속하면서 병원성을 갖고 있는 살모넬라Salmonella나 이질균Shigella과 같은 균들이 존재할 가능성이 높으므로, 대장균이 많을수록 병원성균이 있을 확률이 높다고 볼 수 있다. 그러나 대장균군은 자연계에 널리 존재할 뿐 아니라 동결저항성이 낮은 미생물로서 동물체 밖에서도 증식할 수 있기 때문에 대장균군이 검출되었다고 해서 반드시 분변에 오염되었다는 것을 의미하지는 않는다. 그래서 대장균군은 지표미생물로서 여러 가지 조건을 충족시키기에는 부족하여 식품오염지표 미생물로서 의문이 제기되기도 한다.

만약 어떤 식품에서 대장균군이 발견되었다면 사람이나 동물로부터 분변오염이나 식품의 취급 시 불결하고 가열 살균이 제대로 이루어지지 않았음을 의미한다. 특히 가열 살균한 식품에서 대장균군이 검출되었을 때는 비위생적으로 식품을 취급하였음을 의미하며 조리 후 재오염을 의미하기도 한다. 대장균군은 품질관리상 유력한 위생지표세균이다.

2) 대장균

대장균Escherichia Coli은 분변성 대장균군 중에서 가장 대표적인 미생물로서 분변오염의 지표로 활용되는 대장균군보다 더 정확한 분변계 대장균군이다. 비 병원성균이지만 전염병의 원인균과 식중독의 원인이 되는 균도 있다.

일반적으로 동결저장에 의해 사멸되지만, 많은 병원균들은 대장균이 사멸된 후에도 살아남을 수 있고, 가열에도 저항성이 약하다. 그래서 대장균은 지표미생물이지만 동결안전성과 가열에 약해서 지표미생물로 단독으로 검사하기에는 문제점이 있어 병원성미생물의 직접적인 균수 측정이 필요하다.

3) 장구균

장구균Enterococcus은 일반적으로 사람이나 온혈동물의 장관 내에 상재하고 있는 그람양성 통성혐기성 구균으로 대장균군과 같이 식품의 분변 오염지표균으로 이용된다. 사람의 분변 중에 있는 장구균은 $10^5 \sim 10^8$g 정도로 존재한다. 장구균은 식품의 조리나 가공 과정에서도 생존율이 높아서 가열식품이나 건조식품 및 냉동식품 등의 검사에서는 대장균군보다 유용하게 이용된다. 그래서 식품에 대한 미생물학적인 안전한 지표균으로써 장구균은 냉동식품에서 대장균군보다 더 적합하게 사용되고 있다.

장구균이 분변오염 지표세균으로 주목받는 이유는, 자연계에서는 증식하지 않고 토양이나 물에서 대장균군에 비해 훨씬 적게 검출되고, 사람과 동물의 장관 내에 높은 비율로 존재하는 특징이 있기 때문이다. 오염지표균으로 정확한 분변오염 상태를 파악하기 위해 장구균과 대장균군 두 가지를 함께 검사하는 것이 좋다. 표 2.4는 오염지표균인 대장균군과 장구균의 특징을 나타내고 있다.

결론적으로, 어느 쪽의 균을 오염지표균으로 세우는가는 아직 통일된 견해는 없지만, 보다 정확한 분변오염 실태를 파악하기 위해서는 양쪽의 균을 동시에 검사하는 것이 보다 정확할 것이다.

표 2.4 오염지표균으로서의 대장균군과 장구균의 비교

특 징	대장균군	장구균
모양	간균	구균
그람염색성	그람음성	그람양성
장관 내 균수 정도	분변 g당 10^7~10^9	분변 g당 10^5~10^8
각종 동물의 분변에서의 검출될 상황	동물에 따라서 불검출	동물에서 대부분 검출
장관 외 검출될 상황	일반적으로 낮다.	일반적으로 높다.
분리, 고정의 난이도	비교적 쉽다.	비교적 어렵다.
외계에서의 저항성	약	강
동결에 대한 저항성	약	강
냉동식품에서의 생존 가능성	일반적으로 가능성 낮다.	일반적으로 가능성 높다.
건조식품에서의 생존 가능성	가능성 낮다.	가능성 높다.
생선 · 채소에서의 검출 가능성	낮다.	일반적으로 가능성 높다.
날고기에서의 검출 가능성	일반적으로 낮다.	일반적으로 가능성 낮다.
절인고기에서의 검출 가능성	낮거나 없다.	일반적으로 가능성 높다.
장관계 식품매개 병원균과의 관계	일반적으로 크다.	일반적으로 적다.
비 장관계 식품매개 병원균과의 관계	관계 적다.	관계 적다.

4 식품미생물의 성장에 영향을 주는 인자

자연상태의 식품이나 가공된 식품을 제대로 저장이나 보관하지 못할 경우 다양한 미생물들이 부착되어 있을 수 있는데, 이러한 미생물들은 식품이 놓여 있는 환경조건에 따라서 성장이 촉진되기도 하고 성장이 억제되기도 한다. 미생물들의 성장은 영양분, pH, 온도, 시간, 산소 요구조건 및 수분 등이 필요한데, 미생물의 성장을 막기 위해서 가능한 한 6가지 조건들을 조절해야 한다.

세균의 성장은 세균의 종류와 외부의 환경에 따라 달라지며, 대부분의 세균들은 최적 조건에서는 20~30분 정도면 분열을 하여 한 마리의 세균이 두 마리의 세균으로 늘어나며 이분법Binary Fission으로 증식한다. 미생물이 두 배로 증가하는데 소요되는 시간을 세대시간Generation Time이라 하고, 세균의 성장에는 4주기로 이루어진다.

첫 번째 단계는 유도기Lag Phase로 새로운 환경에 적응하는 기간으로 세균의 세포수가 증가하지 않는 초기단계로 새로운 구성성분을 합성하는 단계로, 세균수는 증가하지 않고 세균의 크기만 증가한다. 실온에서 몇 시간 정도 지속되지만 식품을 5℃ 이

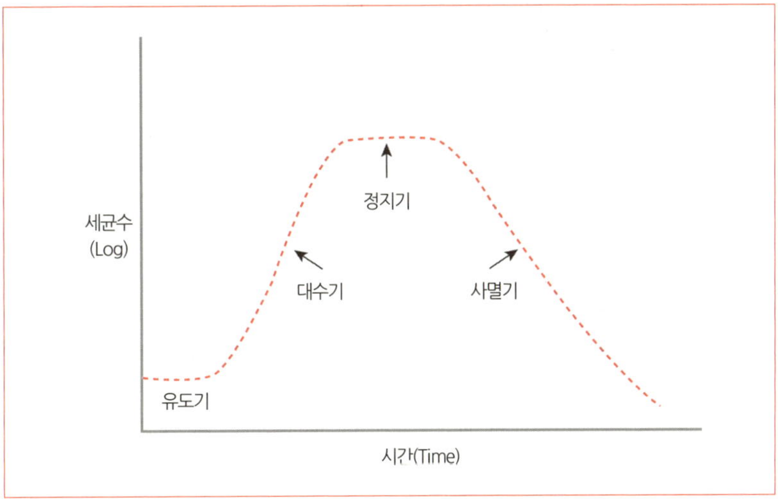

그림 2.3 미생물의 성장곡선

하로 보관하여 이 시기를 늘릴 수 있다. 두 번째 주기는 대수기Log Phase, Exponential Phase로 세포의 증식이 왕성하여 세균의 수가 두 배가 되는 빠른 생장을 한다. 생육곡선이 직선에 가까운 형태를 나타내고, 이 시기에는 식품의 보존에 안전성이 중요하다. 세 번째 주기는 정지기Stationary Phase로 새로 생기는 세균수와 죽는 세균의 수가 같아서 더 이상 세균의 수가 증가하지 않는 시기로, 이 시기에는 영양분과 수분이 고갈되고 독성물질이 축적된다. 생장곡선의 마지막 단계는 사멸기Death Phase로 영양분이 더욱 고갈되고 자신이 배출한 독성노폐물이 축적되어 불리한 환경의 변화가 일어나 세균의 증식보다 사멸속도가 더 커지게 되는 단계이다(그림 2.3).

미생물의 성장에 영향을 미치는 인자로 내적인자와 외적인자로 나눠볼 수 있는데, 내적인자로는 식품 자체의 특성에 기인하는 요소들로 식품의 pH나 식품의 수분함량 등이 있고, 외적인자는 식품이 처한 환경특성인 저장온도, 상대습도, 대기조성 등이 있으며 외부환경에 의해 미생물들의 성장에 영향을 주기도 한다.

1) 영양소

미생물들은 생명유지와 성장을 하기 위해 에너지를 만들어야 하며, 세포 구성성분에 필요한 물질을 만들기 위해 영양소Nutrient를 얻어야 증식할 수 있다. 대부분의 세균은 단백질과 탄수화물을 많이 함유한 육류, 가금류, 해산물, 유제품, 우유, 밥 등의 식품을 좋아한다. 장내세균의 일부는 필요로 하는 비타민을 직접 생산할 수도 있지만 대부분 먹이를 통해서 섭취해야 하고, 미생물 증식에 필요한 세포구성원소로는 다량무기질과 미량무기질이 있다.

- 에너지 : 주로 탄소를 함유한 물질로부터 공급한다.
- 유기탄소원 : 에너지원과 세포 구성성분의 합성을 위한 포도당과 과당 등의 단당류와 자당과 맥아당 및 유당 등 이당류가 사용된다.
- 질소원 : 미생물의 에너지원으로 사용되며 단백질과 DNA 및 RNA와 같은 물질을 합성한다.

- 무기염류와 비타민 : 미생물의 세포 구성성분, 세포 내에서 삼투압 조절과 유지 및 각종 대사과정의 조효소로 작용한다.

2) 산성도

pH(수소이온농도)는 산성인지 알칼리성인지 혹은 중성인지를 측정하는 수단으로, 용액에 존재하는 수소이온농도를 말한다. 대부분의 식품은 산성으로 pH 7.0 이하의 값을 나타내며 식품의 pH는 식품에 존재하는 미생물의 성장에 중요한 영향을 미치는 인자이며, 미생물들은 일정한 범위의 pH에서 성장하거나 최적의 성장률을 보인다. 세균은 중성의 pH(pH 7.0)를 좋아하고, 약 pH 4.0~4.5가 최소값으로 pH 6.5~7.2 정도에서 잘 성장하며, 병원성 세균들은 곰팡이나 이스트보다 산에 약하며 pH 4.0 이하에서는 잘 자라지 못한다. 곰팡이와 이스트는 세균보다 덜 민감하여 보다 넓은 범위에서 성장할 수 있고, 곰팡이의 최적 pH는 3.0~3.5, 이스트는 4.0~4.5로 세균보다 낮다. 육류나 수산물 같은 약산성 식품들은 곰팡이나 이스트보다 세균에 의해 부패가 일어나고, 과일이나 채소류는 산 함량이 높아 곰팡이나 이스트에 의해 부패가 된다. 식초의 주성분인 아세트산Acetic Acid으로 식품을 저장하는 것은 낮은 산도에서 부패세균이나 식중독세균이 성장하기 어려운 원리를 이용한 것으로, 식중독으로부터 안전하다고 할 수 있다.

표 2.5 여러 가지 식품의 pH

식 품	pH	식 품	pH
육류	5.4~6.9	레몬	2.2~2.4
닭고기	6.3~6.7	딸기	3.1~3.9
대구	6.2~6.6	토마토	3.9~4.6
가자미	5.6	배	3.7~4.7
우유	6.3~6.6	바나나	4.5~4.7
달걀흰자	8.6~9.6	당근	5.0~6.0
감자	5.3~5.6	상추	6.0

3) 시간과 온도

미생물이 생육하기 좋은 조건에서 세균은 20~30분이 지나면 2배수로 증식한다. 세균은 빠르게 생장하기 때문에 식품에서 식중독을 유발하는데, 충분한 세균수로 증가하는데 약 4시간 정도가 소요된다. 미생물들은 낮은 온도에서부터 100℃ 이상의 온도까지 생장할 수 있으나, 각 미생물에 따라 제한된 온도대에서만 생장한다고 볼 수 있다. 세균이 생장하는데 기회를 주지 않는 것이 중요하며 식품의 적절한 취급과 저장은 세균의 생장을 막는 데에 중요하다. 미생물들은 온도조건에 따라서 세 그룹으로 나눈다.

- 저온균Psychrophiles : 낮은 온도를 좋아하는 미생물들로서 최적온도 10~20℃이며 냉장식품을 부패시키기도 하며, 아크로모박터Achromobacter나 슈도모나스Pseudomonas 등이 이에 속한다.
- 중온균Mesophiles : 중간 온도대를 좋아하는 미생물들로서 최적온도는 20~45℃이며, 대부분 세균들은 중온균에 속한다. 곰팡이나 이스트는 중온균이거나 저온균에 속하며 고온에서는 잘 자라지 않는다.
- 고온균Theromophiles : 고온을 좋아하는 미생물들로서 최적온도는 50~60℃ 정도이며, 고온균은 유가공 시 문제가 되기도 하는데 우유의 열처리 과정 중 미생물이 살아남을 수 있기 때문이다. 클로스트리디움Clostridium이나 바실루스Bacillus 등은 열저항성이 큰 포자를 생성하며 통조림 식품의 부패를 일으키기도 하기 때문에 살균 소독 시 주의하여야 한다.

세균이 생장하는데 시간과 온도는 중요한 요소이다. 병원성 세균의 위험온도 범위는 5~60℃의 범위이다. 시간과 온도조절은 부패세균과 병원성균을 조절하는데 중요할 뿐만 아니라 식중독을 예방하는 데에 중요하다.

4) 산소

미생물에 따라 산소를 요구하는 조건이 다르다. 산소Oxygen는 미생물에 따라 필요한 것이지만, 어떤 미생물은 전혀 필요하지 않는 상태를 요구하기도 하고 약간 필요로 하기도 한다. 곰팡이는 생육하는데 있어 산소를 필요로 하지만, 이스트는 조건에 따라 호기성 또는 혐기성 미생물이다. 세균들은 산소 요구량에 따라 아래처럼 분류해 볼 수 있다.

- 호기성 세균Aerobic : 생육에 필수적으로 산소를 요구하는 균으로, 충분한 산소가 공급되어야 잘 자라는 세균으로 아세토박터Acetobacter, 바실루스Bacillus, 마이크로코코스Micrococcus 등이 이에 속한다.
- 통성혐기성 세균Facultative Anaerobic : 충분한 산소가 있어야 잘 자라나며 혐기적 상태에서도 성장이 가능한 세균으로서, 대부분 병원성 세균은 통성혐기성이다. 살모넬라균Salmonella Spp., 대장균E. Coli, 엔테로박테리아Enterobacteriaceae속, 포도상구균Staphylococcus Aureus 등 장내 세균과 병원성 세균 및 대부분의 이스트 등이 이에 속한다.
- 미호기성 세균Microaerophile : 대기 중의 산소농도에서는 잘 자라지 못하나 2~10%의 산소 농도에서 생장하는 세균으로 캠필로박터Campylobacter, 클로스트리디움 퍼프린젠스C. Perfringens 등이 있다.
- 편성혐기성 세균Obligate Anaerobes : 산소가 전혀 없어야 잘 자라는 세균으로, 산소가 있으면 생존할 수 없다. 이 균은 진공포장식품이나 통조림식품에서 잘 자라고 클로스트리디움 보툴리늄Clostridium Botulinum, 박테로이데스Bacteroides 등이 있다.

미생물의 특성을 이해하여 식품이 처한 환경의 산소를 조절하여 원하지 않는 미생물의 성장을 조절할 수 있다. 식품위생과 관련된 미생물들은 대부분 호기적 또는 혐기적인 환경에서 모두 성장이 가능하여 식품위생 측면에서 통제하는데 어려움을 주기도 한다. 진공포장과 같은 방법으로 산소를 배제하게 되면 곰팡이나 호기성 세균의 번식을 억제할 수 있으며, 혐기성 세균 등은 통조림하여 열처리를 같이 병행하여 미생물을 억제하여야 한다.

5) 수분활성도

수분은 모든 생물체의 성장과 존재에 필수적이고 영양소의 용매로 작용하며 생화학 반응에 관여한다. 생육에 필요한 수분은 미생물세포의 약 75~85%로 이 정도를 유지하여야 생장할 수 있다. 미생물은 수분이 전혀 없는 상태나 순수한 물에서는 생육이나 번식이 어렵고, 적당한 수용액에서 생육이 가능하다. 식품 중의 수분은 결합수와 자유수로 이루어져 있다.

식품의 조직을 구성하는 탄수화물이나 단백질과 같은 유기영양물질과 수소결합을 하고 있는 결합수는 미생물들이 세포막을 통해 결합수를 이용할 수 없게 되어 미생물이 성장할 수 없게 된다. 반대로, 자유수는 식품조직을 구성하지 않으며 식품 내의 어떤 성분과도 결합하지 않는 물이다. 식품 중 자유수의 양은 주위 대기환경의 변화에 따라 변하는데, 주위의 대기가 건조하여 상대습도가 낮아지면 식품에 있는 수분이 증발하여 감소하게 되고, 대기의 습도가 높으면 식품은 주위의 수분을 흡수하여 수분이 증가하게 된다. 대기 중의 상대습도와 온도를 고려하여 수분활성도Aw : Water Activity로 나타내고, 미생물이 성장하는데 사용할 수 있는 물의 양을 수분활성도로 나타낸다.

$$\text{수분활성도(Aw)} = \frac{\text{같은 온도에서 식품이 나타내는 수증기압(P)}}{\text{같은 온도에서 순수한 물의 수증기압(Po)}}$$

순수한 물의 수분활성도(Aw)는 1.0이며, 같은 온도에서 식품이 갖는 수증기압(P)은 순수한 물의 수증기압(Po)보다 낮기 때문에 Aw 〈 1이 된다. 식품미생물의 수분활성도는 각 미생물의 특성에 따라 달라지는데, 각 미생물들은 각자 일정한 범위의 수분활성도에서만 성장하고, 미생물들은 성장에 필요한 영양소가 충분할 경우 수분활성도가 1.0에 가까울수록 최적의 성장률을 보인다.

그람음성세균은 0.95, 그람양성세균은 0.90, 이스트는 0.85, 곰팡이는 0.80, 초호염균은 0.71, 호건곰팡이는 0.61, 호삼투압효모는 0.61 이상에서 성장이 가능하고, 미생물의 최소 한계점의 수분활성도(Aw)는 0.61이다. 식품의 원재료에 존재하거나 가공 중에 혼입된 위해미생물이나 부패미생물들의 성장을 억제하기 위해서 수분활성도를 0.6보다 낮게 조절하여 식품을 저장하게 되면 미생물에 의한 식품의 부패를 막을 수 있다. 식품의 수분활성도를 낮추는 저장법으로 건조법과 염첨가법, 당이나 당알코올 첨가, 동결건조 및 동결 등이 있다.

표 2.6 미생물에 따른 최적 수분활성도

미생물	수분활성도(Aw)	미생물	수분활성도(Aw)
그람음성세균	0.96	초호염균	0.71
그람양성세균	0.90	호건곰팡이	0.61
효모	0.85	호삼투압성 효모	0.61
곰팡이	0.80		

5 식품의 부패 및 보존

식품이 어떤 요인에 의해 그 품질이 변화하여 섭취할 수 없는 상태가 된 것을 변질(變質) 또는 열화(劣化)라고 한다. 식품이 변화되는 원인으로 물리학적인 인자로 열, 광선, 동결, 건조 등이 있고, 생물학적 요인으로 미생물이나 곤충, 진드기 등이 있으며, 화학적 요인인 효소작용, 산화, 중합, 갈변, 퇴색 등이 복합적으로 작용하여 일어난다. 미생물, 효소, 성분 간 반응, 광선, 온도, 산소 등 여러 가지 요소로 인해 식품의 성분이 변화하여 영양소가 파괴되고 향기와 맛, 색깔 등이 손상되어 식용이 불가능하게 되는 현상을 말한다. 식품을 보존하거나 변질 등을 방지하기 위해서는 미생물의 생육을 조절하거나 제거하고 미생물을 억제시켜 불활성화시켜야 한다. 따라서 식품 변질의 방지는 식품위생상 중요하며 여러 가지 방법의 보존법을 이용할 수 있다.

- 부패는 흔히 일어나기 쉬운 변질 중의 하나로, 주로 단백질식품이 혐기성균 Clostridium Sporogenes 등의 작용에 의해 분해되어 본래의 성질을 잃고 악취, 이미, 갈변, 유해물질 등의 생성으로 먹을 수 없는 상태가 된 것이다.
- 발효는 탄수화물이 미생물의 분해 작용으로 유기산과 알코올 등을 생성하는 현상이다.
- 산패는 기름의 열화현상이며 지방이 분해되어 유독물질과 악취를 생성하여 변색된 것을 말한다. 공기 중의 산소, 열, 습기, 세균, 효소 등의 작용에 의해 유지가 화학변화를 일으키는 현상이다.
- 변패는 식품이 보존 중에 품질이 저하되어 맛이 현저하게 손상되는 것인데, 식품의 탄수화물과 지방의 분해, 산패, 곰팡이 발생, 산화와 갈변 및 노화 등을 말한다.

따라서 부패와 발효의 개념은 어떤 식품의 분해반응이 자기가 요구하는 방향으로, 즉 먹을 수 있는 상태로 진행되어 분해산물을 이용할 수 있을 때 발효되었다고 하며, 분해반응이 요구하는 방향으로 일어나지 않아 분해산물을 이용할 수 없고 먹을 수 없는 상태를 부패되었다고 한다.

1) 부패의 판정

식품의 부패는 식품에서 미생물이 증식하는 현상이며, 천연식품보다 가열 조리한 식품이 부패되기 쉽다. 가열 조리된 식품은 조직이 연화되고 단백질이 변성하여 가용성분이 많아짐으로써 세균증식에 알맞은 조건이 되기 때문이다. 식품의 부패 상태는 식품의 종류와 관여하는 미생물의 종류 등에 따라서 다양하게 나타난다.

음식물이 완전히 부패되면 냄새가 나고 외관이 변하여 쉽게 알 수 있어 식품위생상 크게 문제가 되지는 않지만, 초기부패 된 식품은 판별이 어려워 잘 알지 못하고 먹어서 문제를 일으킬 수 있다. 이와 같은 부패에 관련한 검사에는 관능검사, 생균수 검사, 화학적 검사, 물리적 검사 등이 있다.

(1) 관능검사

관능검사Sensory Test는 시각, 후각, 촉각, 미각 등으로 인간의 감각을 이용하여 식품의 신선도를 판정하는 가장 직접적인 검사방법이다. 식품이 초기부패 단계가 되면 냄새가 발생하는데, 악취가 나고 암모니아 냄새, 아민 냄새, 산패한 냄새, 알코올 냄새 등이 생기고 광택소실, 착색, 변색, 갈색 등 색깔의 변화가 생긴다. 또한 액체식품에서는 혼탁, 침전, 응고현상이 일어나며, 고체식품의 경우 탄력의 소실, 연화, 점액화 등이 일어난다. 미각에는 이미, 무미, 자극적인 맛 등이 나타나며, 관능검사는 개인적인 차이가 있기 때문에 객관적 표준이 되지 못하는 단점이 있다.

(2) 생균수 검사

식품이 부패하면 세균증식이 일어나므로, 일반세균수를 측정하여 신선도를 판정하는 방법으로 세균수가 많은 식품은 비위생적이고 신선도도 떨어지는 것으로 추정할 수 있다. 생균수만으로 부패의 정도를 판정하는 것은 정확한 방법은 아니지만, 통계적으로 부패정도와 세균수가 대체로 일치하여 부패판정법으로 이용되고 있다. 세균수가 식품 1g 또는 1mL 당 10^5인 때를 안전한계, $10^7 \sim 10^8$인 때를 초기부패 단계로 본다.

(3) 화학적 검사

단백질 함유식품은 신선도 저하와 함께 아민Amine이나 암모니아(NH_3)를 생성하므로 이들 부패생성물의 양을 측정하여 초기부패 된 식품의 정도를 확인할 수 있다.

① 휘발성 염기질소VBN : Volatile Basic Nitrogen

단백질식품은 세균에 의해 부패생성물 중 암모니아(NH_3)나 아민류를 생성하는데, 암모니아와 휘발성 아민류를 총칭하여 휘발성 염기질소라 한다. 휘발성 염기질소는 어육과 식육의 신선도를 나타내는 지표로 이용되는데, 염기질소를 정량하여 식품의 신선도를 측정한다. 신선한 어육에는 10~15mg% 함유되어 있으며, 초기부패육에는 30~40mg%, 50mg% 이상 함유되면 부패라 한다.

② **트리메틸아민**Trimethylamine

트리메틸아민은 휘발성 염기질소를 구성하는 아민 중 가장 많은 것으로, 어패류의 신선도가 저하되면 근육의 트리메틸아민 옥사이드가 세균에 의해 환원되어 트리메틸아민이 증가되기 때문에 어패류 신선도검사에 이용된다. 신선한 어패류에는 3mg% 이하로 존재, 초기부패 어패류에는 4~6mg% 함유되어 있다.

③ K값

K값은 어육의 신선도를 나타내는 지표로 어육 중의 아데노신 3인산Adenosine Triphosphate; ATP은 사후강직에 관여한 후 아데노신 2인산Adenosine Diphosphate; ADP, 아데노신 1인산Adenosine Monophosphate; AMP, 이노신산Inosinic Acid; IMP 등으로 분해되고 더욱더 신선도가 떨어지면 이노신Inosine, 하이포잔틴Hpoxanthine 등으로 분해된다. K값은 ATP 분해생성물의 전체량에 대한 이노신Inosine과 하이포잔틴Hpoxanthine의 합계량 백분율을 말한다. K값이 10% 이하일 때는 아주 신선, 20% 이하는 신선도 양호, 40~60%는 신선도가 약간 떨어졌을 때, 60~80%는 초기부패가 되었음을 의미한다.

④ **히스타민**Hiatidine

어패류의 단백질이 부패과정에서 장내세균, 클로스트리디움, 유산간균 등의 세균에 의해 히스티딘이 탈탄산작용이 일어나 히스타민으로 진행되어 생성 · 축적되는데, 어육 중에 4~10mg% 되면 알레르기성 식중독을 일으킨다.

⑤ pH

탄수화물을 많이 함유한 식품은 세균에 의해 유기산발효를 일으켜 pH가 저하되지만, 부패세균에 따라서 pH가 저하되지 않고 서서히 상승하는 경우도 있다. 그러나 수육이나 어육 등 단백질이 많은 식품 중 신선한 육류는 pH 7.0~7.4 정도, 부패가 시작되면 인산의 생성으로 pH가 6.5 이하로 저하되었다가 암모니아 등의 생성으로 다시 상승한다. 어육의 경우 pH가 5.5 전 · 후이면 신선, pH 6.2~6.5이면 초기부패로 판정한다.

(4) 물리적 검사

식품은 부패할 때 경도, 탄성, 점성, 색 및 전기저항 등이 변화하는데, 이들 변화를 측정하여 식품의 초기부패를 알아보는 방법이다. 짧은 시간 내에 간단하게 결과를 알 수 있어 좋지만, 동일한 식품이라도 여러 가지 조건에 따라서 결과가 달라지므로 더 초기부패의 척도로 사용하는데 문제점이 있어서 고려되어야 할 사항이다.

2) 식품의 변질방지

식품의 변질과 부패의 원인은 온도, 습도, 미생물의 번식 등 여러 가지 요인이 있다. 식품의 부패를 방지하려면 식품 주변 환경을 청결히 하고 미생물 오염을 방지하여 오염된 미생물의 증식과 발육을 억제하는 것이 중요하다. 식품을 미생물 오염으로부터 보호하고 부패를 방지하는 방법으로는 물리적인 방법, 화학적인 방법, 생물학적 방법 및 기타 처리방법 등이 있다.

(1) 물리적 방법

① 냉장 및 냉동법

미생물 증식을 억제시키려는 목적으로 식품을 저온에 보존하는 방법으로, 보통 0℃ 이하에서 보존하는 것을 '냉동', 0~10℃에서 보존하는 것을 '냉장'이라 한다. 저온에서 보존한 식품에서 저온미생물이 생존할 가능성이 있기 때문에 완전한 보존이라 할 수 없다.

- 냉장Cold Storage : 냉장은 식품을 0~10℃로 보존하는 방법으로 세균의 번식을 완전히 억제할 수 없어서 장기간 보존은 불가능하지만, 일반식품의 단기간 저장에 널리 이용된다. 식품을 0℃ 부근에서 냉장하는 것으로 대부분의 식중독균 증식을 억제할 수 있으나, 장염비브리오균이나 보툴리누스균 등이 증식할 우려가 있으므로 주의해야 한다. 채소와 과일은 일반적으로 5~7℃에서 습도 80~90%로 저장하고, 당분이 많은 과일류는 너무 낮은 온도에서 냉해를 입으므로 -1℃ 이하

에서 저장하는 것은 좋지 않으며, 육류나 조리된 식품은 0~5℃, 부패하기 쉬운 어패류는 -1~1℃에서 저장하는 것이 좋다.

- 냉동Freezing Storage : 식품을 냉동(-15~-18℃) 상태에서 동결시켜 보존하는 방법으로 식품의 조직에 변화(파괴 등)를 주는 단점이 있으나 장기간 보존이 가능하다. 냉동온도에서 미생물 증식의 억제 및 사멸이 일어나지만, 식품 자체의 동결에 의해 생긴 얼음입자에 의해 조직의 파괴와 탈수현상 등이 일어나기도 한다. -1~-5℃ 온도대의 최대 빙결정생성대를 빨리 통과하도록 하여 조직의 파괴를 최소화하는 급속동결법을 이용하는 것도 좋은 방법이며, 이 방법을 이용하면 영양성분과 맛의 손실을 방지할 수 있다.

② 건조법

건조법Curing Method은 식품 중의 수분을 감소시켜 세균의 발육을 억제함으로써 식품을 보존하는 방법이다. 식품의 변질과 관련이 있는 미생물의 작용 중 식품에 함유된 수분 중 자유수의 함량이 매우 큰 작용을 한다. 식품의 변질을 방지하기 위해서는 수분활성도(Aw)를 0.6 이하로 낮춰 미생물의 생육을 억제하는 것이 중요하다. 일반적으로 세균은 수분함유량 15% 이하에서는 번식하지 못하나, 곰팡이는 13% 이하에서도 비교적 번식이 가능하므로 식품을 건조시켜 저장하려면 곰팡이의 생육이 불가능할 정도로 건조시켜야 한다.

- 자연건조법 : 농산물과 해산물, 채소류 및 과일류 등을 햇볕에 쬐어 건조시키는 방법으로, 기후의 영향을 받으며 여러 가지 식품을 오래 보존하기 위한 방법이다. 간편하고 경제적이나 풍미 저하, 식품의 영양소 손실 등의 결점을 가지고 있다.
- 인공건조법 : 인공건조 역시 자연건조와 마찬가지로 식품의 성분이 변하기 쉬운 결점을 가지고 있으며 식품의 산화, 퇴색 등이 일어난다.
- 고온건조법 : 식품을 90℃ 이상의 고온에서 건조시키는 방법으로 산화, 퇴색되는 결점이 있다.
- 열풍건조법 : 가열한 공기로 식품을 건조시키는 방법으로 육류, 어류, 난류 등에

이용된다. 일광건조법에 비해 단시간에 건조되며 품질의 변화가 적으나 비용이 많이 든다.

- 배건법 : 식품을 직접 가열하여 건조시키는 방법으로, 온도가 높기 때문에 성분 변화가 많이 일어나고 식품에 독특한 향기를 내며 보리차, 홍차 등이 있다.
- 분무건조법 : 액체식품을 분무하여 열풍으로 건조시키는 방법으로 분유, 난백 등 액상식품 가열, 인스턴트커피 등의 제조에 이용되며, 건조시켜도 효소, 비타민, 풍미가 비교적 잘 유지된다.
- 박막건조법 : 고형분이 높은 점조성 식품을 회전 원통 표면에 박막상으로 펼쳐서 건조시키는 방법으로 농축토마토주스, 매시포테이토 등에 이용한다.
- 감압동결건조법 : 식품을 동결시킨 후 감압 하에서 건조시키는 방법으로 건조채소, 건조란, 분유제조, 소고기, 새우 등 원형 그대로 건조시키는 데에 이용된다. 식품성분의 변화는 적으나 건조시키는데 동결비용이 많이 들고, 장시간 필요하며 지질산패가 일어날 우려가 있다.

③ 가열살균법

식품을 가열하여 미생물이 생존할 수 없는 온도로 높여 사멸과 동시에 효소를 파괴하여 식품의 변질을 방지하여 보존시키는 방법이다. 식품에 따라 가열온도가 다르므로 식품과 가열온도의 관계를 잘 파악하여 식품에 알맞은 가열살균법을 이용하는 것이 바람직하다. 식품을 높은 온도로 가열하면 단백질의 변성, pH의 변화, 효소 및 비타민 파괴, 갈변, 유지 및 탄수화물 분해, 중량감소, 풍미저하 등이 생기므로 저온에서 단시간 처리하는 것이 바람직하다.

④ 조사살균법

Co^{60}과 같은 방사선 동위원소를 이용하여 식품 중의 미생물을 살균하여 보존성을 높이는 방법으로, 가열살균과 달리 열을 이용하지 않는 살균법이다. 현재 방사선 조사법에 의해 살균 소독 하고 있는 식품은 거의 한정되어 있으며, 살모넬라균 등 식중독세균의 살균에 주로 이용하고 포자까지도 멸균시킬 수 있다.

3) 화학적 방법

(1) 절임법

식품을 염장, 당장, 산장 등의 절임법을 이용하여 보존하는 방법이다.

① 염장Salting

식품을 소금 절임에 의해 보존성을 높여 저장하는 방법으로 육류, 수산물 및 채소류의 조리, 저장 등에 널리 이용된다. 식품에 소금을 첨가하면 삼투압이 높아져 수분활성이 저하되고 염소이온의 살균작용, 미생물의 원형질 분리, 효소작용 저해 등으로 미생물의 생육억제가 일어나며, 또한 산소의 용해도 감소로 인해 호기성균의 발육이 억제가 일어난다. 염장에서는 세균보다 효모나 곰팡이가 저항성이 높고 세균 중에서도 구균이 간균보다 저항성이 강하다. 염장이 당장보다 보존능력이 좋으나, 식품을 높은 농도의 소금에 저장하면 부패균의 생육만 억제되고 직접적인 살균효과는 없다. 산과 병용하면 효과가 높고 저온에 보관하는 방법을 병용하면 저장성을 높일 수 있다.

② 당장Sugaring

식품에 고농도의 당을 첨가하여 저장하는 방법인데 젤리, 잼, 마멀레이드, 가당연유, 과일, 양갱 등에 이용된다. 당 농도가 50% 정도이면 일반세균의 번식이 억제되지만 내삼투압성 효모나 곰팡이는 높은 설탕 용액에서도 증식할 우려가 있다. 염장할 때와 같이 소량의 산을 같이 사용하면 당액의 농도가 어느 정도 낮아도 부패균의 생육을 저지할 수 있다.

③ 산장Pickling

미생물은 생육하는데 pH의 영향을 많이 받게 되는데, 산장법(酸藏法)은 pH가 낮은 초산, 젖산, 구연산 등을 이용하여 식품을 저장하는 방법이다. 주로 채소 및 과일 등의 저장에 많이 이용된다. pH 3.7 이하에서는 세균의 증식이 어렵고, 특정한 무포자 세균이나 곰팡이 및 효모 일부는 증식할 수 있다. 일반적으로 같은 pH에서도 유기산이 무기산보다 미생물의 번식을 저지하는 효과가 높고, 유기산으로는 구연산Citric Acid, 초산Acetic Acid, 젖산Lactic Acid, 프로피온산Propionic Acid 및 그의 염(塩) 등이 주로 사용된다. 식염이나 당 및 보존료 등을 같이 사용하면 효과를 더욱 증가시킬 수 있다.

(2) 보존료 첨가법

식품에 보존료, 항산화제, 살균제 등을 사용하여 식품의 부패나 지질의 산화방지 목적으로 사용한다. 식염, 설탕, 식초, 알코올, 훈연의 성분도 보존료로 사용되지만, 주로 사용되는 산화방지제 중에서 천연 항산화제로는 토코페롤, 비타민C, 몰식자산, 레시틴 등이 있고, 합성 항산화제는 BHA, BHT, TBHQ 등이 있다.

4) 복합처리법

(1) 훈연

훈연Smoking은 목재를 불완전 연소시켰을 때 나오는 연기를 식품에 그을려서 저장성을 높이는 방법으로, 육류와 어류의 훈제품 저장과 가공에 이용된다. 훈연재로는 수지(樹脂)가 적은 활엽수인 벚나무, 떡갈나무, 참나무 등이 좋고, 수지가 많은 침엽수는 훈연 후에 수지냄새가 나기 때문에 좋지가 않다. 연기 중에 살균물질인 아세트알데히드Acetaldehyde, 포름알데히드Formaldehyde, 아세톤, 페놀, 초산 등은 항균성을 가져 균의 번식을 억제한다. 연기 중의 페놀화합물은 강한 항산화성을 가져 지방이 많은 햄, 베이컨, 소시지 등의 산화를 억제하며, 알데히드나 케톤 등은 페놀류와 함께 훈연의 독특한 향기나 풍미를 주기도 한다.

(2) 가스저장(CA저장)

가스치환Gas Exchange은 산소를 제거하기 위해 질소나 이산화탄소 등을 조절해 주는 방법이다. 수확한 과일이나 채소는 호흡작용을 하여 성분의 변화를 가져오고 증산작용도 일어나 신선도와 무게 등의 변화로 품질이 저하하게 된다. 호흡작용은 온도, 습도 및 공기조성 등 환경조건의 영향을 받는데, 보통 0℃ 부근에서 호흡작용이 가장 느리고 10℃씩 올라감에 따라 호흡작용이 급격히 높아지며 30~40℃에서 가장 높다. 따라서 미생물이 번식할 수 없는 0℃ 부근을 저장 최적온도로 볼 수 있는데, 식품에 따라 최적온도가 다르게 나타난다. 습도가 낮으면 호흡작용도 낮아지는데, 습도가 너무 낮으면 증산작용이 높아지므로 일반적으로 80~85%가 적당하다. 공기조성은 이산화탄소가 많아지면 억제되어 그만큼 저장력이 높아진다.

산소는 호흡에 큰 영향을 미치지 않으나 한계농도 이하가 되면 호흡작용이 현저히 감소한다. 저장고 내의 산소농도와 탄산가스를 적당하게 조절시켜 과일이나 채소를 신선하게 유지시키는 것을 가스저장 또는 CA저장Controlled Atmosphere이라 한다.

(3) 통조림과 병조림

병조림과 통조림은 식품을 병이나 캔에 담고 탈기한 후, 용기를 밀봉해서 고압 중에 가열 살균하여 그 안의 미생물을 사멸시킨 후 식품을 저장하는 방법이다. 용기 내의 공기를 제거하여 살균 완료 후에 남아있는 호기성 세균포자의 발아를 억제하고, 식품 내의 공기에 의한 성분의 변질을 방지하며 가열에 의한 내부공기의 팽창으로 인한 용기의 파손을 막기 위함이다. 살균조건은 식품에 따라 조절하는데, 일반적으로 토마토 제품이나 귤 등 pH가 낮을수록 내열성은 낮고 중성에 가까울수록 높아진다. pH가 4.5 이하의 산성식품은 90℃ 이하의 살균법을 이용하며, 육류, 어류, 채소, 장류 등은 120℃ 고온에서 가열 살균한다.

(4) 진공포장

식품을 포장재에 넣고 내부를 진공으로 탈기하여 밀봉하는 방법이다. 진공포장과 진공포장을 하기 어려운 경우, 공기를 질소가스와 같은 불활성가스를 치환한 질소가스충전포장이 있다. 내부에 공기가 제거되므로 호기성 미생물의 발육이 억제되고 식품성분의 산화에 의한 열화를 방지할 수 있다.

CHAPTER 03

식중독

쉽게 풀어 쓴
FOOD 식품위생학
HYGIENICS

1 식중독의 개념

식중독Food Poisoning은 식품을 섭취하거나 식품 속에 함유된 독성물질을 섭취하여 일어나며, 주된 증상으로 설사, 복통 등의 급성 위장염 증상을 나타내는 질병을 의미하기도 한다.

「식품위생법」 제2조에서 식중독을 "식품섭취로 인하여 인체에 유해한 미생물 또는 유독물질에 의하여 발생하였거나 발생한 것으로 판단되는 감염형 또는 독소형 질환"으로 정의하고 있다.

세계보건기구WHO는 "식품 또는 물의 섭취에 의해 발생되었거나 발생된 것으로 생각되는 감염성 또는 독소형 질환"으로 규정하고 있다. 식중독사건 중 약 80%는 세균

표 3.1 식중독의 분류

<table>
<tr><th colspan="2">분 류</th><th>종 류</th><th>원인균 및 물질</th></tr>
<tr><td rowspan="4">미생물 식중독</td><td rowspan="3">세균성</td><td>감염형</td><td>살모넬라, 비브리오불니피쿠스, 병원성대장균(EPEC, EHEC, EIEC, ETEC), 쉬겔라, 여시니아엔테로콜리티카, 캠필로박터제주니, 캠필로박터콜리, 리스테리아모노사이토제네스, 장염비브리오, 콜레라, 바실러스세레우스</td></tr>
<tr><td>독소형</td><td>클로스트디움 보툴리늄, 황색포도상구균, 클로스트리디움퍼프린젠스</td></tr>
<tr><td>중간형</td><td>웰치균, 바실러스세레우스균, 독소생성대장균</td></tr>
<tr><td>바이러스성</td><td>공기 · 접촉 · 물 등의 경로로 전염</td><td>노로바이러스, 로타바이러스, 아스트로바이러스, 장관아데노바이러스, A형 간염, E형 간염바이러스</td></tr>
<tr><td colspan="2" rowspan="3">자연독 식중독</td><td>동물성</td><td>복어독, 시구아테라독, 조개독</td></tr>
<tr><td>식물성</td><td>버섯독, 감자독, 시안배당체 함유식품 등</td></tr>
<tr><td>곰팡이</td><td>황변미독, 맥각독, 아플라톡신 등</td></tr>
<tr><td colspan="2" rowspan="5">화학적 식중독</td><td>고의 또는 오용으로 첨가되는 유해물질</td><td>식품첨가물</td></tr>
<tr><td>본의 아니게 잔류, 혼입되는 유해물질</td><td>잔류농약, 유해성 금속화합물</td></tr>
<tr><td>제조 · 가공 · 저장 중에 생성되는 유해물질</td><td>지질의 산화생성물, 니트로사민</td></tr>
<tr><td>기타물질에 의한 중독</td><td>메탄올 등</td></tr>
<tr><td>조리기구 · 포장에 의한 중독</td><td>녹청(구리), 납, 비소 등</td></tr>
</table>

과 바이러스에 의한 것이고, 원인불명으로 나타난 것도 역학적으로 대부분 세균과 바이러스에 의한 것으로 추정되고 있기 때문에, 식중독에 있어서 세균과 바이러스가 차지하는 비중은 극히 높다.

원인에 따라서 세균에 의한 감염이나 세균이 생성한 식품 내에 증식된 독소에 의해 중독증상을 일으키는 '미생물 식중독', 동 · 식물에 함유된 독소나 곰팡이에 의한 독성으로 인해 발생하는 '자연독 식중독', 인공적인 화학물질이나 제조 · 가공 중 생성되는 유해물질 등에 의해 발생하는 '화학적 식중독' 등으로 구분할 수 있으며, 세균이 아닌 바이러스에 의해 발생하는 '바이러스성 식중독' 등으로 나누어 볼 수 있다. 식중독의 분류는 표 3.1에서 보여주고 있다.

2 세균성 식중독

세균성 식중독은 그 발병 기작에 따라 감염형(感染型)과 독소형(毒素型), 중간형(中間型)으로 분류한다.

① 감염형

식품 내에 세균이 증식하여 그 증식한 생균을 식품과 함께 섭취함으로써 장 내 점막에 침입하여 발병하는 것으로, 장염비브리오Vibrio Parahaemolyticus, 병원성 대장균pathogenic Escherichia Coli, 살모넬라Salmonella 등이 있다. 체내에서 세균이 증식해서 발병하므로 잠복기가 길다.

② 독소형

식품 중에 증식한 세균이 생산한 독소를 섭취하여 발병시키는 식중독으로, 포도상구균Staphylococcus Aureus과 보툴리누스균Clostridium Botulinum 등이 있다. 식품에 생성된 독소를 섭취하여 발병하므로 잠복기가 짧은 특징이 있다.

③ 중간형

장 내에서 증식한 세균이 생산한 독소에 의해서 일어난다. 잠복기가 짧은 특징이 있으며 웰치균Clostridium Perfringens, 바실러스 세레우스균Bacillus Cereus 독소생성 대장균Enterotoxigenic E. Coli 등이 있다.

표 3.2 세균성 식중독의 분류 및 특징

분 류	특 징	대표적인 식중독과 잠복기
감염형	생균의 경구적인 섭취에 의해 발생, 가열조리 유효하다.	살모넬라(12~36시간), 장염비브리오(3~40시간), 병원성 대장균(3~5일)
독소형	식품 중에 증식한 세균이 생산한 독소에 의해 발생, 내열성인 경우 가열조리 효과가 없다.	황색포도상구균(2~6시간), 보툴리누스균(12~36시간)
중간형	장 내에서 증식한 세균이 생산한 독소에 의해 발생, 가열조리 유효하다.	웰치균(8~20시간), 바실러스 세레우스균(8~16시간), 독소생성대장균(12~72시간)

세균에 의한 일반적인 식중독 원인균으로 인정된 것은 살모넬라, 장염비브리오, 병원성 대장균, 웰치균, 포도상구균, 보툴리누스균, 세레우스균, 캠필로박터, 여시니아 등이 있고, 바이러스에 의한 식중독은 노로바이러스, 로타바이러스, 간염 E-바이러스 등이 있다.

감염형 식중독의 경우 잠복기가 길고 두통, 구역질, 구토, 복통, 설사 등의 증상이 일어나며, 주요 증상은 2~3일에 나타나고 보통 1주일 이내에 회복된다. 독소형 식중독은 감염형 식중독에 비해 잠복기가 짧고 발열이 거의 없으며, 다른 증상은 감염형과 거의 같이 나타난다.

1) 감염형 식중독

(1) 살모넬라Salmonella Spp. 식중독

살모넬라 식중독은 살모넬라에 속하는 특정균종이 오염·증식된 식품을 섭취하여 일어나는 감염형 식중독으로, 세계적으로 널리 발생하는 것으로 알려져 있다.

살모넬라균은 1885년 살몬Salmon과 스미스Smith에 의해서 돼지콜레라Cholera Bacillus의 원인균으로서 처음 분리되었고, 1888년 게르트너Gärtner가 독일에서 폐사한 송아지고기에 의해 식중독이 발생하였을 때 사망자의 시체에서 원인균을 분리하여 Bacillus Enteritidis라고 명명하였다. 이후 유사한 세균들이 발견되어 1890년에 살모넬라Salmonella라고 부르게 되었다.

살모넬라가 존재하는 환경인자로 물, 토양, 곤충, 동물의 분변, 해산물, 날고기, 가금류 등이 있고, 분변이나 하수 속의 물에서도 수 주간 생존할 수 있으며 토양에서도 환경이 적절할 경우 수 개월간 생존할 수 있다. 살모넬라균은 매우 중요한 식중독 원인균으로, 미국의 경우 매년 4백만 명 이상이 이 식중독에 걸리는 것으로 보고되고 있고, 우리나라에서도 중요한 식중독의 원인균으로 알려져 있다. 살모넬라는 병원성이 높기 때문에 전 세계적으로 식품으로부터 집중적으로 관리대상이 되어져야 하며 살모넬라 식중독을 예방하기 위해 많은 노력이 요구된다.

① 원인세균

살모넬라는 호기성 또는 통성혐기성의 그람음성, 비아포성 간균으로 편모가 있어 대부분 운동성이 있으며 운동성이 없는 것도 있다. 크기는 0.5~1.0×1~5㎛ 정도이며, 발육최적 성장온도는 35~37℃, 성장가능 온도는 7~45.6℃이며 10℃ 이하에서는 생육이 어렵다. 최적 pH는 7~7.5이고 pH 4 이하에서는 사멸한다. 살모넬라속 균은 2,800여 종으로 다양한 혈청형으로 분류되어 있지만, 이 중에서 식중독과 관련된 가장 중요한 균은 쥐티푸스균S. Typhimurium, 장염균S. Enteritidis이 있다.

② 발생상황과 원인식품

발병은 5~10월 사이에 많이 발생하고 겨울에는 적게 나타나는 경향이 있으나 1년 내내 발생하는 특징이 있다. 원인식품은 부적절하게 가열된 동물성 식품 중 육류 및 육가공품, 우유, 유제품, 가금류의 알 및 그 가공품, 어패류 및 그 가공품과, 식물성 식품 중에는 채소 등 불완전하게 조리된 복합조리 식품인 경우가 많다. 살모넬라에 오염된 알이나 식육으로부터 2차적으로 오염된 식품류에도 식중독 발생을 자주 볼 수 있으며, 가장 위험한 식품은 손이 많이 갔으면서도 장기간 냉장하지 않았거나 제대로 조리되지 않은 상태로 냉장되었던 식품이 재가열하지 않고 사람들에게 공급되는 경우이다.

③ 잠복기와 중독증상

살모넬라 식중독의 증상은 섭취균량, 혈청형 및 감수성에 따라 다르게 나타나지만, 일반적으로 6~72시간(평균 12~36시간) 후에 증상이 나타난다. 대체적으로 평균 20시간의 잠복기를 거친 후 나타나는데, 발병률은 다른 식중독에 비해 높아서 75% 정도이다. 중독의 주증상은 복통 · 설사 · 발열이고, 식욕감퇴 · 전신권태 · 두통 · 구역질과 구토 등 급성위장염 증상을 나타낸다. 설사는 하루에 수회 정도의 수양(水樣)성을 나타내며, 중증일 때는 혈변이나 점혈변을 배출하여 이질로 생각하기도 한다. 발열은 37~38℃이고 때로는 40℃ 이상의 고열인 경우도 있으며, 경증일 때는 주증상이 1~4일 동안 지속되고 보통 1주일 정도 경과하면 회복된다.

④ 감염원과 감염경로

살모넬라Salmonella에 관한 생태학적 조사에서 보면 사람, 가축, 가금, 곤충, 쥐, 개, 고양이, 거북, 뱀, 하수, 하천수 등 자연환경에 광범위하게 분포되어 있다. 이들이 직 · 간접적으로 살모넬라의 오염원으로서 역할을 하고 있다.

감염경로는 감염원에 의해서 오염된 식품을 섭취함으로써 사람에게 감염이 되는데, 대체로 살모넬라균은 조류나 포유동물의 장내에서 서식하기 때문에 달걀이나 식육 등이 이 균에 오염되어 오염된 식품들을 사람이 섭취함으로써 발생하는 1차 오염과, 보균동물인 쥐나 곤충 등과 보균자의 배설물이 식품에 오염되어 발생하는 2차 오염이 있다.

식육의 경우는 1차 오염되어 식중독을 일으키는 경우는 아주 드문 일이며, 도살 후 처리과정에서 2차적인 오염에 의해 주로 발생한다. 달걀의 경우에는 장관 내의 살모넬라균이 분변과 함께 부착되어 있다가 달걀의 기공을 통해 침입하므로, 오염된 달걀로 마요네즈, 건조란, 샐러드 등을 만들 경우에 오염되는 예가 있으므로 주의해야 한다.

⑤ 예방법

살모넬라 식중독의 관리는 매우 어렵고, 원인균을 완전히 제거하는 것은 사실상 불가능하다고 볼 수 있다. 식중독균이 증식하기 위해서는 적절한 온도와 수분활성도(Aw) 및 pH 등이 필요하므로, 이러한 요구조건 중 일부를 조절함으로써 식중독균을 관리할 수 있다. 살모넬라균에 오염된 식품은 어떤 냄새나 맛의 변화도 없으므로, 육안으로 오염 여부를 판별할 수 없다는 문제점이 있다. 소고기와 돼지고기는 식육의 생식을 금하고, 이들에 의한 다른 식품의 2차 오염에 주의하여야 하며, 조리에 사용된 기구 등도 세척 소독하여 2차 오염을 주의하여야 한다. 살모넬라균은 비교적 열에 약하여 74℃ 이상 가열 또는 62~65℃에서 20분간 가열로 사멸되므로 식품을 가열하여 섭취한다. 조리한 음식은 신속히 섭취하고 남은 음식은 10℃ 이하로 저온 보존한다. 환자나 보균자의 식품취급 금지, 축산물의 철저한 위생검사, 식품취급 시설의 위생관리 등도 예방대책의 한 방법이다.

(2) 장염비브리오Vibrio Parahaemolyticus 식중독

장염비브리오균에 의한 식중독 발생은 아시아에서 높은 빈도를 나타내는 특징이 있으며, 우리나라의 경우 장염비브리오균에 의한 식중독 보고는 전체 식중독 보고 중에서 9~16% 정도 차지하고 있다.

장염비브리오균은 수산물 섭취가 많은 아시아 국가에서 문제가 되고 있는데, 식중독균은 주로 어패류에서 발견되며 1950년대 일본에서 발생한 수산물의 식중독 보고에서부터 알려지기 시작하였다. 일본에서의 장염비브리오균 식중독의 원인식품은 회, 스시, 조리된 해산물이 있고, 날로 먹는 식습관 때문에 감염의 가능성도 증가하는 것으로 보고되고 있다. 중국의 경우 1991~2001년까지 약 2,000건의 장염비브리오 식중독이 발생한 것으로 보고되고 있다. 1996년 미국의 경우 177건의 대규모 장염비브리오 식중독이 발생하였는데, 역학조사 결과 굴에 의한 것으로 밝혀졌다.

수산물 섭취가 빈번한 아시아 국가를 중심으로 발생한 장염비브리오 식중독은 식생활의 변화 등의 이유로 전 세계적으로 식중독을 일으키는 균으로 분류되어 식중독 예방을 위해 노력하고 있다. 1970년대 후반까지 사람에게 질병을 일으키는 세균으로 알려진 비브리오속의 세균은 비브리오콜레라V. Cholerae와 장염비브리오V. Parahaemolyticus 2가지 균종뿐이었으나, 최근 연구가 진행됨에 따라 계속하여 신종의 비브리오세균이 발견되어져 현재 34종이며, 이 중 사람에게 병원성을 나타내는 균은 12종이다.

① 원인세균

장염비브리오균은 해수세균의 일종으로, 생육에 소금을 필요로 하는 호염균으로 식염농도의 범위는 0.5~8%이지만 2~4%에서 가장 생육이 왕성하며 10% 이상의 식염농도에서는 성장이 정지되는 세균이다. 크기는 0.5~0.8㎛ × 1~5㎛의 그람음성의 통성혐기성의 무아포 간균이며 주모성 편모를 가지고 운동성이 있다.

발육 최적온도는 30~37℃ 정도이며 수온이 17℃ 이상으로 상승하게 되면 해수에서 장염비브리오균이 검출되며 10℃ 이하에서는 생육이 어려워 겨울철에는 식중독이 잘 일어나지 않는다. 성장가능 pH 범위는 4.8~11.0이며, pH 4.0 이하에서는 급속히 사멸하고 중성 pH 및 열과 냉동에 저항성이 강하다. 이 균은 수분, 영양, 식염농도, 습도 등의 조건이 최적상태가 되면 세대시간이 짧아 약 10분에 1회의 속도로 분열하므로, 일반세균의 약 20분에 1회에 비해 증식속도가 빨라서 3~4시간이면 식중독을 일으킬 수 있는 발증균량(10^7)에 도달할 수 있다. 이 균에 의해 감염을 일으키려면 100만 개가 넘는 균의 수가 필요하다.

② 발생상황과 원인식품

장염비브리오 식중독은 해수온도가 높아지면 급속히 증가하여 여름철(6~10월)에 집중적으로 발생하고, 겨울철에 수온이 13~15℃ 이하로 내려가면 식중독의 발생은 드물다.

원인식품은 해산어패류 및 그 가공품, 게장, 오징어무침, 꼬막무침, 특히 생선회나 초밥 등 생식이 주된 원인식품이다. 그 밖에도 2차 오염된 도시락, 채소샐러드 등의 복합식품도 원인식품이다. 2차 오염은 어패류의 체표나 내장, 아가미 등에 부착되어 있다가 이를 조리한 사람으로부터 손과 도마, 칼, 수세미, 행주 등을 통해 이루어지는 경우가 많다. 오이절임과 같은 식품에 의해서도 발생할 수 있고, 해수욕 시 피부의 상처를 통해 감염이 일어나기도 한다.

③ 잠복기와 중독증상

잠복기는 3~40시간이고 평균 12시간이다. 환자의 공통되는 주 증상은 급성위장염 증세로 복통과 설사인데, 복통은 위 또는 상복부에 심한 통증을 유발하는 경우가 많고, 설사는 대부분 1일 몇 차례 정도이고 수양성이지만 심한 경우 1일 10회 이상이고, 이질 모양의 점액이나 혈액이 섞이는 경우도 있다. 복통·설사에 이어 37~39℃의 발열을 나타내는 경우가 있고 구역질, 구토, 권태감, 오한, 발열, 두통 등이 나타난다.

우리나라에서 장염비브리오는 장관 외 감염은 드물지만, 유럽과 미국에서는 중이염, 발의 창상, 패혈증 등의 증상을 보이고 사망도 보고되고 있으며, 이들의 경우 대부분 경구적인 감염보다 해수욕 시 피부외상에 오염된 해수가 감염된 것으로 알려졌다. 간이 나쁜 사람이나 위 절제를 받은 사람은 여름철에 생선회나 초밥 등의 날어패류의 섭취를 삼가야 하며, 피부에 상처가 있는 사람은 특히 해수욕 시 주의를 요한다.

증상은 발병 후 12시간 경부터 회복되기 시작하여 2~3일이면 설사를 비롯한 여러 가지 증상이 회복되고, 경과는 일반적으로 좋은 편이며 사망률은 극히 낮다.

④ 감염원과 감염경로

장염비브리오는 연안의 해수, 연안 흙, 플랑크톤 등에 널리 분포되어 있고, 특히 육지로부터 오염되기 쉬운 해역에 많다. 따라서 장염비브리오로 오염된 해수가 감염원이 되어 어패류가 직접 오염되고, 이들로부터 조리대, 도마, 행주, 식칼 등을 거쳐서 간접적으로 다른 식품이 2차 오염된다.

이 균은 염분이 적절하게 함유된 식품에서는 여름철에 특히 급속도로 증식하므로 이러한 식품을 섭취하면 감염된다. 그리고 환자나 보균자의 분변이 감염원이 되는 수도 있다.

⑤ 예방법

어패류 및 그 가공품의 제조 및 유통과정에서 항상 저온(10℃ 이하)으로 유지하여 균의 증식기회를 주지 않아야 한다. 생식용 어패류의 후처리 및 어패류의 가공은 위생적인 장소에서 행한다. 어패류는 신선도와 무관하게 2차 오염에 의해 식중독이 발생할 수도 있으므로, 어패류를 조리한 조리기구나 칼, 도마 등을 살균·소독한다. 조리가 끝난 생식용 어패류는 먹을 때까지 10℃ 이하에서 보존한다. 이 균은 열에 약하여 60℃에서 5분, 55℃에서 10분 가열로 사멸되므로 가열·조리하여 섭취한다. 염분이 없는 물에서는 저항성이 약하므로 수돗물로 잘 세척하는 것도 도움이 된다.

(3) 병원성 대장균Pathogenic Escherichia Coli 식중독

대장균Escherichia Coli은 유당을 분해하여 산Acid과 가스Gas를 생산하는 그람음성의 통성혐기성균으로 길이 1~4㎛, 폭 0.3~0.8㎛의 주모성의 편모를 가진 간균이다. 최적 온도는 35~40℃이고, 최적 pH는 6.0~7.0이며 성장가능 pH 범위는 4.4~9.0이다. 사람이나 동물의 장 내에 분포하여 정상적인 마이크로플로라Microflora를 구성하는 세균으로, 자연계에도 널리 분포하며 대부분 식중독의 원인이 되지는 않지만 1945년 브레이Bray가 영국에서 유아에게 설사를 일으키는 대장균을 보고한 이래, 유아뿐 아니라 성인에게도 급성위장염을 일으키는 특정 혈청형을 가진 대장균을 발견하게 되었다. 이를 계기로 이러한 대장균을 병원성 대장균이라 하고 일반 대장균과 구분하기 시작했다.

1971년 색Sack 등은 콜레라와 같은 엔테로톡신Enterotoxin을 생산하는 대장균을 분리하여 이를 장독성 대장균이라 불렀다. 병원성 대장균 중 베로독소Verotoxin를 생성하여 대장점막의 궤양을 만들어 출혈을 유발시키는 장관출혈성 대장균식중독도 있다. 대장균과 병원성 대장균은 형태나 생화학적 성상이 거의 동일하지만 혈청학적으로 균체항원(O항원), 협막항원(K항원) 및 편모항원(H항원) 등의 특이성에 따라 구별되며, 병원인자 및 발병기구가 다른 대장균의 존재가 확인되었고 현재 알려진 대장균 식중독은 4종류가 있다. 독소의 종류 등에 따라 장관병원성 대장균Enteropathogenic E. Coli, EPEC, 장관침입성 대장균Enteroinvasive E. Coli, EIEC, 장관독소성 대장균Enterotoxigenic E. Coli, ETEC, 장출혈성 대장균enterohemorrhagic E. Coli, EHEC 등으로 분류한다.

① **장관병원성 대장균**Enteropathogenic E. Coli, EPEC

이 균주의 특징은 대장균 O157 : H7과 유사하나 대부분 세포에 부착하여 감염을 일으킨다. 특정의 O 및 K혈청형을 가진 대장균이 설사증의 원인이 되고, 소장에서 일어나는 식중독이다. 식중독균이 세포질 내에 증식한 후 베로독소를 분비하여 혈액-수양성 설사를 유발하고 많은 양의 대장균 감염으로 나타난다. 주로 소아에게 설사증을 일으키며 구토, 복통, 설사, 발열 등이 나타나며 잠복기는 9~12시간이다.

② **장관침입성 대장균**Enteroinvasive E. Coli, EIEC

병독성과 생화학적 특성이 이질균과 매우 유사하며, 혐기성이 강하고 운동성이 없다. 장침입성 대장균은 대장점막 장상피 세포에 적은 양의 균이 침입 · 증식하여 일으키는 식중독으로, 세포의 괴사로 궤양을 초래하고 점액 및 혈액성의 설사를 일으킨다. 주요증상으로 발열과 복통이며 잠복기는 10~18시간 정도이다.

③ **장관독소성 대장균**Enterotoxigenic E. Coli, ETEC

개발도상국의 영 · 유아 설사질환과 여행자 설사증의 원인이 되는 균이다. 장독소형 대장균은 두 가지의 장독소Enterotoxin를 생성하는데, 100℃에서 30분 가열에 견디는 내열성 독소Heat Stable Toxin, ST와 가열에 의해 활성이 상실되는 이열성 독소Heat Labile Toxin, LT 중 어느 하나 또는 2가지 모두를 생산하여 병원성을 발휘한다.

④ **장출혈성 대장균**Enterohemorrhagic E. Coli, Ehec

베로독소Verotoxin가 대장에 침입하여 감염되며 수양성과 혈액성 설사를 유발하는 출혈성 대장염을 일으키는 균으로, 요독성요로 감염증Hemolytic Uremic Syndrom을 동반하는 임상증상을 보이는 병원성 대장균으로 가장 위해도가 높은 것으로 알려져 있다. 적은 양의 균으로도 식중독이 발생하며 잠복기는 3~8일 정도이다. 대장균 O157 : H7이 주목받고 있으며, 사람과 사람 사이에 감염되기 때문에 위생 상태를 청결히 하고 개인위생을 잘 지켜야 한다. 특히 어린이들의 감염률이 높기 때문에 주의가 필요하다.

○ 발생상황과 원인식품

일 년 내내 계절과 관계없이 발생하며 여름철에 약간 많은 편이다. 1996년 5월부터 몇 개월에 걸쳐 일본에서 장출혈성 대장균 O157 : H7에 의한 집단식중독이 발생하여 1만여 환자와 11명의 사망자를 낸 바 있다. O157 : H7은 적혈구를 파괴시키고 신장의 기능을 잃게 하는 용혈성 요독증(尿毒症)을 특징으로 한다.

환자나 보균자의 분변, 가축, 애완동물, 건강인, 자연환경 등 광범위하게 분포하고 있다. 장관병원성 대장균의 주요 원인식품은 제대로 요리되지 않는 특히 덜 익힌 갈은 소고기나 다진 소고기, 돼지고기, 닭고기, 치즈, 생우유, 분유, 도시락, 두부 및 두부 가공품 등이 있다. 지금까지 보고된 식품은 햄, 치즈, 소시지, 고로케, 채소샐러드, 로스트 비프Roast Beef, 분유, 도시락, 두부, 소 간 등이며, 유아에서는 오염된 우유가 원인이다. 가축장이나 도축장에서 오염될 가능성이 높기 때문에 고기를 충분히 가열하여 조리한다.

○ 중독증상

중독증상은 원인균에 따라 다르다. 임상적으로 설사나 복통을 주 증상으로 하는 위장염형EPEC, ETEC, 이질과 같은 증상을 보이는 이질형EIEC, 그리고 출혈성 대장염형EHEC의 3가지로 구분한다.

- 위장염형 : EPEC 및 ETEC를 원인으로 하며 음식물을 경구적으로 섭취하여 감염된다. 통상 12~24시간의 잠복기간을 거쳐 발병하며 주증상은 설사와 복통이며 발열이나 구토를 수반하기도 한다. 설사는 수양성이고 혈액과 점액이 섞이기도 한다. 유아는 성인에 비해 증상이 심하며, 1~2일째부터 회복되기 시작하여 수일 내에 정상이 된다.
- 이질형 : EIEC를 경구적으로 섭취하여 감염되며 12~72시간의 잠복기간을 지나 증상이 나타난다. 증상은 이질과 유사하며 설사 외에 복통, 발열, 구토 등이 나타

나며, 심한 경우 변에 점액이나 혈액이 섞이며 적절한 치료가 요구된다.

- 출혈성 대장염형 : EHEC에 의해 일어나며 증상은 혈변과 격렬한 복통이고 구역질, 구토 등도 일부 나타난다. 발열이 있고 처음의 설사는 수양성이나 나중에는 혈변으로 바뀐다.

○ 감염원과 감염경로

환자나 보균자, 동물의 분변에 존재하며 보균자가 화장실을 비위생적으로 사용할 경우 감염되고, 자연계의 하천수나 어패류 등에서 분리 검출되기도 하는데, 1차 및 2차 오염으로 감염될 수도 있다. 병원성 대장균 중 EIEC는 이질균과 똑같이 사람을 고유숙주로 하며 사람에서 사람으로 감염된다. EPEC 및 ETEC는 식품을 통해 감염되며 신생아 및 유아를 제외하고는 사람에서 사람으로의 감염은 볼 수 없다. EPEC는 가축과 식품 중에서 분리되는 일이 가끔씩 있는데, 살모넬라와 비슷한 생태인 것으로 여겨진다.

○ 예방법

생유 및 살균하지 않는 우유의 섭취는 피하고, 조리되지 않는 채소는 섭취하기 전 흐르는 물로 충분히 헹구어 준다. 식육은 72℃, 가금육은 83℃, 생선은 72℃까지 조리·가열하여 완전히 익혀서 섭취한다. 특히 다진 고기는 중심부까지 충분히 가열하여 섭취하여야 한다. 가열하지 않은 식품과 접촉한 손, 칼, 도마 등은 깨끗이 씻은 후 살균, 건조한 후 사용한다. 병원성 대장균 식중독에 취약한 유아, 노약자 및 면역력이 저하된 사람 등은 남은 음식 및 즉석 식품을 섭취하기 전 반드시 충분한 온도에서 재가열 후 섭취하여야 한다. 식품이나 음용수의 가열이 가장 확실한 방법이며 주변 환경의 청결, 분변에 의한 식품오염 방지 등도 중요하다.

(4) 캠필로박터균Camplyobacter 식중독

캠필로박터에는 7개의 균종이 있으며, 이 중에서 캠필로박터 제주니Camplyobacter Jejuni와 캠필로박터 콜리Camplyobacter Coli 두 개의 균종이 인체에 병원성을 나타낸다. 캠필로박터 콜리에 인한 감염은 흔하지 않으며, 주로 캠필로박터 제주니에 의한 감염 사례가 많다. 동물성 식품매개 원인체 중 캠필로박터균은 동물, 가축, 조류의 위장관에서 약 50% 이상 분리되는 공생균으로 주로 장관계에 존재한다. 장관에 존재한 균은 가공단계에서 식육으로 이행될 가능성이 높고, 이로 인해 캠필로박터균에 의해 식중독의 발생이 증가추세에 있다.

① 원인세균

나선균으로 그람음성의 무아포 간균으로 하나의 편모를 가진 미호기성균으로 미호기성 조건인 산소 5%, 이산화탄소 10%, 질소 85%에서 잘 발육하는 균이다. 세포 크기는 0.5~8㎛, 넓이 0.2~0.5㎛, 발육 최적온도는 30~45℃이다. 일반적인 세균성 식중독균의 생육온도인 25~30℃에서는 증식하지 않으며, 최적 pH는 6.5~7.5로서 pH 5.0 이하나 pH 9.0 이상에서는 생육이 어렵다. 고온에 강하고 냉장온도에서 증식은 불가능하지만 생존은 가능하며, 가축의 유산이나 태반염의 원인균으로 알려져 있다.

② 발생상황과 원인식품

캠필로박터증은 동물에서 사람에게 질병을 옮길 수 있는 전 세계적인 동물 질환으로 동물, 가축, 조류 등의 장관에 널리 존재한다. 감염경로는 오염된 물이나 음식이며, 오염된 냉동 육류제품을 익히지 않고 먹을 때 감염될 수도 있고, 주로 5~7월 사이에 발생 건수와 환자수가 연간 과반수를 차지하고, 8~9월에 비해 5~6월에 발생이 많다. 미국에서 가장 많이 발생하는 식중독의 원인균으로 알려져 있고, 매년 2백만 명 정도가 감염된다고 보고되었다.

미국 내 캠필로박터 식중독의 발생건수 중 79%가 식품이 원인이었는데, 미국 FDA에서는 원인식품으로 버섯, 날생선, 굴, 살균하지 않은 우유 등을 꼽았다. 원인식품으로 육류, 오염된 식수, 살균처리 하지 않은 우유, 오염된 가금류 등이 있다.

③ 중독증상

잠복기는 2~7일(평균 3~4일)이며, 다른 식중독에 비해 긴 것이 특징이다. 주증상은 설사, 복통, 권태감, 근육통, 두통, 발열(38~39℃)이고 메스꺼움, 구토, 탈수증상 등을 수반하기도 한다. 설사는 수양성 점액변이나 혈변이 나타나는 일도 있는데, 성인은 수양성 설사가 많고 어린이에게는 혈변도 나타난다. 사망하는 예는 거의 없으나 1~2주 이내에 완전히 회복된다.

④ 감염원과 감염경로

캠필로박터균은 대부분 오염된 식수나 살균처리 하지 않은 돼지, 닭, 개, 고양이, 소 등 가축과 야생동물 등에 널리 분포하므로, 사람은 보균동물과의 접촉이나 균에 오염된 식품, 음료수를 매개로 감염된다. 따라서 감염원과 감염경로가 살모넬라와 유사하다.

⑤ 예방법

캠필로박터 식중독균은 25℃ 이하에서는 잘 증식하는 특징을 가졌다. 따라서 육류, 우유, 음료수 등의 오염을 방지하고 식품 등의 적절한 가열살균이 중요하다. 우유에 의한 발생사례가 많으므로 반드시 가열살균을 해야 한다. 음료수에 오염되면 대규모 사고가 될 우려가 있으므로 식수원이나 급수시설 관리에 유의해야 한다. 양계장 사육시설을 위생적으로 철저히 관리하고 닭고기 가공공장에서 교차오염을 방지, 생닭고기 등과 접촉한 작업자의 손, 칼 · 도마 등의 조리기구, 용기의 세척 및 소독을 철저히 하여 교차오염을 방지하여야 한다. 생육 조리 시 고기의 중앙부분이 75℃에서 3분 이상 가열하고, 조리한 식품과 조리하지 않은 식품을 분리 보관하여 교차오염을 방지한다.

(5) 여시니아Yersinia Enterocolitica 식중독

여시니아 엔테로콜리티카는 1939년 미국의 Schleifstein과 Coleman에 의해 소아의 위장염에서 최초로 분리되어 Bacterium Enterocoliticum이라고 명명하였다. 1964년 Frederiksen이 Enterobacteriaceae과의 여시니아속으로 분류하였다. 여시니아속균은 인수공통 전염병 원인체 중 하나로 각종 동물, 식품, 환경 등에 널리 분포되어 있으며 급성위장염, 장간막임파절염, 말단회장염, 패혈증 등 다양한 질병을 일으키며, 특히 유아들은 급성장염을 일으키는 것으로 보고되었다. 1972년 일본에서 대규모의 집단

감염사태가 보고되었고, 1976년 미국에서 이 균에 오염된 초콜릿 우유에 의해 218건의 식중독 발생이 보고되었으며, 1989년 구소련에서도 오렌지와 귤 섭취로 187건의 식중독 발생이 보고되었다. 주요 원인식품으로 덜 익힌 육제품과 살균 처리하지 않은 우유와 오염된 물 및 아이스크림 등으로 알려져 있다.

① 원인세균

여시니아 엔테로콜리티카Yersinia Enterocolitica는 그람음성의 통성혐기성 간균으로 장내세균과에 속하는 감염형 식중독균이다. 성장가능 pH 범위는 4.6~9.0, 최적 pH는 7.0~8.0이며, 발육최적온도는 25~30℃, 0~5℃ 전·후의 냉장고에서도 발육이 가능한 저온세균이다. 냉장온도에서도 성장이 가능하므로 저온유통Cold Chain이 잘 발달되어 있는 선진국에서 많이 발생하는 선진국형 식중독균이다.

② 발생상황과 원인식품

돼지는 인간의 감염에 관련된 주요 원인으로 추정되고 있으며, 원인균에 오염된 식육이나 우유, 아이스크림, 보균동물의 배설물에 의한 2차 오염식품, 오염된 물 등이 원인식품일 가능성이 높다.

③ 중독증상

잠복기간은 1~10일로 통상 4~6일의 경우가 많고, 10일 이상인 경우도 있어서 식중독균 중에서 가장 길다. 대표적인 증상은 39℃ 이상의 고열이 나며 설사(80%)와 복통, 메스꺼움, 구토를 동반하는 급성 위장염 증세를 나타내며, 설사로 인해 탈수 증세가 올 수 있으므로 적절히 수분을 보충해주어야 한다. 심할 경우 패혈증, 피부결절성 홍반, 관절염 등의 증상을 일으킨다. 영·유아나 쇠약한 사람, 면역억제 치료를 받고 있는 사람은 특히 취약하기 때문에 주의해야 한다.

④ 감염원과 감염경로

이 균은 자연계에 널리 분포하며, 도살된 돼지나 소 등의 육류가 감염원으로 동물의 분변과 함께 배출되어 음료수와 식품을 오염시키는 것으로 추정된다. 저온성균이기 때문에 저온보관 상태에서도 균이 증식하여 식중독을 유발시킨다. 감염경로는 살모넬라와 유사한 것으로 보인다.

⑤ 예방법

돼지고기는 잘 익혀서 섭취하고, 우유나 유제품은 살균된 것을 섭취한다. 발육최적 온도가 다른 식중독 원인균보다 낮고, 5℃ 이하에서는 증식이 가능하므로 식품보존에 주의해야 한다. 식사 전이나 조리하기 전, 동물이나 식육 취급 시 위생적으로 취급한다. 이 균은 저연령층 일수록 감수성이 높아 학교 급식시설을 위생적으로 세척 소독을 철저히 한다. 65℃ 이상의 가열로 쉽게 사멸되므로 식품의 가열하여 섭취한다.

(6) 리스테리아 모노사이토제네스

리스테리아는 8개의 균종이 있으며, 이 중에서 리스테리아 모노사이토제네스Listeria Monocytogenes와 리스테리아 이바노비Listeria Ivanovii 이 두 개의 균종만이 인체에 병원성을 나타내는데, 리스테리아 이바노비로 인한 감염은 그리 흔하지 않으며 주로 리스테리아 모노사이토제네스에 의한 감염 사례가 높다. 농·축·수산식품 등 다양한 경로를 통해 식중독을 일으키는 리스테리아 모노사이토제네스는 1980년대 중반 이후 발생빈도가 높아진 식중독균으로, 식품산업과 공중위생 분야에서 중요하게 인식되고 있는 균이다. 리스테리아 모노사이토제네스는 20%의 높은 치사율을 가지고 있는 치명적인 식중독균이다.

① 원인세균

그람양성의 무아포 단간균으로 1~4개의 편모를 가지고 있다. 최적 성장가능 온도 범위는 -0.4~45℃로 냉동상태에서도 생존이 가능하고, pH의 성장가능 범위는 4.4~9.4이다. 10%의 염 농도에서도 성장이 가능하고 호기성과 혐기성 상태 모두에서도 성장이 가능하며, 진공 및 질소충전 포장식품에서도 성장이 가능한 균이다.

② 발생상황과 원인식품

리스테리아 모노사이토제네스는 동물의 장내나 토양 및 하수 등의 자연계에 널리 분포하고 있다. 리스테리아증은 1980년대 이전까지는 반추동물에서 뇌막염을 일으키는 질병으로, 감염동물과 접촉하는 축산업 종사자, 수의사, 식육 취급업자 등에게서 발생하는 인수공통전염병으로 알려졌다. 부적절한 축산제품의 취급 · 처리 및 적절하지 못한 물의 사용 등으로 오염된다. 주요 원인식품으로 원유, 살균처리하지 않은 우유, 핫도그, 소프트치즈, 아이스크림, 소시지 및 건조소시지, 가공 · 비가공 가금육, 훈연생선 및 채소류 등이 있고, 시중에서 판매하는 양배추, 오이, 감자 및 무와 냉동만두와 피자 등에서도 리스테리아가 검출되고 있어 사회적으로 문제가 되고 있다.

③ 중독증상

식중독 초기증상은 발열, 오한 등이 나타난다. 중증일 경우 지각 장애, 보행이상 등의 신경증상이 있고, 패혈증과 뇌수막염 등을 유발한다. 감염증을 일으킨 환자는 30%에 육박하는 높은 치사율을 나타낸다. 임산부에게 나타나는 증세로는 발열, 두통, 척추 통증 등이 있으며, 중증일 경우에는 유산이나 사산 등을 유발한다.

④ 감염원과 감염경로

리스테리아 모노사이토제네스는 자연계에 널리 상재하고 있고, 냉장온도나 고염상태에서도 증식이 가능하기 때문에 오염 자체를 예방한다는 것은 매우 어려운 일이다. 냉장고에 보관하는 식육의 침출액 등이 스며나오지 않게 밀폐용기에 넣어 보관하고 교차오염을 방지하기 위해서 식품구매, 전처리, 조리, 저장과정 중 조리된 식품과 비조리 식품을 분리해서 보관 · 취급해야 한다. 감염경로는 분변에 오염된 물질이나 토양과 직접 피부가 닿아 일어날 수도 있고, 흡입이나 성 접촉도 감염경로이다. 감염된 가축은 사료나 오염된 물, 진흙 등이 세균 감염원으로 보이며, 사람이나 가축은 아무런 증상 없이 분변에 균을 가지고 있을 수 있고 약 4%의 사람들이 이 세균의 보균자로 보고되어 있다.

⑤ 예방법

생유와 열처리되지 않은 우유로 만든 소프트치즈는 피한다. 샐러드용 채소와 같이 날것으로 차게 먹는 음식은 준비단계에서부터 주의해야 하며, 철저한 열처리로 교차오염을 방지한다. 남은 음식을 재급식할 경우 냉장 또는 냉동되었던 식품은 철저히 재가열한 후 섭취한다. 이 세균은 4℃ 이하의 냉장온도에서도 서서히 증식하므로 온도와 시간의 남용을 피해야 한다. 젖은 바닥이나 수분응결 및 배수로 등은 이 균의 성장을 촉진하므로 식품가공 장소나 조리장 설비는 깨끗하고 건조되게 유지해야 한다.

2) 독소형 식중독

(1) 황색포도상구균Staphylococcus Aureus 식중독

황색포도상구균은 1880년 파스퇴르Pasteur가 화농된 부위에서 처음 발견하여 화농성 질환의 원인균으로 알려졌고, 포도상구균 식중독은 1884년 본Vaughn에 의해 체다치즈를 원인식품으로 하는 식중독이 최초로 보고되었다.

1914년 바더Barder는 필리핀에서 발생한 급성위장염이 유방염에 걸린 젖소가 생산한 우유에 의한 것임을 보고하였고, 최초로 포도상구균을 분리하였다. 바더는 임상실험을 통해 식중독의 원인이 포도상구균의 감염이 아니라 균이 증식하면서 생성된 독성물질이 식중독을 유발한다고 최초로 보고하였다.

1930년 다크Dack 등은 식중독에서 분리한 포도상구균의 배양액 중에서 구토를 유발하는 독소의 존재를 찾아내었고 독소의 명칭을 장독소Enterotoxin라고 하였다. 황색포도상구균은 자연계에 널리 분포하며 사람과 동물에서 피부나 비인강 점막이나 장관 등 거의 모든 조직이나 기관에 침투하여 감염시키거나 괴사 또는 농양을 형성하는 화농성 염증을 유발, 단백질이나 탄수화물이 많은 식품에 오염될 가능성이 높으며 이로 인하여 사람에게 감염을 유발한다.

① 원인세균

황색포도상구균은 그람양성의 호기성 또는 통성혐기성균으로 무아포 구균으로 포도송이 모양의 배열을 형성한다. 내염성(耐鹽性)으로 염화나트륨(Nacl) 7.5% 농도의 함유 배지에도 잘 증식하며, 각종 배지에서 잘 발육하고 탄수화물을 발효하여 산을 형성하며 백색, 오렌지색 또는 황색의 색소를 생산한다. 자연계에는 여러 종류의 포도상구균이 있으나, 원인독소인 엔테로톡신Entrotoxin을 생산하는 균종은 황색포도상구균이고, 발육 최적온도는 35~40℃이다.

독소Entrotoxin 생산에 적합한 pH는 6.8~7.2이고 pH 4.3 이하에서는 사멸되며, NaCl이 10% 이상 첨가된 배지에서는 독소생산이 현저히 억제되고 독소생산의 최적온도는 40~45℃이다. 이 독소는 120℃에서 20분간 가열에도 완전히 파괴가 되지 않고 218~248℃에서 30분간 가열함으로써 불활성화 된다.

② 발생상황과 원인식품

이 균은 자연계에 널리 분포하며 오랫동안 생존할 수 있어 식품을 오염시키는 기회가 많고, 이 식중독은 사계절을 통해 발생하지만 특히 기온이 높은 5~9월에 집중 발생하며, 우리나라의 경우 발생빈도가 높은 식중독이다.

원인식품은 다양하며 단백질식품 중 육류, 가금류, 달걀, 우유와 그 가공품, 어패류 및 그 가공품이 있고, 김밥, 도시락류, 제빵류, 떡, 과자류 등 전분질을 주체로 하는 곡류와 그 가공품 등이 포함되기도 한다.

③ 중독증상

포도상구균 식중독은 황색 포도상구균이 식품 중에 증식하여 그 대사산물로 생산한 장독소Enterotoxin을 경구 섭취하여 일어나는 독소형 식중독이다. 장독소는 열에 안정하여 보통식품의 열처리 과정으로는 분해되지 않는다.

증상 발현이 극히 짧은 시간 내에 이루어지는 것이 특징이며, 잠복기는 2~6시간(평균 3시간)으로 대단히 짧다. 주증상은 급성 위장염으로 심한 구토, 메스꺼움, 심한 복통, 타액분비, 구역질, 설사를 수반한다.

구역질과 구토는 반드시 일어나고 발열은 거의 없으며, 수양성의 설사는 심하면 1일 10회 이상 일어나기도 한다. 이 경우 탈수와 함께 쇠약, 허탈, 의식장애, 혈압강하 등의 증상이 수반된다. 일반적으로 임상증상은 독소 섭취량과 개체 감수성에 따라 다르게 나타나며, 치사율은 낮고 통상적으로 1~3일이면 회복된다.

④ 감염원과 감염경로

이 균은 사람이나 동물의 화농성 질환 원인균의 하나로 각종 화농소에 존재하며, 건강한 사람이나 동물의 콧구멍, 목구멍, 감염된 상처, 피부의 상처 등에 부착되어 있으며 토양, 하수 등 자연계에도 널리 분포하므로 식품오염의 기회가 많다. 감염원은 화농소, 손 등이고, 감염경로는 손이나 조리기구를 통한 2차 오염이다. 식품을 조리한 후 상온에서 오래 보관한 경우, 식품을 저온보관이나 냉장 보관을 하지 않을 경우 균의 번식이 우려된다.

⑤ 예방법

식품오염 기회가 많은 점에 유의하여 식품재료의 취급에서부터 섭취에 이르기까지 세심한 주의를 기울여 2차 감염을 주의한다. 식품오염 방지를 위해서는 화농성 질환이나 피부질환에 걸린 사람의 식품취급 금지, 조리종사자는 손 청결과 위생복 및 마스크 착용을 하고 조리 중 신체의 다른 부위를 만지는 일은 삼가는 것이 좋다. 식품제조 시설은 항상 위생적으로 관리하고, 식품과 접촉 표면, 용기, 도구 등을 위생적인 상태로 사용한다. 충분하게 열처리하고 독소 형성을 막기 위해서 식품을 4℃ 이하로 차게 보존, 60℃ 이상의 뜨거운 온도에 보존하며 조리 후 신속한 섭취가 중요하다. 조리된 식품은 한 번만 재가열하여 섭취하며 그 후에는 폐기해야 한다.

(2) 보툴리누스Clostridium Botulinum 식중독

유럽이나 미국에서는 오래 전부터 알려진 식중독으로 독일에서 소시지에 의해 발생한 경우가 많았으므로 일명 소시지중독이라고도 불린다. 보툴리누스 식중독은 보툴리누스균이 식품을 오염시켜 혐기상태에서 증식할 때 생산하는 독소에 의해 일어나는 식중독이다. 클로스트리듐 보툴리누스Clostridium Botulinum는 산소가 없어야 잘 생육하며 부적절한 가열이나 가공으로 인해 독소형 식중독을 일으키는 포자를 형성하는 균이다. 이 균은 독소를 생성하는데 인간에게 알려진 가장 치사율이 높은 독소 중의 하나인 신경독소Neurotoxin이다. 보툴리누스균이 생산한 독소는 열에 약한 이열성(易熱性)이어서 80℃에서 가열하면 30분(100℃, 1~2분) 이내에 파괴된다.

① 원인세균

클로스트리디움 보툴리늄Clostridium Botulinum은 그람양성의 편성혐기성의 간균이다. 내열성의 포자를 형성하며 주모성 편모가 있어 활발한 운동성을 나타낸다. 생산되는 독소(A~G형)에 따라 균을 A~G형 균으로 분류하고, 대체로 중온균이지만 E형 균은 호냉성이어서 5℃에서는 발육하여 독소를 만든다. 이 중 식중독을 일으키는 것은 A, B, E, F형 균인데, A, B, F형 균의 아포는 일반적으로 내열성 강하여 100℃에서 6시간, 120℃에서 4분 이상 가열해야 사멸되지만, E형 균의 아포는 90℃에서 5분이나 80℃에서 20분 가열로 사멸된다. 항원성에 따라 A~G형으로 나누어지는데 A, B, E, F의 4개형 균주가 사람에게 식중독을 일으키는데, 독소는 단순단백질이며 보툴리누스균은 여러 독소 중 가장 독력이 강하다.

② 발생상황과 원인식품

보툴리누스 식중독은 이 균주에 의해 독소가 생성된 식품을 올바르게 가열하지 않고 진공으로 포장된 식품의 섭취 때문이다. A형 균은 채소, 과일, 육류와 관련이 많고, B형 균은 육류, 사료 등, E형 균은 주로 어패류, F형 균은 육류와 관련이 많다.

원인식품은 독일에서는 햄, 소시지 등의 식육제품에 의한 것이 많고, 영국에서는 조육(鳥肉), 러시아 · 프랑스에서는 어류의 훈제품이나 식초절임 식품이다. 미국에서는 살균이 덜 된 채소나 과일의 통 · 병조림 식품류가 많고 일본의 경우 각종 어류의 소금 절임식품이 원인이다.

③ 중독증상

일반적으로 잠복기가 12~36시간이며, 짧으면 2~4시간에도 신경증상이 나타나고, 늦으면 72시간 후에 발병하기도 한다. 잠복기가 짧을수록 중증이며, E형 중독은 잠복기가 짧고, A · B형 식중독은 긴 경향이 있다.

초기증상은 구토, 변비 등을 나타내고 신경증상으로 탄력감, 권태감, 동공산대, 안검하수, 타액분비 저하, 언어장애, 연하곤란, 호흡곤란 등이다. 복부팽만감, 보행곤란 등도 나타나며, 또 폐뇨가 있는 경우도 있고 발열은 없으며 의식은 명료하다. 호흡근, 횡격막 마비 때문에 호흡곤란에 빠져 죽음에 이르기도 하며 조기치료를 받지 않으면 사망률이 50%에 이른다.

④ 감염원과 감염경로

토양, 바다, 하천, 호수, 동물의 분변, 어류 및 갑각류의 장관 등에 널리 분포되어 있어서 농작물, 어패류, 육류 등 식품재료를 오염시키기 쉽다. 이 균에 오염되어 있는 식품의 원재료를 조리나 가공과정 중 부적절하게 처리된 식품에서 사멸되지 않은 포자가 발아하여 증식하면서 식중독을 유발할 독소를 생성하게 된다. 병 · 통조림식품, 소시지 등은 내부가 혐기성이므로 균이 쉽게 발아 · 증식하여 식중독을 일으키는 원인식품이 된다.

⑤ 예방법

가정에서 제조한 통조림식품을 주의하고 인가받은 제조업체의 식품을 사용한다. 손상된 캔은 사용하지 않고, 식음료업장에서는 통조림이나 진공포장을 하지 말아야 한다. 식품 중에 독소가 생성되어 있다 하더라도 식전에 80℃에서 30분, 100℃에서 2~3분간 가열하면 이열성의 보툴리누스독소는 완전히 파괴된다.

- 산의 첨가로 pH 4.5 이하로 낮춘다.
- 건조 또는 식염이나 설탕의 첨가로 수분활성도(Aw)를 0.94 이하로 한다.
- 식품을 냉동 또는 냉장(4℃ 이하) 보존한다.
- 아질산나트륨 등의 항균물질을 첨가한다.

3) 중간형 식중독

(1) 웰치균Clostridium Perfringens 식중독

클로스트리디움 퍼프린젠스는 웰치균C. Welchii으로 불려졌던 균으로, 1890년대에 영국과 독일 및 프랑스에서 각각 개별적으로 발견되었다. 웰치균의 특정 균주가 증식된 식품을 섭취함으로써 발생하는 식중독으로 웰치균이 장관 내에서 아포를 형성할 때 생산하는 엔테로톡신Enterotoxin에 의해 식중독을 일으키는 생체 내 독소형 식중독이지만, 웰치균 식중독은 감염형과 독소형을 합친 중간 형태라고 볼 수 있다. 웰치균은 오래 전부터 상처감염 중에서 가스괴저의 원인균으로 알려져 있고, 1940년대 이후에 식중독을 일으킨다는 사실이 알려졌다. 사람의 가스괴저 및 패혈증을 비롯하여 각종 감염증을 일으키며, 식품 중에서도 증식하여 식중독을 일으키는 균으로 대량 조리된 식품의 내부가 혐기적 조건 하에서 이 균의 증식이 일어난다.

① 원인세균

가스괴저균Clostridium Perfringens은 그람양성의 편성혐기성 간균으로 편모는 없으며 아포를 형성한다. 생육최적온도는 일반세균보다 높은 43~47℃이고, 세대시간은 10~12분으로 매우 빠르다. 성장 가능한 pH 범위는 5.5~8.0으로 pH 5.5 이하에서는 발육이 억제된다.

웰치균이 생산하는 독소의 면역학적 특이성에 따라 A~F의 6형으로 분류되고 있는데, 주로 사람들의 식중독에 관여하는 형은 A형과 C형이고, C형에 의한 식중독은 보다 심각한 증상을 보이지만 훨씬 드물게 발견되고, A형 균이 대표적인 식중독 원인균인데 A형 균의 아포는 내열성이어서 100℃에서 1시간의 가열에도 사멸되지 않는다. 가령 이 조건에는 견디지 못하지만 75℃에서 20분간 가열에 견디는 내열성 아포 형성균도 있다.

② 발생상황과 원인식품

이 식중독은 1년 내내 발생하므로 계절적인 편중현상은 어렵고 다른 식중독에 비해 대규모의 집단 발생을 특징으로 하고 있다. 식중독은 육류를 많이 섭취하고, 조리한 다음에 보관했다가 먹는 습관이 있는 사람들에게 많고, 가열 후 혐기성 상태가 유지되기 쉬운 대량식품을 조리하여 저장하는 집단급식에서 많이 발생한다.

집단발생 사례를 보면, 원인식품을 가열 후 하룻밤 방치한 경우인데, 식품의 가열조리에 의해 아포형의 내열성 웰치균 이외의 세균류가 사멸되고 식품 중의 산소가 제거되어 웰치균의 발육에 가장 알맞은 혐기성 상태가 된다. 웰치균의 발육 최적온도에 방치하게 되면 내열성 포자가 발아되어 식중독을 유발한다.

원인식품은 식육이나 그 가공품, 어류 및 그 가공품 등의 동물성 고단백질 함유식품, 익힌 채소요리 등 특히 가열조리 후 용기에 담아 장시간 실온에 방치한 것들이 대부분이다.

③ 중독증상

잠복기간은 6~22시간(평균 12시간)이고, 짧게는 2시간 만에 발생한 보고도 있다. 영양세포가 증식하면서 장독소Enterotoxin를 생성한 후 위장 내에서 설사와 복통을 유발한다. 주증상은 복통과 설사로 설사는 수양성으로 1일 1~3회인 경우가 많고, 드물게 점액변이나 혈액변이 배출되기도 한다. 구역질, 구토, 발열은 일부 환자에게서만 볼 수 있다. 대체적으로 가벼운 증세를 보이고, 통상 1~2일 만에 회복된다.

④ 감염원과 감염경로

웰치균은 사람과 동물의 장관 속이나 분변, 토양, 하천과 하수 등 자연환경과 식품에 널리 분포되어 있다. 특히 사람이나 동물의 분변 중에 압도적으로 많아 내열성 아포를 형성하는 웰치균의 보균율이 사람의 경우 6~40%, 가축의 경우 10~30% 정도이다.

식품의 오염원으로 사람이나 동물의 분변이며, 식품 중에는 식육, 육류가공품, 어패류 냉동품 등이 높은 웰치균 검출 비율을 보인다.

⑤ 예방법

육류 등의 식품은 중심부 온도가 63~74℃ 이상이 되도록 완전히 가열 · 조리한다.

조리 후 상온에서 오래 보관하지 않고 조리된 음식은 빨리 섭취해야 한다. 가열한 식품은 저온(5℃ 이하) 보존으로 아포의 발아증식을 방지하고, 섭취 전 재가열할 경우 내부의 온도가 74℃ 이상이 되도록 한다. 60℃ 이상의 온장에서 소분(小分)에 의한 혐기성 상태 억제도 아포의 발아방지를 위한 방법이다.

(2) 바실러스 세레우스Bacillus Cereus 식중독

바실러스 세레우스는 토양세균의 일종으로, 사람의 생활환경을 비롯하여 먼지나 오수 및 하천 등의 자연계에 널리 분포하고 있으며, 각종 식품에서도 많이 분리되고 있다. 이 균은 검출비율이 높은 반면에, 상대적으로 식중독 발생빈도가 낮으나 영국 등 유럽에서는 발생빈도가 높아 오래 전부터 주목을 받아왔으며, 최근 우리나라에서도 각종 식품에서 검출되어 규제 대상이 되고 있다. 바실러스 세레우스는 호기적 상태나 혐기적인 조건에서도 증식하는 포자형성 간균으로, 채소나 곡류 등의 농작물 또는 식품원료 내에서 주로 포자상태로 존재한다. 그러나 식품의 제조, 가공, 조리 후에 적절한 조건이 갖추어지면 활발하게 증식하여 부패 및 변패를 일으키는 것으로 알려져 왔다. 이 균으로 인한 인체 위해 최소용량은 10^5/g 수준으로 알려져 있다.

① 원인세균

바실러스 세레우스는 호기성 그람양성의 간균으로, 타원형의 아포를 형성하며 주모성의 편모가 있어서 운동성이 있다. 최적 성장온도는 28~35℃, 최대 성장 pH는 9.3 정도이고, pH 4.3 이하에서는 사멸한다. 경구적으로 섭취된 대량의 생균이 소장 내에서 증식하여 아포를 형성할 때 생산하는 이열성의 장독소Enterotoxin에 의해 식중독이 발생한다. 세레우스균에 의한 식중독은 중간형 식중독으로, 장독소Enterotoxin를 원인독소로 하는 설사형과 구토형 두 가지가 있다. 구토형 독소는 열 저항성이 강하여 126℃에서 90분 동안 생존할 수 있고, 설사형 독소는 56℃에서 5분이면 불활성화 된다.

② 발생상황과 원인식품

자연계에 널리 분포하며 토양에 상재하는 균으로, 계절과 관계없이 발생한다. 원인식품은 동·식물성 단백질 및 전분식품에 의한 것이 많고, 그 가공·조리한 식품에서 많이 발생한다. 실제로 곡류를 포함한 농작물과 채소 등은 높은 비율로 이 균에 오염되어 있으며, 조리된 식품을 실온에 오래 방치하면 이 균이 이상 증식하여 식중독을 일으킨다. 설사형의 경우 향신료를 사용한 식품이나 요리로 육류 및 채소수프, 바닐라소스, 푸딩 등 고분자단백질 식품이고, 구토형은 주로 쌀밥이나 볶음밥, 파스타 등 탄수화물 식품이 주요 원인식품이다.

③ 중독증상

설사형은 잠복기간이 6~16시간(평균 12시간)이고, 주증상은 복통 및 수인성 설사로 메스꺼움이 동반되기도 하고, 구역질과 구토는 거의 없고 24시간 후에 회복된다.

구토형은 1~6시간의 잠복기를 거쳐 오심과 구토를 일으키지만 설사는 거의 없고 1~2일 내에 회복된다.

④ 감염원과 감염경로

토양, 하수, 식물 등 자연계에 널리 분포되어 있으므로 식품에 오염되기가 쉽다. 조리과정에서 식품을 오랜 시간 실온에 방치, 조리환경 및 조리기구에서의 2차 오염 등도 식중독을 일으키는 주요 원인이다.

⑤ 예방법

균의 발육온도가 7~49℃이므로 상온에 2시간 이상 방치하지 말아야 한다. 한 번에 대량으로 식품을 조리하지 않고 식품 원재료부터 조리완료까지 시간을 가능한 단축하도록 한다. 저온보존 등이 현실적으로 어려운 식품(김밥 등)은 조리 후 빨리 섭취한다. 조리한 식품을 장기간 보존하지 않도록 하며, 조리 후 곧 섭취하지 않는 것은 60℃ 정도의 고온이나 냉각시켜 10℃ 이하인 저온으로 보존한다.

4) 기타 바이러스에 의한 식중독

바이러스성 식중독은 주로 노로바이러스에 의해 일어나며 로타바이러스나 장아데노바이러스 및 아스트로바이러스 등에 의한 식중독 사례도 보고되고 있는데, 약 70% 이상이 노로바이러스에 의한 것으로 알려져 있다. 바이러스는 DNA 또는 RNA 중 한 가지를 유전자를 가지며, 이것을 단백질 외피가 둘러싸고 있는 매우 작은 입자구조의 생명체로 자체 증식이 불가능하여 반드시 다른 생물의 세포를 숙주로 하여 기생하여야 증식할 수 있다.

바이러스에 의한 식중독은 아주 작은 양(10^1~10^2)으로 원인 바이러스에 감염되어도 발병하여 구역질이나 구토, 설사, 두통, 발열 등의 증상이 나타난다. 바이러스성 식중독은 1990년대 중반 이후에 크게 부각되어 관련 연구가 시작되었다. 로타바이러스Rotavirus는 주로 6개월부터 2세까지의 영 · 유아에게서 설사와 구토를 유발하는데 비해 노로바이러스Norovirus는 어린이부터 성인에 이르기까지 집단 식중독을 유발하는 대표적인 바이러스성 식중독으로 세계적인 관심의 대상이 되고 있다. 노로바이러스 식중독은 일반적 치료법이나 백신이 없고 대부분 2차 감염이 일어나는 등의 특징이 있다.

식중독의 원인인 미생물 중 세균과 바이러스의 차이점을 표 3.3에 나타난다.

표 3.3 세균과 바이러스의 차이점

	세 균	바이러스
특성	세균 자체 또는 세균이 만든 독소에 의해서 발병한다.	DNA 또는 RNA가 단백질 외피에 둘러싸여 매우 작은 입자 형태이다.
증식	온도, 습도, 영양분, 수분활성도 등이 적당하면 증식한다.	자체증식이 불가능하며, 반드시 숙주에 침입하여야 증식한다.
발병량	일정량(10^2~10^6) 이상의 균이 존재해야 발병한다.	미량(10^1~10^2)으로도 발병한다.
증상	설사, 구토, 복통, 구역질, 발열, 두통 등	구역질, 구토, 설사 발열 등
치료	항생제 등으로 치료할 수 있으며, 일부는 백신이 있다.	일반적 치료법이나 백신이 없다.(로타바이러스는 백신이 있다)
2차 감염	2차 감염되는 경우는 거의 없다.	대부분 2차 감염된다.

(1) 노로바이러스Norovirus; NV 식중독

노로바이러스는 1968년 미국 오하이오주 노워크Norwalk에 있는 초등학교에서 발생한 집단 위장염 환자의 분변에서 작은 바이러스 입자가 검출되어 노워크 바이러스Norwalk Virus라 불리었다. 작고 둥근 구조를 가진 바이러스Virus 의미의 소형구형 바이러스SRSV로, 발생한 지역명에 따라 노워크 바이러스라고도 불리다가 2002년 8월에 국제바이러스명명위원회에서 '노로바이러스'로 명칭이 통일되었다. 노로바이러스는 사람을 숙주로 하기 때문에, 실험동물이나 세포배양의 방법으로 증식시킬 수가 없어 검출법과 소독효과 및 감염형 등과 같은 분석법의 연구에 어려움이 크다. 유아에서부터 성인까지 전 연령층에 감염성 위장염을 일으키는 바이러스성 식중독으로 주로 겨울철에 발생한다.

① 감염경로 및 증상

노로바이러스Norovirus의 감염원은 감염자로부터 배출된 노로바이러스를 함유한 분변이고, 사람 대 사람의 감염, 오염된 물이나 식품을 경유한 감염 및 오염된 물속에서 농축된 노로바이러스를 함유한 패류를 통한 감염 등이 있다. 감염 수개월 후에는 다시 감염이 일어날 수 있으며, 면역은 오래 지속되지 않는다. 노로바이러스 섭취 후 24~48시간 이내에 메스꺼움, 복통, 설사, 구토 등이 일어나고 분변 중에 바이러스가 대량으로 배설된다. 증상을 느끼는 날부터 회복 후 최소 3일까지는 감염성을 가지므로 주의하여야 한다. 통상적으로 증상은 1~2일 정도 짧게 나타나고 치료하지 않아도 회복되지만, 어린이나 노약자, 면역력이 약한 환자의 경우 구토와 설사로 인한 심한 탈수증세로 인해 심하면 사망에 이르기도 한다. 현재 노로바이러스에 대한 항바이러스제나 특별한 치료법이 없는 상태로 대중요법에 의하고 있다. 충분한 수분과 영양을 공급하고 탈수증상이 심할 경우 병원에서 수액주사 치료를 받는다.

② 발생상황

노로바이러스Norovirus는 2003년 이후 우리나라에서 보고된 식중독 중에서 발생건수 제 1위, 환자수 제 2위의 원인물질이다. 연간 전체 환자의 42% 정도가 12~2월에 발생하는데, 우리나라에서는 특히 겨울철에 많이 발생하는 특징을 보인다.

③ 예방법

2차 감염을 막기 위해 감염자의 분변이나 구토물에 접촉되지 않으며, 접촉한 경우에는 충분히 세척하고 소독하여야 한다. 그리고 조리자는 용변을 본 후나 조리하기 전에 반드시 손을 씻고 소독을 하여야 한다. 과일과 채소는 흐르는 수돗물에 철저히 씻어야 하며, 굴 등의 어패류는 잘 익혀서 먹는다. 질병이 발생한 후 오염된 표면은 소독제로 철저히 세척하고, 살균하여 바이러스에 감염된 옷과 이불 등은 즉시 비누를 사용하여 뜨거운 물로 세탁하여야 한다.

노로바이러스의 항원성을 나타내는 외피단백질은 85℃ 이상에서 파괴되므로 꼭 열처리를 한다. 이 바이러스는 특별한 치료법도 없고 백신도 없다.

(2) 로타바이러스 식중독

로타바이러스Rotavirus는 레오바이러스과의 로타바이러스속에 속하는 바이러스로, Rota는 라틴어로 '수레바퀴'라는 뜻이다. 주로 6~24개월 된 영·유아에게 감염되어 설사의 원인이 되는 바이러스성 감염성 질환으로, 약 50%가 백색의 수양성 설사증을 유발한다. A~G군의 7개 혈청형으로 분류되며 사람 외에 원숭이, 소, 돼지, 개, 고양이, 말, 양, 토끼, 쥐, 새 등을 숙주로 하는데, 사람에게 감염하는 것은 A, B, C형이다.

① 감염경로 및 증상

주된 감염경로는 대변과 입이다. 오염된 손에 의한 사람과 사람 사이의 전파는 어린이집과 가정에서 로타바이러스가 전파되는 가장 흔한 방법이며, 오염된 손은 먹기 전에 가열하지 않는 음식에 바이러스를 전파시킨다. 환경 중에서의 안정성은 노로바이러스보다 낮아서 식품을 통한 집단감염의 예는 드물다. 일반적인 증상은 구토, 물 같은 설사, 낮은 열 등이 나타나고, 구토로 시작하여 4~8일의 설사가 나타난다. 잠복기는 1~3일이다.

② 발생상황

선진국처럼 의료혜택을 받는 나라에서는 유아 및 2세 이하의 소아 설사환자의 30~50%를 차지하며, 입원하거나 중증 증상이 있더라도 사망하는 경우는 드물다. 개발도상국에서는 유유아기의 설사에 의한 사망의 큰 원인이 된다. 첫 감염 후에 면역이 생겨 재감염을 하여도 증상이 가볍거나 무증상이며, 경증의 재감염이 흔히 나타난다. 성인감염은 노인시설이나 병원에서 집단적으로 발생하는 경우가 있다. 여름철에는 발생이 덜 일어나고, 주로 1월에서 4월경까지 많이 발생한다.

③ 예방대책

식품취급자는 개인위생을 철저히 하고, 식품을 다루기 전과 화장실을 다녀 온 후에는 꼭 손을 철저히 씻어야 한다. 식품을 적절한 온도까지 가열하고 적절히 취급한다.

(3) A형 간염바이러스Hepatitis A Virus: HAV

A형 간염바이러스는 피코르나바이러스Picornavirus과의 엔테로바이러스 속으로 분류되는데, 다른 엔테로바이러스와는 유전자와 단백질의 구성이 다르기 때문에 피코르나바이러스과 내에 새로 설치된 헤파토바이러스속으로 분류되었다. 단백질에 둘러싸인 단일 RNA 물질로, 입자는 직경 27~30nm의 크기로 산, 열, 건조 등에 강하며 60℃에서 1시간 처리로도 활성을 잃지 않는다. 감염자의 분변, 물, 우유, 채소, 샐러드, 찬음료, 샌드위치, 패류 등에 의해 감염된다.

① 감염경로 및 증상

감염경로는 주로 경구감염이지만 수혈에 의한 감염도 있다. 여러 사람과 접촉이 있는 어린이집, 노인 요양시설 및 군대 등은 집단발생이 일어나기가 쉽다. 유행지역의 물이나 어패류가 이 바이러스에 오염된 것이 많은데, 1988년 상하이에서 발생한 약 30만 명의 대유행의 경우, 조리가 불충분한 조개류를 먹은 사람에게서 환자가 발생하였다.

감염이 될 경우 바이러스는 간장 중에서 증식하고 거의 동시에 바이러스가 분변

중으로 배출이 일어난다. 1~2주 후에 갑작스런 발열, 전신 권태감, 구역질, 어지러움, 근육통, 복부 불쾌감 등의 증상이 나타나며, 수일 후에 황달 등의 간염증상이 나타난다. 감염량은 10~100 정도의 입자이며, 잠복기는 2~6주 정도이다. 대부분 발병 후 1~2개월 내에 회복하지만, 증상이 심할 경우 사망하는 예도 있다. 만성화되는 경우는 거의 없으며, 사람에 대한 병원성은 숙주의 면역반응에 의한 것으로 생각되며, 유유아기에 감염하면 무증상인 경우가 많고 성인, 특히 고령자가 되면 중증화 된다.

② 발생상황

환경위생 조건이 나쁜 고도오염지역에서는 유유아기에도 감염이 될 수 있고, 10세까지는 거의 100%가 감염되지만 별다른 증상이 나타나지 않으며, 인구의 대부분은 면역을 획득한다. 최근 항체 보유자가 감소하여 1994년 조사에서 40세 미만의 연령층 항체 보유율은 1% 이하였으며, 바이러스가 들어온다면 크게 유행할 가능성이 있다.

③ 예방대책

경구감염이 주된 감염 경로이므로 손 씻기를 잘하고, 유행지역에서는 생수를 음용하지 않는다. 생어패류를 먹지 않는 등 100℃ 이상에서 10분간만 가열해도 불활성화 시키므로 음식을 충분히 익혀서 먹으며 끓인 물을 음용하는 것이 좋다. A형 간염의 예방백신을 맞는 것도 95% 이상의 높은 효과를 얻을 수 있다.

(4) 아스트로바이러스와 아데노바이러스

아스트로바이러스Astrovirus와 장관 아데노바이러스Enteric Adenovirus에 의한 식중독이 보고되어 있다. 아스트로바이러스는 주로 면역력이 약한 젖먹이 아기에게 많이 발생하고, 성인이나 노인시설에서도 유행한 예가 있다. 1975년 처음으로 소아분변에서 검출되었고, 그 후 각종 동물에서도 설사의 원인이 되는 바이러스가 발견되었다. 감염되면 3~4일의 잠복기를 거쳐 구토, 복통, 설사, 두통 및 발열을 동반하는 증상이 나타난다.

우리나라에서는 가을부터 겨울에 걸쳐 바이러스에 의한 영 · 유아 장염이 유행하는데, 어린이 설사의 2~8%는 아스트로바이러스에 의한 것으로 분석되고 있다. 아직까지 예방백신이 개발되어 있지 않았으므로, 손을 깨끗이 씻고 사람의 분변을 위생적으로 처리하며 전염방지를 위해 유아의 기저귀를 갈아줄 때는 배설물에 오염되지 않도록 주의해야 한다.

장관 아데노바이러스 감염증은 설사가 주요 증상이며, 발열, 구토와 상기도 염증을 수반하는 경우도 있다. 사람에서 사람으로 분변에서 경구감염이 주요 감염경로이다. 보통 경증이지만 만성설사증 및 영양실조 또는 면역부전 등의 질환이 있을 때에는 사망할 수도 있다. 잠복기는 대략 7일이고, 바이러스의 배설은 10~14일이며 1일 설사 회수는 3~30회에 달한다. 급성기에는 대량의 바이러스를 배설하기 때문에 주의해야 한다. 발열기간은 대개 2일로 경미하고, 구토도 경미한 편이며 탈수증상도 대체로 가볍게 나타난다. 아데노바이러스에 대한 특효약은 아직 없으나 γ-글로불린에 의한 예방효과가 있다. 60℃에서 30분의 가열로 파괴되며 강산이나 강알칼리에서 쉽게 활성을 잃는다.

5) 식중독 예방관리

요즘은 정부차원에서 식중독을 예방하기 위해 교육 및 홍보에 많은 노력을 하고 있다. 그렇지만 실제 식품 제조단계부터 급식을 담당하는 단계까지 관련되는 모든 사람들에 대한 실질적인 교육이 필요하다.

현재 식품 가공업체나 단체급식에도 HACCP이 도입되어 안전한 식품과 식품위생을 최대한 지키려는 노력을 하고 있지만, 좀 더 실질적인 교육과 실천할 수 있는 훈련이 필요하다. 식품 가공업 종업원이나 단체급식 최일선에서 안전한 식품을 책임지고 있는 영양사 및 조리 종사자들에게 주기적인 식품위생 및 안전교육의 실시와 함께 교육에 필요한 효과적인 교육매체의 지속적인 개발과 보급도 필요하다.

식품의 안전을 확보하기 위해 식품취급자가 지켜야 할 행동요령을 습득하게 하여 식중독을 예방할 수 있는 능력을 길러야 한다. 식품의약품안전처에서 제시한 식중독 예방요령을 보면 손 씻기, 익혀먹기, 끓여먹기와 같은 방법이 있는데, 예방요령을 취약지역 및 국민들을 대상으로 적극 홍보함으로써 국민들의 위생수칙 준수를 유도해 나가는 노력이 필요하다.

- 손 씻기 : 손은 30초 이상 손가락 및 손등까지 세정제 등을 이용하여 깨끗이 씻고 흐르는 물로 헹군다.
- 익혀먹기 : 음식물은 중심부 온도가 75℃(어패류는 85℃)에서 1분 이상 가열해서 섭취한다.
- 끓여먹기 : 물은 꼭 끓여서 마신다.
- 음식물은 오래 보관하지 않는다.

(1) 식품위생

식품으로부터 오는 위해인자를 확인하여 사전에 미리 방지하기 위한 수단이다. 이

그림 3.1 식중독예방 요령

것은 식품가공분야 뿐만 아니라 원료의 재배 환경에서부터 사람들의 식탁에 오르기까지의 전 과정을 포함하는 넓은 의미를 포함한다. 즉 식품위생이란 "식품의 재배, 생산, 제조로부터 최종적으로 사람에게 섭취되기까지의 모든 단계에 걸쳐 식품의 안전성, 건전성 및 완전 무결성을 확보하기 위한 모든 필요한 수단"을 말한다. 그러나 의약품과는 달리 식품의 경우에는 완전 무균성을 확보하기는 현실적으로 불가능하다. 그래서 이런 위험성을 관리하기 위해 나라마다 「식품위생관련법」에는 미생물 허용기준과 각종 잔류 물질을 정하여 엄격하게 관리하고 있다. 식품의 안전성은 무균이라는 기준이 아니라 안전수준을 정하여 관리하는 개념이고, 과학의 발달과 소비자의 기대 수준에 따라 변할 수 있는 개념이라 할 수 있다.

(2) 미생물 오염방지 및 증식 억제

식품은 항상 청결하게 유지하고 세균 등의 오염을 방지하기 위해 식품 원재료의 적절한 선택, 기구, 설비시설 및 식품의 제조, 가공·조리 및 보존 시 위생관리가 적절하게 되어야 한다. 이와 함께 식품 취급자의 위생관념이 매우 중요하다. 다른 사항들이 충분히 만족되더라도 그것을 운용하는 사람에게 문제가 있으면 모두 헛일이 되므로, 위생교육은 언제나 강조가 되어야 할 부분이다.

식중독을 일으키는 가장 중요한 요인은 잘못된 보관온도이므로 찬 음식은 5℃ 이하로 차게, 뜨거운 식품은 57℃ 이상으로 뜨겁게 보관하는 하는 것이 좋다. FDA에서의 식품 규제는 식품은 2시간 내에 57℃에서 21℃로, 6시간 내에 57℃에서 5℃로 식혀야 한다고 지시한다.

미생물 오염방지와 증식을 억제하기 위해서는 식품을 장시간 실온에서 방치하는 것을 금하고 신속하게 저온에 보관할 필요가 있다. 세균성 식중독 발생은 여름철에 많이 발생하므로 여름철에 식품관리에 주의해야 하며, 특히 난방시설 보급에 따라 겨울철에도 실내온도가 높게 유지되므로 식품 취급에 충분히 주의를 요한다.

(3) 개인위생

식품을 다루는 종사자가 비위생적이거나 건강하지 않을 경우 이들에 의해 질병의 원인이 되는 미생물을 교차 오염시킬 수 있다. 이는 식품과 직접적으로 접촉하게 되는 조리종사자와 영양사는 물론이고 간접적으로 접촉이 많은 식품 납품업자에게도 중요한 문제이다. 따라서 급식의 안전성 확보를 위해서는 식품을 취급하는 종사원들의 개인위생을 철저히 관리하여야 한다.

① 건강진단

식품 또는 식품첨가물(화학적 합성품 또는 기구 등의 살균 · 소독제 제외)을 채취 · 제조 · 가공 · 조리 · 저장 · 운반 또는 판매하는데, 직접 종사하는 사람은 식품위생법에 따라 1년에 1회 건강진단을 받아야 할 의무가 있다. 건강검진 결과 감염병, 피부병 및 기타 화농성 질환, 2급 감염병 중 결핵(비감염성인 경우 제외)인 경우 조리에 종사하면 안 된다. 정기적인 건강진단 이외에도 매일 급식 관리자는 조리작업 전에 조리종사자의 건강상태를 체크하는 것도 중요하다. 발열, 설사, 복통, 구토 증세가 있는 경우 식중독이 의심되므로 의사의 진단을 받은 후 조리작업에 참여하게 해야 한다. 손이나 얼굴에 화농성 상처나 종기가 있는 경우 조리를 담당하지 않도록 업무를 조정해야 하며, 본인이나 가족 중에 법정 감염병 보균자가 있거나 발생한 경우에는 완치될 때까지 조리작업에 참여하지 못하게 해야 한다.

② 손 씻기

사람의 손에는 육안으로는 보이지 않지만 많은 세균이 존재하며, 식품을 다루는 과정에서 교차오염이 발생할 수 있다. 따라서 조리종사원은 손톱을 항상 짧게 다듬고 매니큐어를 칠하거나 반지와 시계 등을 착용하지 않아야 한다. 또한 조리를 시작하기 전 손가락에 상처나 화농이 없는지 확인하고 작업해야 한다. 청결한 손 위생을 위해서는 주기적으로 완전한 손세척이 이루어져야 한다. 손을 씻어야 하는 경우는 식품을 준비하기 전, 기침 · 재치기 · 손수건이나 휴지를 사용한 후, 인체 일부를 만진 후, 담배 · 식사 또는 음료를 마신 후, 손을 오염시키는 행동을 한 후(쓰레기를 버린 후, 식탁을 닦은 후, 화학세제 물질을 다룬 후, 떨어진 물건을 주운 후 등), 동물을 돌보거나 만진 후, 화장실을 다녀온 후 반드시 손을 씻어야 한다.

그림 3.2 손 씻기를 해야 하는 경우

적절한 손 씻는 방법은 승인된 비누나 세제를 사용하여 손가락과 손가락 끝, 손의 앞뒤, 손목, 팔꿈치까지 깨끗하고 위생적인 솔을 이용하여 20초 이상 문질러서 닦는다. 따뜻하고 깨끗한 흐르는 물을 이용하여 완전히 씻고 손톱아래와 주위, 손가락 사이를 씻고 일회용 종이타월이나 전기건조기를 이용하여 손을 말려준다(그림 3.3). 행주나 앞치마를 이용하여 말리면 안 된다.

손 씻기 싱크대는 식품준비나 세탁을 위해 사용되는 싱크대에서나, 자루걸레 물과 버리는 물을 버리는 서비스 싱크대에서 손을 씻지 않아야 한다. FDA 식품규제에 따르면 손 씻는 싱크대는 특별히 분리된 싱크대에서 씻어야 한다.

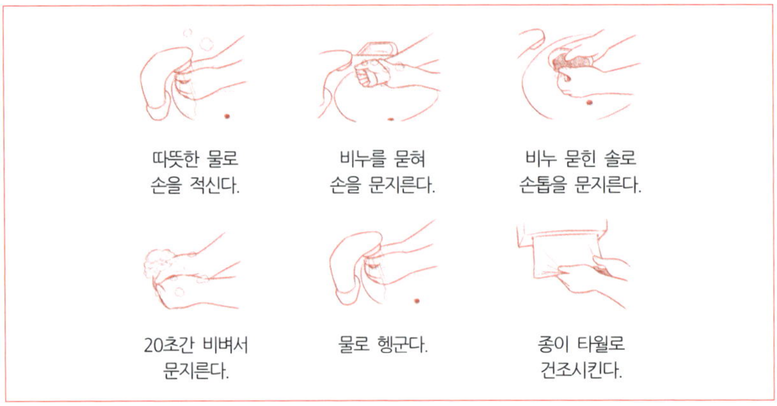

그림 3.3 손 씻는 방법

과일과 채소는 스파츌라나 집게와 같은 적당한 조리기구를 사용하고, 세척을 제외한 조리식품은 절대로 맨손으로 만지지 않아야 한다. 때때로 식품의 오염을 막기 위해 1회용 장갑을 사용하게 되는데, 장갑은 손에 의한 직접 접촉으로부터 식품을 보호한다. 1회용 장갑은 한 번 벗으면 다시 사용하지 말고 버려야 하는데, 1회용 장갑도 오염을 시킬 수 있다. 1회용 장갑을 끼고 생식품을 다루었다면, 이 장갑은 버리고 손을 씻은 다음 조리된 식품을 다루기 전에 새로운 장갑을 껴야 한다.

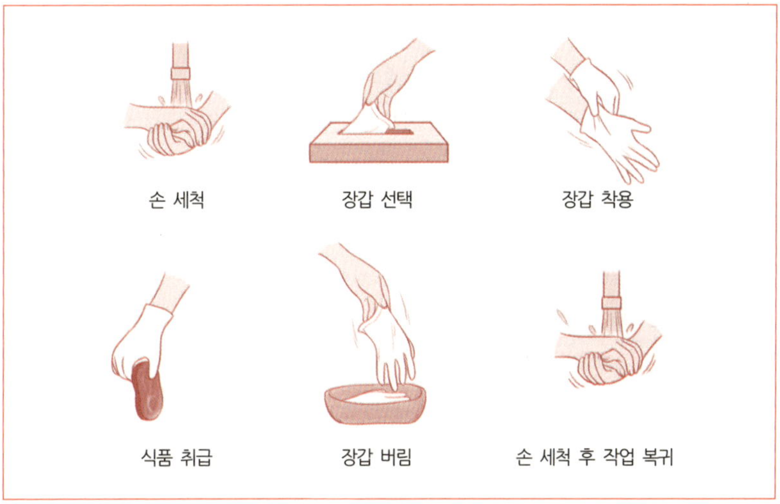

그림 3.4 1회용 장갑 사용법

3 자연독 식중독

자연독은 천연물질 속에 들어 있는 독성물질로, 그 독성물질이 함유된 식품을 섭취하여 일어나는 질환을 '자연독 식중독'이라 한다. 독버섯의 유독성분과 같이 본래부터 식품에 함유된 것도 있지만, 우리가 섭취하는 식품 중에는 동물이나 식물의 성장과정에서 자연적으로 생성 또는 계절이나 먹이연쇄의 변동에 따라 한시적으로 생성되거나 특정 환경 조건에서 저장할 때 생성되는 것도 있다. 자연독은 제거 후 조리하거나 이를 제거할 수 있는 적절한 조리법을 이용하면 섭취를 피할 수 있으나, 잘못하여 섭취하면 발병 또는 사망할 수도 있다.

자연독 식중독의 원인이 되는 유독성분을 가진 식물성 식품으로 버섯, 감자, 은행, 매화, 고사리 등이 있고, 식물 속에 발암물질이 들어 있는 경우도 있는데, 발암물질을 가진 식품으로는 후추의 사프롤과 일부 식용버섯의 하이드라진Hydrazine 성분 및 어린 고사리의 프탁킬로사이드 같은 성분이 있는데, 조리과정에서 발암성은 사라진다. 동물성 식품에 존재하는 자연독 성분을 가진 대표적인 것은 복어와 패류, 어류 등이 있다. 그리고 곰팡이가 생성하는 곰팡이독이 있다. 생리적으로 유해하거나 유독한 자연독을 사람이 먹는 식품으로 오인하여 섭취할 경우 일어나는 질환을 자연독 식중독이라 한다.

표 3.4 자연독 식중독 식품과 종류

분 류		중독증
동물성 자연독	어류	복어중독, 시구아테라중독 등
	조개류	마비성 조개중독, 신경성 조개중독, 기억상실성 조개중독, 설사성 조개중독 등
식물성 자연독		독버섯, 감자독, 시안배당체 함유식품(청매, 수수, 리마콩, 아마씨, 복숭아씨, 카사바 등), 글루코시놀레이트, 목화씨 등
곰팡이독		황변미중독, 맥각중독, 트리코테신, 오크라톡신 등

1) 동물성 식중독

(1) 복어독

복어류가 가진 독의 총칭으로서 복어독을 정제하여 결정화한 것을 테트로도톡신Tetrodotoxin이라 한다. 온혈동물은 모두 복어독과 반응하여 운동장애, 구토가 나타나며, 중증인 경우 혈관 운동신경의 마비 및 혈압강하, 호흡중추의 마비에 의한 호흡억제 내지 정지가 일어나 사망한다.

세계적으로 복어의 종류는 수십 종에 달하며, 이 중 수십 종이 식용으로 제공되고 있다. 복어의 독성은 종류에 따라 계절, 개체, 지역에 따라 다르며, 생식선(난소), 간장, 장, 피부, 육질부 등 독소가 함유되어 있는 부위에 따라 독성이 다르다. 난소와 간장은 맹독 또는 강독으로 복어중독의 주원인이 되는 부위이다.

테토로도톡신은 헤미아세탈 고리를 가지고 있는 아주 강력한 비단백성 독소로 무색, 무미, 무취의 약염기성 결정으로 맹독성 물질이며, 성인에 대한 치사량은 1~2mg으로 추정된다. 106℃에서 4시간 정도 가열하여도 파괴되지 않고 산에 안정성이 있으며, 알칼리에는 약하여 4%의 수산화나트륨 용액에서는 20분 내에 가수 분해되어 무독화 된다. 테토로도톡신은 사람을 사망하게도 하지만, 소량을 사용하면 진통제로서 지각신경마비 작용에 이용되어 류머티즘, 신경통 치료에 이용되기도 한다.

복어중독은 동물성 자연독 중 가장 많이 발생하고, 치사율은 50~60% 정도이며 독성은 산란기 직전인 5~6월에 가장 많이 나타난다. 중독증상은 식후 30분~4시간부터 시작하여 심한 경우 5분 이내에 사망할 수도 있지만, 그러나 중독증상을 나타낸 시간이 8시간 경과해도 사망하지 않는 경우에는 대체로 회복되지만, 근육마비 현상은 며칠 간 지속된다. 초기에는 입술, 혀끝, 손끝 등이 저리면서 구토, 복통, 두통이 계속되다가 운동불능, 피부감각, 청각, 미각의 둔화와 마비되는 등의 지각이상, 언어장애, 혈압저하 등이 오며, 중증일 경우 호흡중추의 마비로 인해서 호흡곤란, 청색증 Cyanosis이 나타난다.

치료에는 적당한 해독제가 없기 때문에, 섭취한 즉시 구토 또는 위세척 및 설사 등을 통해 위장 내의 독소를 제거해야 하는데, 위세척 방법은 중독 초기에는 2~5%의 중조를 사용하고, 그 후는 2~5%의 식염수로 세척하는 것이 좋다. 또한 혈압이 낮아졌을 경우에는 강심제와 혈압상승제를, 호흡곤란에는 호흡촉진제를 투여하거나 인공호흡을 실시한다. 예방으로는 반드시 복어조리자격증을 소유한 사람이 만든 요리를 먹어야 하며, 독소가 많은 알, 내장, 난소, 간, 피부 등은 제거해야 한다.

(2) 시구아테라독

열대나 아열대의 산호초 주변에 서식하는 시구아톡식Ciguatoxic 어류를 섭취함으로써 일어나는 치사율이 낮은 식중독을 총칭한다. 본래 시가테라Ciguatera의 어원은 카리브해에서 잡히는 Cigua라는 권패(卷貝)에 의한 식중독을 의미하는데, 이것이 확대되어 독어에 의한 식중독을 총칭하고 있다. 시가테라 독성을 가진 어종은 300여 종에 달하며, 독성분은 남조류의 시구아톡신Ciguatoxin으로부터 축적된 것으로, 그 독성은 복어독 만큼이나 강력하다.

중독증상은 1~8시간 정도이지만, 회복되는 기간은 경증일 경우에는 2~3일, 중증은 1개월 정도로 회복기간이 길다. 주요증상은 입술, 혀, 인후의 통증, 입과 손발의 마비, 오심, 구토, 금속적인 맛, 입 건조, 설사, 입과 볼의 경련, 두통, 관절통 및 냉온감각이상 현상(입 주위나 손발의 온도 감각에 이상이 생기는 드라이아이스 감각), 부정맥, 혈압저하 등이다. 심할 경우 의식불명이 되어 사망한다.

(3) 패류중독

동물성식품 중 자연독을 함유한 식품은 대부분이 어패류이며, 독성을 가진 조개류는 외관이나 냄새 및 맛으로 무독조개와 구별하기가 어렵다. 조개류의 독성물질은 주로 내장에 존재하며, 열에 대한 안정성이 있어서 조리 시 열에 의해 잘 파괴되지 않기 때문에 독을 함유하게 되는 시기에는 조개류 채취 및 섭취를 피하는 것이 좋다. 중독을 일으키는 조개류를 살펴보면 바지락, 모시조개, 홍합, 고동 등이 있다.

① 마비성 조개중독

마비성 조개중독Paralylic Shellfish Poisoning은 섭조개, 진주담치, 홍합, 대합조개, 모시조개 등의 쌍이매패조개 등을 섭취함으로써 함유된 독성분에 의해서 식중독이 발생하는 것이다. 미국 캘리포니아 연안과 알래스카 연안에 서식하는 식물성 유독 플랑크톤인 고니어락스 카테넬라Gonyaulax Catenella가 삭시톡신Saxitoxin이라는 독성분을 함유하는데, 이를 조개가 섭취함으로써 조개의 체내에서 독이 축적된다. 이 고니어락스 카테넬라는 여름(5~9월)에 주로 증식하며 마비성 조개독의 생성은 적조현상과 관련이 있다. 적조현상은 유독 플랑크톤의 농도가 20,000~50,000/mL 정도일 때 나타나며 2~3일간 지속된다. 적조가 지속되는 동안에는 독성이 증가하지만, 적조가 끝나면 3주 내에 독을 배설하거나 분해한다. 마비성 조개중독의 원인은 삭시톡신Saxitoxin, 고니어톡신Gonyautoxin, 프로토고니어톡신Protogonyautoxin 등의 20여 종이 알려져 있으며, 중성이나 산성, 열에 안정하여 일반 조리법으로 파괴가 어렵다.

잠복기가 30분 후에 나타나며 중독증상은 복어독과 마찬가지로 나트륨 채널을 막아 독성작용을 나타내며 입술, 혀, 잇몸 등의 마비로 시작하여 안면마비, 사지마비, 보행불능, 언어장애 등을 일으키고 심하면 호흡마비로 사망에 이를 수도 있다. 사망은 1~2시간 이내에 일어나며 치사율도 15% 정도이다. 경증인 경우에는 1~2일 내에 회복되지만 독성은 5~9월에 가장 강력하다.

② 신경성 조개중독

신경성 조개중독Neurotoxin Shellfish Poisoning은 바닷말Ptychodiscus Brevis이 합성하며 유독 플랑크톤이 생성하는 브레베톡신Brevetoxin을 체내에 축적한 대합, 진주담치, 굴 등을 섭취함으로써 발생한다. 섭취한 후 수 시간 내에 구토와 설사 증상이 발생하고, 1~3시간 내에 입 안이 찌릿하면서 얼굴, 목 등의 감각에 이상이 오고, 차가운 것과 뜨거운 것을 교대로 만지는 것 같은 감각 등 특이한 증상도 나타나며 운동실조, 동공확대 현상 등의 중독증상을 보이며 일반적으로 1일 이내에 회복된다.

③ 설사성 조개중독

설사성 조개중독Diarrhetic Shellfish Poisoning은 큰가리비, 백합, 민들레조개, 모시조개, 바지락 등에 있는 독성분이 함유된 조개를 섭취함으로써 일어난다. 섭취한 후 4시간 이내에 설사, 구토, 복통 등과 같은 급성위장염 증세를 나타내게 되는데, 대개 3일 이내에 회복된다. 원인은 플랑크톤인 Dinophysis Fortii에 의해 생산되며, 플랑크톤에 존재하는 독성분인 예소톡신Yessotoxin, 오카다익산Okadaic Acid, 디노피시스톡신Dinophysistoxin, 펙테노톡신Pectenotoxin 등에 의해서 일어난다. 이러한 독성물질은 내열성이기 때문에 가열 조리에 의해서 파괴되지 않는 것이 특징이다.

④ 베네루핀에 의한 중독

베네루핀Venerupin Poisoning 중독은 바지락, 굴, 모시조개에 함유된 독성분을 섭취함으로써 발생한다. 유독성분은 아민이라고 생각되지만 화학구조는 불분명하다. pH 5~8, 100℃에서 1분간의 가열에도 안정하나 pH 9 이상이 되면 불안정해진다. 모시조개와 굴 등의 중장선에 고농도로 함유되어 있고, 독성은 계절적 변화에 따라서 1~4월에 높고 6~11월에는 독이 없으며 지역 특이성에 따라서 무독의 조개를 유독지역에 이식하면 약 10일이 지나 독력이 발생하며, 반대로 유독지역의 조개를 무독지역에 이식하면 약 2주 후에 무독화 되는 것이 특징이다.

잠복기는 12일 이내이고, 주요증상은 초기에 불쾌감, 전신권태, 구토, 두통, 미열이 나타나고 내장출혈, 피하의 출혈반점으로 배, 목, 다리 등에 적색 내지 암갈색의 반점, 황달현상도 나타난다. 중증일 때는 뇌 증상으로 의식혼탁, 잇몸출혈, 토혈, 혈변을 동반한다. 치사율이 50%로 높은 편인데, 대개 10시간~7일 이내에 사망하게 된다.

⑤ 테트라민 중독

테트라민 중독Tetramine Poisoning은 육식성 권패류인 소라고둥, 조각매물고둥, 관절매물고둥 등의 타액선에서 발견된다. 우리나라 동해안에서 중독이 보고되고 있으며, 차가운 바다에서 서식하는 고둥에서 많이 나타난다. 테트라민은 아민의 일종이며, 테트라민이 함유된 조개를 섭취하게 되면 30분 정도 지난 후 두통, 배 멀미, 눈 밑 통증, 평형감각 상실, 두드러기와 같은 증상이 나타나며 대개 2~3시간 지나면 회복된다. 조개를 섭취하기 전에 타액선을 제거하는 것이 좋다.

2) 식물성 식중독

식물 중 버섯이나 감자 등에 유독성분을 함유하고 있는 식물을 섭취함으로써 식중독을 일으키게 된다. 독버섯에 의한 식중독이 식물성 자연독에 의한 식중독의 대부분을 차지할 정도로 많이 발생한다. 생식으로 인해서 중독을 일으키거나 무지로 인해서 오용할 경우에 위해가 된다. 주로 버섯이나 산채가 나는 계절에 많이 발생한다.

인체의 장내 세균에 의해 가수분해에 의해 생성되는 독성물질인 HCN은 시안배당체 함유식품으로 발생하며, 피마자씨는 날로 섭취 시 독성작용이 일어나며, 그 외 콩류, 목화씨, 고사리 등에 의해서도 식중독이 일어난다.

(1) 버섯독

독버섯을 식용버섯으로 잘못 알고 채취하여 먹으면 식중독을 일으키게 되는데, 버섯은 널리 식용되고 있으며 산이나 들에서 쉽게 발견할 수 있지만 간혹 독성이 있는 버섯이 섞일 수 있다. 야생버섯을 채취할 때 주의를 해야 하며, 전문가가 아닌 일반인들이 버섯을 채취해서 먹다가 사고가 일어나므로 반드시 전문가가 채취해야 한다. 버섯독은 종류에 따라 열에 파괴가 되지 않는 독소가 많으므로, 조리를 통해서는 안전을 확보할 수가 없으므로 반드시 식용버섯으로 재배된 것이나 전문가가 채취한 것을 섭취해야 한다.

자생버섯은 수천 종이 존재하는데, 그 중에서 약 30종의 독버섯이 있다. 주로 독버섯을 정확하게 감별하기란 현실적으로 어려우나 일반적인 감별방법은 다음과 같다.

- 버섯의 살이 세로로 쪼개지는 것은 무독하다.
- 색이 아름답고 선명한 것은 유독하다.
- 악취가 나는 것은 유독하다.
- 쓴맛, 신맛을 가진 것은 유독하다.
- 유즙을 분비하거나, 점성의 액이 나오거나 공기 중에서 변색된 것은 유독하다.
- 버섯을 끓였을 때 증기를 은수저에 대어봤을 때 색깔이 검게 변하면 유독하다.

버섯의 독소물질은 사람들이 일반적으로 생각하는 독소물질과 다르기 때문에 독버섯에 대한 잘못된 상식을 믿고 야생버섯을 무조건 식용하는 것은 매우 위험하다. 맹독성 버섯은 극히 작은 양으로도 인체에 치명적인 위해를 줄 수 있다. 버섯중독은 일반적으로 급성중독 증상을 보이며 섭취량과 버섯 종류에 따라 다양한 증상을 유발한다. 버섯에 나타나는 일반적인 독소로 신장과 간에 해를 입히는 세포용해성 독소

Protoplasmic Poisoning인 아마니틴Amanitin, 아세틸콜린 수용체에 작용하여 신경증상을 일으키는 무스카린계 독소, 적혈구를 파괴하는 용혈독소Hemolysin인 팔로톡신, 뇌신경을 침범해서 환각증세를 나타내다가 마비 · 사망에까지 이르는 향정신성 독소Psychotropic Poisoning인 이보텐산과 무시몰, 소화기계를 통해 복통이나 설사를 일으키는 위장관 자극과 위장염을 일으키는 독소 등이 있다.

독버섯에 함유된 유독 성분은 아마니틴독소와 무스카린을 포함하여 약 12종이 잘 알려져 있다. 신경장애 버섯독은 뇌신경 증상에 따라 무스카린Muscarine 중독, 이보텐산Ibotenic Acid, 무시몰Muscimol 중독, 실로사이빈Psilocybin 중독 등으로 분류한다.

① **아마니틴**Amanitine

광대버섯, 알광대버섯, 독우산광대버섯 등에서 발견되는 세포용해성 유독성분으로, 간장과 신장에 치명적인 손상을 가하는 치사율 70%인 맹독이다. 중독되면 소화기에도 영향을 미쳐 구토, 복통, 설사, 콜레라와 비슷한 증상을 일으키고 혼수상태가 되어 사망한다. 일광대버섯(50~90% 치사율)의 경우 잠복기가 길며, 초기증상은 소화기장애, 경련이나 헛소리를 하고 점진적으로 장기 및 근육 손상의 증상을 보이다가 혼수상태에서 사망에 이르기도 한다.

② **무스카린**Muscarine**과 무스카리딘**Muscaritine

무스카린은 파리버섯, 마귀광대버섯, 삿갓땀버섯, 굽은외대버섯, 냄새무당버섯 등에서 발견되는 맹독성 알칼로이드로 치사율이 높다. 심한 발한증상이 특징이며 섭취량에 따라 구토, 설사 등의 위장염 증상 외에 발한, 동공축소, 호흡곤란 등의 증상이 나타나며 심한 경우 사망하기도 한다. 무스카린중독은 일반적으로 2시간 내에 회복되고 치사율은 낮다. 무스카리딘은 광대버섯에서 나타나며 아트로핀 중독과 유사한 동공확대, 근육경직과 같은 뇌 증상을 일으킨다.

③ **팔로톡신**Phallotoxin

알광대버섯과 독우산버섯에서 발견되는 유독성분으로, 적혈구를 파괴하는 용혈작용이 있다. 중독되면 구토와 심한 설사 등 콜레라와 비슷한 증상이 나타나고, 이 독성성분은 가열하면 파괴된다.

④ 사일로시빈Psilocybin과 사일로신Psilocin

미치광이버섯, 이끼패랭이버섯, 좀환각버섯, 목장말똥버섯에서 발견되며, 환각작용을 일으키는 향정신성 유독성분으로 일부 종교의식에 사용되기도 한다. 사일로시빈이 체내에서 가수 분해되면 독성이 10배 강한 사일로신이 생성된다. 이들은 섭취 후 3~4시간 지나면 이상흥분, 환각작용을 동반한 알코올중독과 유사한 증상을 보이고 기억력 감퇴, 지각능력 상실, 동공확대 등의 증상이 나타난다. 이 독성 성분으로 말기암 환자의 진통제를 만들기도 한다.

⑤ 이보텐산Ibotenic Acid과 무시몰Muscimol

광대버섯과 마귀광대버섯, 뿌리광대버섯에 존재하며, 구토증상과 함께 어지러움과 졸림, 흥분상태, 환각, 정신착란 등을 일으키는 향정신성 독성분으로 치사율은 낮다. 무시몰은 이보텐산의 분해산물로 사람들의 중추신경에 영향을 준다.

⑥ 부포테닌

광대버섯, 마귀광대버섯, 땀버섯 등에 함유되어 있으며, 정신착란과 환각 및 혼수 등의 증상을 일으킨다.

(2) 감자독

감자 중 쓴맛의 원인이며 유독성분인 솔라닌Solanine은 솔라니딘Solanidine의 배당체이다. 감자의 발아부위와 일광에 노출되어 생기는 녹색 부위에는 솔라닌이라는 배당체가 생성되기 때문에, 이 부분을 제거하지 않고 섭취하게 되면 중독을 일으키게 된다. 독소의 함량이 0.2~0.4g/kg 이상 되면 중독의 위험성이 높고 물에 녹지 않고 안정하여 보통의 조리법에 의해서 파괴되지 않는다. 솔라닌은 생체 내에서 콜린에스테라아제Cholinesterase의 작용을 억제하여 독성을 나타내며, 용혈작용 및 운동중추의 마비작용을 일으킨다. 중독증상은 섭취 후 수 시간 후에 나타나고 구토, 설사, 복통, 발열, 안면창백, 현기증, 언어장애가 일어나며, 피부가 차가워지고 두통, 근육위축, 정신착란 등의 증세가 나타난다. 중증일 때는 빈맥, 산동 증상이 생기며 전신이 쇠약해지고 순환기능이나 호흡기능이 나빠진다. 중독예방법으로 감자껍질은 벗기고 발아부위와 녹색부위를 제거하고 섭취한다.

썩은 감자에서는 독성물질인 셉신Sepsine이 생성되어 중독을 일으킨다.

(3) 시안배당체 함유식품

시안배당체는 청매, 복숭아씨, 살구씨, 수수, 아몬드, 카사바 등에 함유되어 있다. 시안배당체는 인체에 무해하지만, 인체 장내 세균의 β-글루코시다아제β-glucosidase에 의해 가수 분해되어 생성된 히드로시안산HCN은 치명률이 높은 독성을 나타낸다. HCN의 치사량은 0.5~3.5mg/kg이며 HCN에 중독되면 호흡효소인 시토크롬옥시다아제Cytochrome Oxidase의 작용이 억제하여 호흡곤란이 일어난다. 식품에 들어있는 시안배당체를 통해 치사량을 섭취하는 것은 드문 일이며, 혹 심하게 많이 섭취했을 경우에는 급성으로 내질식을 유발할 수 있으며, 만성중독이 되면 췌장염, 척수염, 약시, 시력장애 등의 증상이 생긴다.

식물에는 20여종 이상의 시안배당체가 존재하는 것으로 알려져 있는데, 대표적인 시안배당체는 아미그달린Amygdarin, 듀린Dhurrin, 리나마린Linamarin 등이 있다. 아미그달린은 청매, 아몬드, 살구씨, 복숭아씨 등에 함유하며, 수수와 죽순은 듀린, 리나마린은 카사바와 리마콩, 아마씨 등에 함유되어 있다. 시안배당체는 식물조직이 파괴되면 효소작용에 의해 가수 분해되므로 식품을 가열하여 가수 분해효소의 활성을 억제시키거나 물에 담가서 시안배당체를 용출시키면 청산의 생성을 억제할 수 있다.

(4) 목화씨

목화씨, 뿌리, 줄기에는 노란색을 띠는 폴리페놀화합물인 고시풀Gossypol이라는 독성물질이 함유되어 있다. 고시풀은 리신Lysin과 결합하여 생체가 이용할 수 있는 리신의 이용도를 감소시키고 제1철이온과 불용성염을 형성하여 흡수를 방해하며, 피로, 위장장애, 식욕감퇴, 현기증, 구내건조, 졸음, 정력감퇴 등의 중독증상을 일으킨다. 목화씨에는 기름 함유량이 높아 면실유 제조에 이용되는데, 목화씨에서 착유할 때 혼입되는 상당량의 고시풀은 정제과정에서 거의 제거되지만, 정제되지 않은 면실유와 면실유박(粕)에는 고시풀이 존재하므로 중독을 일으킬 수 있다. 면실유박은 고시풀이 함유되어 있어 식품원료나 사료로의 이용이 제한되어 왔다.

(5) 고사리

고사리를 먹고 비뇨기와 장관 출혈을 일으켜 급성중독으로 사망한 사고가 가축에게서 발생되면서 고사리의 유독성분이 밝혀지게 되었다. 그 후 소의 방광에서 종양이 발생하고 쥐의 실험에서 발암성과 함께 기형유발성이 확인되었다. 고사리의 발암원인 물질은 노시스퀴테르페노이드Norsesquiterpenoid의 배당체인 프타퀴로사이드Ptaquiloside는 매우 불안정한 물질로 쉽게 분해된다. 고사리의 떫고 쓴맛을 우려내는 과정에서 이 유독성분이 분해되어 쉽게 발암성이 없어지므로, 고사리의 떫고 쓴맛을 물로 충분히 우려낸 후 조리하여 섭취하면 안전하다. 고사리의 발암성은 지상부보다 뿌리 쪽이 강한 것으로 알려져 있다.

(6) 콩류

대두 · 강낭콩 · 완두콩 · 땅콩 등에는 단백질 가수 분해효소 저해제가 함유되어 있다. 대두에는 5~6종 이상의 트립신 저해제가 존재하는데, 이 물질은 단백질 가수분해효소의 구조를 변형시켜 효소의 기능을 상실시킨다. 대표적 가수분해효소 저해제는 대두에 존재하는 트립신 저해제Trypsin Inhibitor로서 보통 100℃에서 30분 정도 가열하면 활성을 잃는다. 단백질 가수분해효소 저해제는 콩류 이외에 일부 곡류와 감자류에도 함유되어 있다. 강한 용혈작용 물질인 사포닌Saponin과 사포게닌Sapogenin이 들어 있는데, 사포닌은 혈액 등 각종 체액의 지방도를 낮춰주고 지방축적도 방지한다.

(7) 피마자씨

피마자유 제조에 사용되는 피마자씨에는 독성이 매우 높은 리신Ricin과 리신보다 독성이 낮은 리시닌Ricinin이라는 유독성분이 함유되어 있다. 리신은 많은 콩과 식물에 존재하는 헤마글루티닌Hemagglutinin이라는 적혈구를 응집시키는 단백질이며, 피마자유 추출에 사용된 용매를 제거하는 과정에서 독성물질은 제거된다. 독성이 있는 피마자씨를 날로 섭취하거나 주사를 맞으면 내장기관에 출혈을 일으켜 사망한다. 일반적으로 피마자유나 피마자유박에 의해 중독이 일어나며, 중독증상은 복통, 설사, 알레르기 등이 있다. 피마자박에는 내열성이 큰 알레르기 유발물질인 알레르겐이 6~9% 정도 함유되어 있다.

4 곰팡이와 관련된 식중독

진균류인 곰팡이는 곡류나 과채류가 재배되는 동안이나 수확한 후에도 존재하여 식품의 성분을 분해시켜 분해물을 생성한다. 그 생성된 2차 대사산물로서 사람이나 동물에 대하여 독성물질을 분비하여 생리적 장애를 일으키는 물질을 진균독 또는 곰팡이독소라 한다. 곰팡이가 만들어내는 유독한 대사물질이 300종류 이상으로 알려져 있으며, 가장 강력한 발암물질로 위험성이 높은 아플라톡신이 있다. 곰팡이독소Mycotoxin는 곡류 중 옥수수, 쌀, 땅콩, 곡식 등에 발생하며 목초나 사료 등에 많이 존재하면서 다양한 증상을 유발하는데, 특히 간기능 장애, 신장기능 장애, 발암, 신경장애 등이 있다.

독소를 생성하는 곰팡이의 번식은 기후와 밀접한 관계가 있는데, 아스퍼질러스속의 곰팡이는 여름철과 봄철, 푸사륨속의 곰팡이는 추운 겨울에 많이 번식한다. 곰팡이독에 의한 중독은 미생물에 의해 생성이 되지만 동물 또는 사람 사이에서는 전파되지 않고, 항생물질이나 기타 약제로 난치이거나 거의 치료되지 않으며 전형적인 화합물에 의한 중독증상을 나타낸다.

곰팡이가 독소를 생산하는 최고 생육온도는 35~37℃이며, 수분활성도 0.93~0.98, 곰팡이의 독성물질은 pH에도 많은 영향을 받는데, 보통 곰팡이는 pH 2.0~8.5의 범위에서 잘 생육하며 증식한다. 수분활성도가 0.71~0.94 이하로 떨어지거나 pH 3.4~5.5 이하로 떨어질 때 독소의 생성은 어렵다. 따라서 곡류를 저장할 때 낮은 수분활성도를 유지시켜 건조한 상태로 만들어 주는 것이 곰팡이독소 제거를 위한 가장 안전하고 쉬운 방법이다.

1) 곰팡이독의 종류와 중독증상

(1) 아플라톡신

아플라톡신Aflatoxin은 강한 발암성 물질로, 저장식품에 잘 나타나는 아스퍼질러스 플라버스Aspergillus Flavus와 아스퍼질러스 파라시티쿠스Aspergillus Parasiticus에 의해 생성하는 독소로 여러 구조를 갖는다. 아플라톡신Aflatoxin의 종류는 아플라톡신 G_1, G_2, B_1, B_2, M_1, M_2 등 13종이 알려져 있는데, 이 독소들은 구조에 따라 독성의 차이를 나타내는데 이들 중 B_1의 독성작용이 가장 강하다. 아플라톡신에 오염된 사료를 먹고 칠면조가 집단으로 사망한 예가 있으며, 강한 간독성 물질로 간암 유발물질이다. 주로 오염되는 식품은 땅콩이나 옥수수, 쌀, 보리 등의 탄수화물이 풍부한 식품이고, 메주로 만든 장류인 된장이나 간장 등은 아플라톡신이 잔존하지 않도록 주의해야 할 식품이다. 아플라톡신을 생성하는 최적 조건은 기질수분 16% 이상, 온도 25~30℃, 상대습도 80~85%이다. 이 독소는 지방에 잘 녹고 열에 강하여 280~300℃로 가열해도 분해가 되지 않는 특성이 있어 생성이 되지 않도록 수분활성도를 낮추고 낮은 온도를 이용하여 곡류를 보관하는 것이 최선의 방법이다.

(2) 황변미 중독

Penicillium Islandicum, Penicillium Citrinum, Penicillium Citreoviride 등에 의해 황색으로 변화시킨 쌀을 먹고 일으킨 식중독을 황변미 중독이라 한다. 습도와 기온이

높은 환경에서 저장된 쌀이 페니실륨Penicillium속과 아스퍼질러스Aspergillus속 곰팡이들에 의해 황색으로 변화되면서 독소를 생산한다. 황변미 독소를 생산하는 곰팡이는 14~15% 이상의 수분을 함유하면 생육에 적당하며 아플라톡신 생성 곰팡이보다 낮은 수분활성도를 요구한다.

1937년 대만의 황변미에서 분리된 시트레오비리딘Citreoviridin은 혈액순환에 이상을 초래하고, 강한 신경독으로 마비를 일으켜 호흡 중추기능을 저해하여 호흡곤란으로 사망하게 한다. 시트리닌Citrinin은 쥐의 간에서 지질합성과 콜레스테롤 합성을 저해하고 세뇨관에 손상을 초래하여 물의 재흡수를 방해한다. Pen. Islandicum은 두 종류의 독소를 생산하는데 속효성과 지효성으로, 속효성 독소로 이슬란디톡신Islanditoxin이 있고, 이 독소는 무색의 결정으로 간세포를 퇴화하게 한다. 루테오스키린Luteoskyrin은 지효성의 황색 색소를 가진 독소로, 마우스와 쥐에서 지방간과 간 괴사를 일으키고 배양 신장세포와 폐세포에 세포독성을 나타냈다.

주요 오염식품은 쌀, 보리, 소맥, 수수, 후추 등이 있다.

표 3.5 황변미와 관련된 독소

곰팡이	독 소	중독증
Pen. Citreoviride	Citreoviridin	신경마비, 호흡장애, 혈액순환이상, 경련 후 호흡마비
Pen. Citrinum	Citrinin	급성 · 만성 신장증
Pen. Islandicum	Luteoskyrin Islanditoxin Cyclochlorotine	간경변, 지방간, 간암, 폐질환 심한 간장장애, 간암

(3) 맥각 중독

맥각Ergot 중독은 클라비셉스 푸르푸레아Claviceps Purpuurea와 클라비셉스 파스팔리Claviceps Paspali가 생성하는 에르고타민Ergotamine, 에르고톡신Ergotoxin, 에르고메트린Ergometrine 등의 맥각 알칼로이드가 원인물질이다.

맥각(麥角)독은 진균독 중 가장 먼저 알려진 독소로 중세유럽에서 폭발적인 중독사건으로 994년에 프랑스에서 약 4만 명이, 1129년에는 유럽 전체에서 12,000명이 사망한 기록이 있다. 이 중독증의 증상은 구토, 설사, 복통을 일으키며 근육통과 냉온감이 나타나고, 혈관수축으로 인한 혈압상승 작용이 있으며, 장기간 섭취하게 되면 지나치게 혈관을 수축시켜 사지와 수족의 괴사를 유발하여 중증에서는 수족의 절단 등을 초래하였다. 성 안토니오 성지를 순례하면 치료된다고 믿은 데서 유래하여 '성 안토니오 불'이라 불리었다.

에르고노비네Ergonovine는 자궁수축 효과가 있어 임신부가 섭취할 경우 조산 및 유산을 일으키기도 하지만, 자궁수축 작용이 있는 에르고메트린은 분만촉진제로서 출산 후 출혈을 줄이고 태반의 배출을 용이하게 하기 위한 약으로도 사용되었다.

주요 오염 곡류로는 호밀, 밀, 귀리, 보리 등에서 많이 발생한다.

(4) 푸모니신

Fusarium Vertillioides과 F. Proliferatum에 의해 생성되는 독소로, 전 세계적으로 곡류에서 많이 발견되었고, 특히 옥수수 부패곰팡이로 옥수수와 그 가공식품에서 오염된 것이 주로 보고되었다. 돼지의 폐부종, 병아리의 간독성, 말의 뇌백질연화증 등 다양한 증상이 동물에서 발생한다. 사람에서는 지역적인 관계없이 옥수수, 밀 등을 주식으로 하고 미네랄 및 비타민이 결핍된 집단에서 푸모니신과 식도암 및 간암 발생이 연관 관계가 있는 것으로 추정되고 있으며, 신경장애 및 급성증상으로 설사 등을 유발하기도 한다.

푸모니신Fumonisin은 수용성이며 100~120℃에서 거의 감소하지 않으나, 175℃ 이상에서 70% 정도가 소실이 되는 일반적인 조리법으로는 제거하기 어려운 독소로, 열처리에도 안정한 물질이기 때문에 오염을 방지하는 것이 가장 바람직하다.

(5) 트리코테신류

트리코테신Trechothecene은 광범위한 독소를 포함하는데, T-2 톡신 외에도 푸사륨 로세움F. Roseum이 디아세톡시 시르페놀Diacetoxy Scirpenol, 푸사륨 니바레F. Nivale의 니바레놀Nivalenole, 디옥시니발레놀Deoxynevalenol, 프사레논-XFusarenon-X, 푸사륨 그레아미네아룸F.

Graminearum의 보미톡신Vomitoxin 등이 각각 생성된다. 이들 모든 곰팡이독은 강력한 급성독성 및 피부독성과 골수 등의 조혈조직 장해, 소장점막 상피세포의 장해 등을 일으키며 단백질 합성의 저해작용과도 관련이 있다. 중독증상으로 오심, 구토, 설사 등의 소화기계에 영향, 피부점막 자극, 출혈과 재생불량성 빈혈 등이 있다.

1940년 전 · 후 구 소련연방에서 발생한 무백혈구증Alimentary Toxic Aleukia; ATA, 1950년대 보리의 붉은곰팡이병의 원인물질로, 다양한 푸사륨속 곰팡이가 생성하는 독소는 기온이 낮고 습도가 높은 기후에서 생장한 곡류에서 많이 발생한다고 보고되었다.

(6) 제랄레논

제랄레논Zearalenone은 푸사륨 그레아미네아룸Fusarium Graminearum, 푸사륨 로세움F. Roseum, 푸사륨 컬모룸F. Culmorum 등에서 생성되는 곰팡이독소이다. 제랄레논은 에스트로겐 활성을 띠는 독소로 수분이 많은 옥수수에서 발견되지만, 푸사륨 포자는 어디에나 존재할 수 있기 때문에 많은 곡류에 이 독소가 오염될 수 있다.

1962년 북아메리카의 중서부지방에서 돼지불임증, 외음질염, 정소의 위축 등의 발생으로 처음 보고되었다. 중독증상은 내분비계 장애물질로서 에스트로겐과 비슷한 성질을 가지고 있어 발정효과 및 과에스트로겐증이 유발, 그 결과 외음부의 종창과 탈장, 유방 및 자궁의 비대 등이 관찰되며, 불임증이 나타났다. 동물에 대한 급성독성은 낮은 편이며, 소에게는 사료 중 농도가 1~5ppm일 때 증상이 나타나고, 사람에게는 유방암과 관련성이 의심되고 있다.

(7) 오크라톡신

오크라톡신Ochratoxin은 아스퍼길러스 오크라슈스Aspergillus Ochraceus, 페니실륨 비리디카툼Penicillium Viridicatum, 페니실륨 큐클로픔Penicillium Cuclopium이 생성하는 독소이다. 오크라톡신은 광범위한 지역에서 일어나며 옥수수, 쌀, 밀, 보리, 귀리, 땅콩, 커피, 콩, 고추, 후추, 감귤류 등 다양한 식품에 오염시킨다. 이를 사료로 사용한 돼지고기에서도 검출되었으며 알이나 유즙으로도 전이된다. 사람에 대한 장해는 명확하지 않으나

1957년과 1958년 발칸반도에서 일어난 풍토적 신장증의 원인으로 오크라톡신의 중독으로 밝혀졌다. 쥐 실험에서 40ppm을 연속적으로 매일 경구 투여하면 45주 후에 신장과 간에 암이 유발한다고 밝혀졌으며, 발암독성시험 대상물질 중 신장암에 대해서는 가장 강력한 발암물질로 알려져 있다.

(8) 스테리그마토시스틴

스테리그마토시스틴Sterigmatocystin은 아스퍼길러스 베르시콜라Aspergillus Versicolor, 아스퍼길러스 니듈란스Aspergillus Nidulans가 생성하는 독소로 아플라톡신과 구조가 매우 비슷하다. 쥐 실험에서 LD50은 166mg/kg으로 독성은 약한 편이지만, 간 장해를 유발하고 만성일 때 간암을 유발한다. 아플라톡신에 비해 낮은 용해성으로 급성독성은 약하게 나타났지만 아플라톡신과 마찬가지로 간장독성을 나타내며, 간암 유발물질로 주목받고 있고 동물실험으로 밝혀진 발암성은 아플라톡신의 약 1/250 정도에 불과하다.

2) 곰팡이독의 생산조건과 예방

곰팡이는 자연계에 널리 존재하며 공기 중에도 부유하며 동물이나 사람 또는 바람 등에 의해 이동할 수 있으며, 곰팡이의 포자는 성장조건만 된다면 언제든지 자랄 수가 있다. 곰팡이의 번식에 가장 기본적인 것은 온도와 습도이고, 곰팡이가 발생되었다고 하더라도 반드시 곰팡이독이 생겼다고 판단할 수는 없는데, 그 곰팡이가 곰팡이독 생산균주인가 아닌가에 따라 다르고, 생산균의 생육과 곰팡이독 생산조건과의 관계, 생산균 이외에 공존하는 곰팡이의 영향 및 곰팡이독 생산에 대한 기질 등이 식품의 적합성에 따라 달라지기 때문이다. 생산균의 문제에서 중요한 것은 곰팡이독 생산 등이 같은 종의 곰팡이에서도 계통에 따라 다르게 나타난다는 것이다.

아플라톡신은 물에 녹지 않으며, 메탄올, 아세톤, 클로로포름에 녹으며 280~300℃로 가열하여야 분해가 일어나며, 매우 안정한 물질이어서 아플라톡신에 오염된 땅콩을 실온에 2년간 저장하여도 독은 거의 감소하지 않는다. 아플라톡신은 위험성이 높고 제거하기 어려우므로 섭취를 자제하여야 한다.

곰팡이독소를 안전하게 관리하기 위한 방향으로 곡물가격의 상승 등의 영향으로 곡물 수입국의 다변화에 따라 다양한 종류의 곰팡이독소에 생성될 기회가 높아지는데, 기후변화 및 곡물 수입처의 다변화에 따른 곰팡이독소 안전관리 대책이 필요하고, 기후변화로 인한 곡물재배 및 유통 중 곰팡이독소의 생성억제로 안전한 식품으로 곰팡이독소를 예방해야 한다.

5 화학적 식중독

화학적 식중독Chemical Food Poisoning은 인체에 유독한 화학물질에 의해 오염된 식품을 섭취함으로써 중독증상을 일으키는 것을 말한다. 세균성 식중독에 비해 발생 건수도 적고 기온의 영향도 없지만, 체내에서 분해나 배설이 어려운 문제점이 있다. 원인물질이 소량이라도 지속적으로 섭취되어 체내에 축적되거나 적은 양이 누적되는 경우 만성중독을 일으키기도 하고, 급성중독으로 구토, 설사, 복통과 경련 등의 증상을 나타내기도 한다. 화학적 식중독의 여러 원인들 중에 이 장에서는 제조 · 가공과정 중에 혼입되는 유해물질과 기구 · 용기 및 포장재에 의해 발생하는 화학적 물질에 의해 발생하는 식중독에 대해 살펴보기로 한다.

1) 제조 · 가공과정 중에 혼입되는 유해물질

(1) 비소

비소Arsenic는 일반적으로 유해성 원소로 그 독성은 화학형에 따라 다른데, 무기태의 비소화합물로서는 3가인 것의 독성이 5가인 것보다 높고, 유기태의 비소화합물의 독성은 무기태의 것보다 많이 약하다. 비소중독 현상은 급성중독으로 비소 10~180mg 정도 체내에 섭취되면 급성중독을 일으키고 중추신경계를 마비시켜 혼수상태에 빠져 사망한다. 비소는 3~6mg을 장기간에 걸쳐서 섭취하게 되면 만성중독에 걸리게 되고, WHO의 음용수 기준의 비소는 0.6mg/L인데, 이 농도의 식품을 일생동안 섭취할 경우 10,000명 중 4명이 피부암에 걸릴 가능성이 있다고 한다.

1965년 일본 오카야마현(岡山縣)을 중심으로 조제분유(森永유업 제품)에 의한 유아의 비소중독 사건이 보고되었는데, 그 원인은 분유의 단백질 안정제로 사용된 제2인산나트륨에 불순물인 비소(As_2O_3로서 3.77~9.17%)가 함유되었기 때문이다. 증상은 37~38℃의 발열을 수반, 운동저하와 식욕부진, 수면불량과 설사, 구토, 피부의 발진과 색소침착, 신경염, 흑피증, 각화증 등이 있었고, 임상적으로 빈혈과 간비대 등의 증상이 있었다. 1966년 2월에 중독 12,159명, 사망자수 131명이 보고되었다.

사건이 발생한 지 14년 후에도 후유증이 나타났는데, 70~80%의 어린이에게서 복통, 난청, 약시, 피부종기, 언어장애, 보행불능 등의 증상이 나타났다.

(2) PCB

PCBPolychlorinated Biphenyl는 물에 녹지 않으므로 미생물에 의해 분해속도가 매우 늦으며, 물리적으로도 매우 안정하므로 환경오염 물질로서 주목받고 있다. 1963년 일본 후쿠오카현(福岡縣)에 있는 가네미 창고회사의 미강유 탈취공정 중에 PCB가 혼입되어 이를 사용하여 조리한 식품을 사람이 중독되는 아만성의 식중독사건이 발생하였다.

이 사건은 전형적인 제조공정 상의 과실로 가열용 열매체로 사용된 PCB가 스테인리스제 열교환 파이프에 생긴 미세구멍을 통해 새어나와 그대로 미강유에 섞임으로써 문제가 발생했다. 미강유의 PCB 함량은 약 2,000ppm, 중독자의 섭취량은 0.5~2.0g으로 추산되었고, PCB를 1인당 0.5g을 3~5개월 간 섭취하면 발증이 나타나는 것으로 알려졌다. 독성증상으로 구토, 식욕부진, 여드름 같은 피부발진, 발한과다, 모공확대, 피부의 각질화, 관절통 등의 전신증상이 나타났다. 또한 눈곱이 많아지고 손발톱과 잇몸에 색소가 침착되며, 잇달아 염소여드름(염소좌창), 손톱변형, 눈꺼풀과 관절의 종창 등이 나타났으며, 심한 증상은 간경변, 간종양 등이 있고 혈중 지질함량이 높아지는 특징을 나타냈다.

PCB 노출이 중단된 후 8년이 지난 시점에서도 중독증상이 관찰되었고, 중독된 임산부에게서 태어난 신생아에게도 증상이 나타났다. 이 사건의 인정환자는 1,068명(1971년 8월)이고, 1972년 6월까지 인정환자 중 사망자 수는 17명이다.

우리나라의 「환경보존법」에서는 공장폐수와 방류수에 대하여 0.003ppm 이하로 규정, 사람의 건강을 위한 수질환경기준에서는 전 수역에서 검출되면 안 되는 것으로 규정되어 있으며, 아직 식품에 대한 잔류기준은 마련되어 있지 않다.

2) 기구 · 용기 · 포장재에 기인하는 유해물질

식품을 안전하게 보호하기 위해 사용한 포장용기나 조리기구가 오히려 인체에 해를 끼치는 위해물질이나 유독물질이 식품으로 전이될 수 있다. 식품포장에 사용되는 포장재에는 인체에 유해 · 유독한 성분이 함유되면 안 되지만, 이따금 포장재에 유해한 성분이 함유되어 식품 중으로 이행함으로 인해 문제가 되는 일이 종종 있다.

현재 사용되고 있는 포장재에서 내용식품으로 이행될 우려가 있는 물질로는 표 3.6과 같은 것들을 들 수 있다.

표 3.6 포장재로부터 이행될 수 있는 물질

포장재	이행될 수 있는 물질
셀로판 포함한 종이류	착색제, 형광염료, 충진제, 사이징제, 펄프용 방부제
금속제품	도료성분(Monomer, 첨가제), 중금속류
도자기, 법랑기구, 유리제품	가소제, 안정제, 금속제, 안료
합성수지	안정제, 가소제, 산화방지제, 착색제

(1) 종이 및 가공지

종이는 목재펄프를 주원료로 표백제, 충진제, 사이징제, 착색료 등의 첨가물을 가하여 제조한 식품포장의 재료 중에서 가장 광범위하게 사용되는 것이다. 종이는 내습성이고 방습성이 떨어지기 때문에, 장기간 사용하기에는 부적당하여 방수와 방습의 목적으로 왁스나 합성수지를 도장하여 가공하거나 알루미늄과 폴리에틸렌을 라미네이트하거나 폴리에스테르, 폴리아미드 등을 절충한 다층의 포장용 가공지를 사용하고 있다.

종이는 식품포장용을 제외하고는 경제적인 이유로 대부분이 종이원료인 신선한 펄프에 탈묵 · 표백한 오래된 종이를 혼합하거나, 비위생적인 폐지로 만든 재생지가 이용되기도 한다. 제조과정에서 각종 첨가제가 사용되고 있는데, 착색료의 용출, 형광염료의 이행, 파라핀, PCB의 이행 등이 일어난다.

이들 물질은 다소나마 독성이 있으며 일부 제조업자들 중에는 사용이 금지된 형광염료를 첨가해서 형광증백하고 있다. 형광증백제 중에는 발암성 논란이 있었던 점과, 폐지를 재생하는데 사용한다는 점을 감안하여 형광증백제가 있는 종이류는 식품에 사용하지 못하도록 우리나라에서는 종이제의 PCBs 규격을 10ppm 이하로 규제하고 있다. 셀로판은 인스턴트 면류나 알사탕의 포장지로 사용되고 있는데, 유해 착색료 함유 여부를 유의하여야 한다.

(2) 금속제

조리용 기구와 식기류에는 철 · 알루미늄 · 스테인리스 스틸을 재료로 한 것이 일반적이며, 조리용 기구 · 식기류 · 식품가공용 기계 · 기구류에는 주로 금속재료를 사용하고 있다. 그 밖에 동, 은 등도 소량으로 사용되고 있으며, 알루미늄은 솥, 냄비, 호일 등에 주로 사용되며 산과 알칼리에 부식되는 문제점이 있다.

스테인리스 스틸에는 많은 종류가 있지만, 내식성이 강하여 위생상 가장 적당한 소재지만 스테인리스 스틸의 종류나 가공처리 방법이 나쁘면 크롬이 용출될 우려가 있다. 동은 표면을 연마해서 동 고유의 광택을 갖도록 하면 안전하지만, 습한 곳에서는 산 가용성의 녹청(綠靑)이 생성되어 위생상의 위해를 초래하기도 한다. 크롬, 은, 주석, 니켈 등으로 도금해 녹청방지를 하고 사용한다.

금속제 용기포장 중에서 가장 중요한 것은 금속관인데, 금속관은 주석을 도금한 철판으로 제조된다. 식품의 장기보존을 가능하게 하여 식품공업의 발전에 크게 기여하였으나 위생상의 문제가 자주 거론되는 용기이다.

순수한 주석은 강도가 낮아 주석만으로 통조림 캔을 만들기가 어렵고 철이 녹스는 것을 막기 위해 표면에 주석을 입히는데, 식품의 종류에 따라 식품으로 녹아나올 수 있다. 과일은 유기산을 가지고 있어 산도가 높아 금속을 이온화시켜 식품으로 녹아 나오게도 한다. 비교적 독성이 낮고 도금에 의한 철의 용출이 지연되는 것을 이용한 것이지만, 도금이 불완전하여 미세구멍이 있을 때 유기산, 산소 등이 존재하면 전류가 흘러 주석이 용해되기도 한다.

주석의 안전성에 대해서는 상당한 논란이 있어왔으며, 용출된 주석의 양이 250ppm 이상일 경우 복통 등 급성증상이 발생한 것으로 몇몇 실례가 있다. 통조림을 개봉한 후 남은 식품을 그대로 남겨두는 일은 삼가야 하며, 코팅되지 않은 통조림 캔에 산도가 높은 식품을 오래 담아두지 말아야 한다. 수지 코팅이 된 통조림은 개봉 후 포크나 젓가락 등의 금속제품을 사용하면 쉽게 코팅에 상처가 날 수 있으며, 상처를 통해 많은 양의 금속이 녹아나올 수 있으므로 통조림 캔에 담긴 식품을 직접 먹는 일은 삼가야 한다.

통조림은 밀봉 후 용기 그대로 살균할 수 있는 이점이 있고, 용기재질과 보존방법이 좋으면 채소는 수년 간 변질 없이 오랫동안 저장·보존할 수 있지만, 유기산이 함유되어 있는 과실이나 과즙은 1년 이내에 소비하는 것이 좋다.

(3) 유리·법랑도포·도자기 및 옹기

유리는 규산을 주성분으로 탄산나트륨, 탄산칼슘 등의 염기성분과 산화납, 산화아연, 붕산 등을 혼합해서 1,200~1,500℃의 고온에서 용융하여 만든다.

유리제품은 주로 액체식품의 용기 등으로 사용되는데, 장기간 산성액과 접촉할 경우 알칼리성분이 용출될 수 있으며 산성성분인 규산이 유리 표면에 생길 수도 있다. 도자기제는 흙, 돌, 광물류를 원료로 하여 성형한 다음 1,200~1,500℃에서 소성시켜 만든 제품을 말한다. 이들 제품은 고온에서 소성시켜 독성은 없으나 성형품의 표면에 색, 그림, 모양 등을 나타내는데, 사용하는 복사지가 연단(Pb_3O_4)을 50% 이상 붕산 또는 붕사를 10~20% 함유하고 있는데, 소성온도가 비교적 저온인 600~700℃이어서 산성물질과 접촉할 경우 쉽게 용출되는 문제점이 있다.

법랑제품으로는 조리기구와 식기류 등이 있으며, 법랑은 철판상에 유리화하여 얻은 성분을 도포하여 약 800℃에서 가열하여 용착시킨 것이다. 법랑면을 매끈하고 미려하게 만들기 위해 저용융 유약인 붕사, 납, 주석, 티탄과 크롬 및 코발트 등의 산화물 또는 황화물이 사용되고 있다.

옹기는 김치나 장류의 용기로 많이 사용되고 있다. 옹기는 제조과정에서 납이 다량 함유되어 있는 연단(광명단)을 사용하는데, 소성과정에서 적정온도를 유지하지 않아 김치 등의 산성식품과 장기간 접촉하면 납이 용출되는 사례가 보고되고 있어 납을 함유한 유약을 금하고 있으며 엄격하게 규제하고 있다.

(4) 합성수지

합성수지Synthetic Resins는 가소성을 갖는 유기고분자화합물을 주성분으로 하는 합성물질로, 가소성이 풍부하여 플라스틱과 같은 뜻으로 쓰인다. 합성수지는 열경화성 수지와 열가소성 수지로 분류할 수 있는데, 열경화성 수지는 열을 가하여 경화·성형하면 초기에는 가소성을 가지고 있지만, 한 번 더 경화하면 다시 형태가 변화지 않는 성질을 갖고 있는데, 이것은 저분자의 중합체를 가열하면 중합도가 증가하여 큰 힘을 가해도 변형되지 않는 성질을 이용한 것이다. 열경화성 수지는 내열성·내약품성·내용제성·열가소성·기계적 성질 및 전기절연성이 좋고, 충전제를 넣음으로서 강인한 성형물이 만들어진다. 열가소성 수지는 열경화성 수지와 반대로 가열에 의해 연화 고화를 반복해도 본질적인 구조의 변화는 없기 때문에, 다시 열을 가하면 부드러워지고 냉각하면 단단해지는 성질을 가지므로 가열하여 연화상태로 성형·가공하여 용기 등의 제품을 만들 수 있다.

합성수지는 가공이 편리하며 착색이 자유롭고 색채가 미려하며 강도, 경도, 내식성, 내후성과 내열성 및 내구성 등이 좋아 다양한 용도로 사용이 가능하다. 제품에 대해서 이행성도 없고 화학적으로도 극히 안정하여 유해성은 없는 것으로 인정받고 있는데, 합성수지는 성형가공 사용상의 문제로 다소나마 첨가제가 가해지고 중합공정상 미반응의 단량체Monomer가 잔존하여 용출되는 경우가 있다.

열경화성 수지인 페놀수지, 멜라민수지, 요소수지는 제조 시 가열·가압 조건이 부족할 때 페놀, 포름알데히드가 용출되는 문제가 있다. 열가소성 수지에는 폴리에틸렌, 폴리프로필렌, 폴리스틸렌, 염화비닐수지 등이 있다. 폴리에틸렌 및 폴리프로필렌은 첨가제도 거의 사용하지 않고 단량체도 무해한 것으로 밝혀졌으며, 폴리스틸렌계는 휘발성물질 및 스틸렌 단량체로 인한 이취문제가 발생할 수 있고, 안정제나 항산화제 등이 식품으로 이행된 것도 문제이다.

염화비닐수지는 가소제나 안정제 등의 자극성 화합물이 위생상 문제가 되고, 원재료인 염화비닐 단량체에 노출된 작업자가 마취, 폐부종 등의 급성중독증상과 만성중독증상으로 간혈관 육종 등이 나타나, 미국과 일본 등에서는 재질에 1ppm 이하로 잔류하도록 규제하고 있다. 가소제, 안정제, 산화방지제, 착색제 등 각종 첨가제가 최고 80%까지 제품에 첨가되는데, 그 중에서 독성이 강한 물질들도 있어 미국 등은 최종제품 뿐만 아니라 수지에 첨가되는 물질을 규제하고 있으며, 우리나라는 완제품만 규제하고 있다. 가소제로 프탈산에스테르 등이 15~30% 첨가되는데 「식품위생법」에는 기구 및 용기 포장을 제조함에 있어서 사용하지 못하도록 규정하고 있다. 안정제로는 납 · 칼슘과 카드뮴 및 아연의 지방산염 및 유기주석화합물이 2~3% 사용되고 있다.

3) 제조 · 가공 · 저장 중에 생성되는 유해물질

(1) 지질의 산화생성물

식품 중에 함유된 지질성분인 고도불포화지방산이 산소에 의해 산화되면서 과산화물, 분해산물, 중합체가 생성되는데, 산화생성물 중에는 과산화물인 히드로퍼옥시드Hydroperoxide와 그 2차 산화생성물의 독성이 가장 잘 알려져 있으며, 2차 산화생성물 중에는 과산화물보다 급성독성이 강한 것도 있다.

지질과산화물인 알데히드 중 말론디알데히드Malonaldehyde; MDA는 발암성이 의심되는데, 말론디알데히드류의 물질은 체내 단백질이나 다른 고분자 물질과 반응성이 높아 DNA 등과 반응하여 발암성과 돌연변이 유발성을 나타낸다고 한다.

이들 지질의 산화생성물은 화학반응성이 높고 독성이 강해서 식욕감퇴와 구토, 설사, 동맥경화, 간 · 신장의 비대 및 그 밖의 조직에 변화를 가져오게 한다. 그러므로 고도불포화지방산이 다량 함유된 식품은 산소나 빛으로부터 보호하고, 저온에서 보관하는 등 식품의 변화를 억제하기 위해 세심한 주의를 기울여야 한다.

(2) 니트로사민

아질산염은 반응성이 대단히 강해서 식품의 가공보존 중에 식품성분이나 첨가물과 쉽게 반응하는 물질이다. 이들 반응생성물 중 아질산염이 아민이나 아미드Amide류와 산성조건에서 반응하여 생성하는 N-니트로소N-nitroso 화합물은 발암물질로 가열조리 시, 위장 내에서도 생성되는 식품위생상 중요한 문제를 야기한다.

N-니트로사민N-nitrosamines은 하나의 화합물이 아니라 아민기에 니트로소기(-N = O)가 결합된 형태로, 탄소수의 구조에 따라 다양한 종류의 니트로사민이 형성된다.

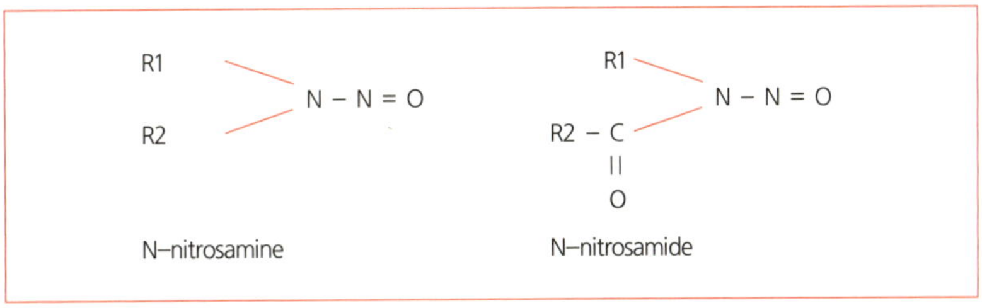

그림 3.5 니트로사민의 일반구조

N-니트로사민N-nitrosamine은 다음 반응식과 같이 생체 내 또는 생체 외에서 아민과 아질산과의 반응에 의해 생성된다.

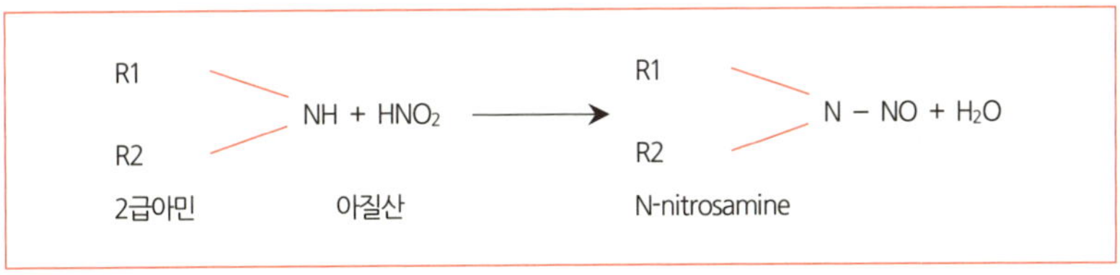

그림 3.6 N–니트로사민 생성과정

아질산염과 질산염은 가공육인 햄이나 베이컨, 소시지 등의 발색제로서 육류의 색소고정 외에 보툴리누스균Clostridium Botulinum의 억제효과를 나타내는 등 유용하게 사용되는 첨가물이고 식품 중에도 상당량 분포되어 있다.

질산염은 채소, 특히 절임채소 등에 최고 몇 천 ppm까지 들어있으며 오이, 토마토, 아스파라거스 등에는 몇 ppm 정도, 시금치와 무, 상추 등에는 몇 백 ppm이 함유되어 있다. 비료를 많이 사용하거나 유기농법으로 재배한 채소는 질산염 함량이 높은 경향이 있다. 아질산염도 소량이나마 채소류에 존재하고 질산염의 경우는 음료수에 미량으로 함유되어 있다. 질산염은 가공·저장 중 미생물의 작용으로 아질산염으로 환원되기도 하며, 입 안에 들어와서는 타액 중에서 질산이온으로 되기도 하며 구강 내 세균에 의해 아질산으로 환원되며, N-니트로사민은 가열처리에 의해서 그 함량이 현저히 증가한다고 보고되었다. 식이에서 유래되는 N-니트로사민의 1인당 1일 섭취량은 독일 1.1μg, 영국 0.12μg(맥주 제외), 일본 1.8μg으로 보고되었다.

식품에 존재하는 니트로사민이나 식품으로부터 유입된 아질산이나 질산으로부터 생체 내에서 생성된 니트로사민, 2차 전달물질인 일산화질소Nitric Oxide로부터 유래된 니트로사민 등이 인체에 혼재하여 영향을 미치기 때문에 식품 유래물질 위해도 평가가 정확하게 이루어지기가 어렵다.

식품 내에서 발생 가능한 니트로화 반응을 최소화시키고, 아질산염이 일산화질소로 산화되는 과정을 억제할 수 있는 항산화제들을 사용하여 니트로소화 반응을 억제하여 니트로사민의 생성을 억제하는 방법을 모색하여야 한다.

(3) 다환방향족탄화수소 및 헤테로고리아민류

다환방향족탄화수소Polycyclic Aromatic Hydrocarbons; PAH는 하나의 화합물이 아니고 비슷한 구조와 성질을 갖는 화합물군을 총칭하는 이름이다. 벤젠고리가 여러 개 겹쳐 있는 구조로, 유기물질이 분해되다가 완전히 이산화탄소로 연소되지 못하여 불완전 연소되어 재결합하면서 생성된 물질로 발암성을 나타내는 것으로 관찰되었다.

PAH는 그 중 벤조피렌3,4-benzopyrene이 가장 강력한 발암물질로 알려져 있는데, PAH의 생성은 300℃ 또는 그 이상의 고온에서 촉진되며, 특히 식품의 가열가공이나 훈연과정에서 쉽게 접근할 수 있는 온도이다. PHA는 조리 중에도 생성되지만, 자동차 배기가스나 불완전하게 연소된 목재 등에서도 발견되는 환경오염 물질로부터 식품으로 유입되기도 한다. 식품의 조리과정에서 생성되는 경우에는 특히 지질이 분해되어 합성되는데, 직화구이나 훈연 같은 조리법에서 많이 생성된다.

1964년 불에 구운 고기에서 벤조피렌Benzo[a]pyrene이 분리된 이래 여러 가지 다환방향족탄화수소가 불고기와 불갈비 및 훈제육 등에서 발견되었다. 식품 중 벤조피렌의 함량은 식품의 종류, 가열방법에 따라 다르게 나타나지만, 육류제품들로 구운 육류 중 돼지고기, 바비큐한 닭고기, 구운 생선 등에서 높은 함량으로 나타난다.

따라서 숯불구이의 경우 불꽃이 직접 고기에 닿지 않도록 석쇠보다는 불판을 사용하고, 검게 탄 부분이 생기지 않도록 조리하며 탄 부분은 섭취하지 않는 등 벤조피렌 섭취를 줄여야 한다. 식품 중 벤조피렌은 조리방법 및 조리 정도에 많은 영향을 받으므로 숯불구이, 튀김, 볶음보다는 삶기, 찌기 등의 조리방법과 태우지 않게 조리하여 벤조피렌 생성을 억제하여야 하다.

벤조피렌 외에 1970년대에 들어와 가열 조리된 구운 생선이나 육류로부터 새로운 돌연변이 유발물질인 방향족 질소화합물인 헤테로고리아민류이환방향족 아민, Heterocyclic Amines; HCAs가 관찰되었다. 이들은 식품 중 근육단백질을 조리할 때 아미노산, 단백질을 300℃ 이상 온도에서 가열할 때 생성되는 열분해산물Pyrolysate로부터 분리 · 확인되었는데, 식물성 식품인 콩을 가열하였을 때는 생성되지 않았다.

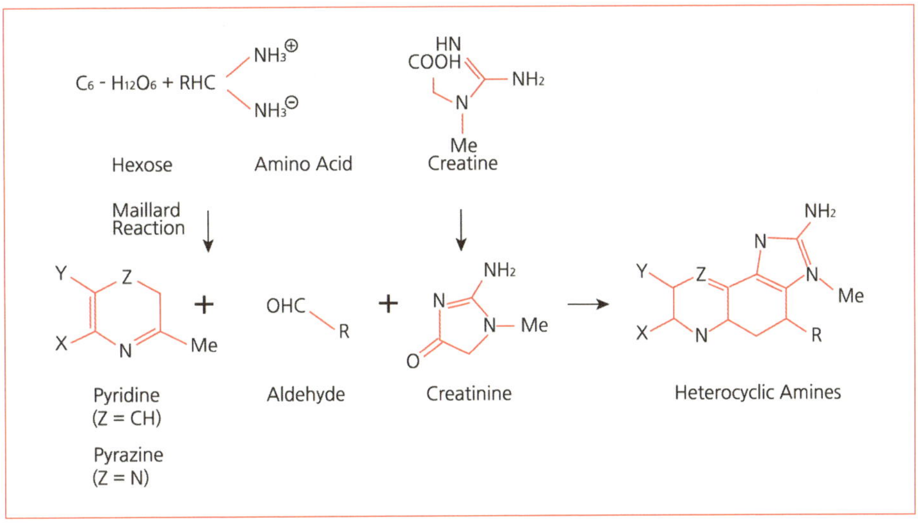

그림 3.7 헤테로고리아민류의 형성

Trp-P-1과 Trp-P-2는 트립토판, Lys-P-1은 라이신, Glu-P-1과 Glu-P-2는 글루타민산으로부터 각각 생성되고, 불에 구운 정어리에서는 IQ와 MeIQ, 대두 글로불린Globulin의 열분해산물에서는 AαC와 MeAαC, 튀긴 소고기에서는 MeIQx가 각각 나타났다. 가열식품 중 헤테로고리아민류의 함량은 대체로 낮은 편이지만, 대부분의 헤테로고리아민류는 돌연변이성이 아주 강하며, 동물실험에서 생쥐Mouse는 주로 간장에, 큰쥐Rat에서는 간장 · 소장 · 대장에 암을 유발하는 것으로 확인되었다.

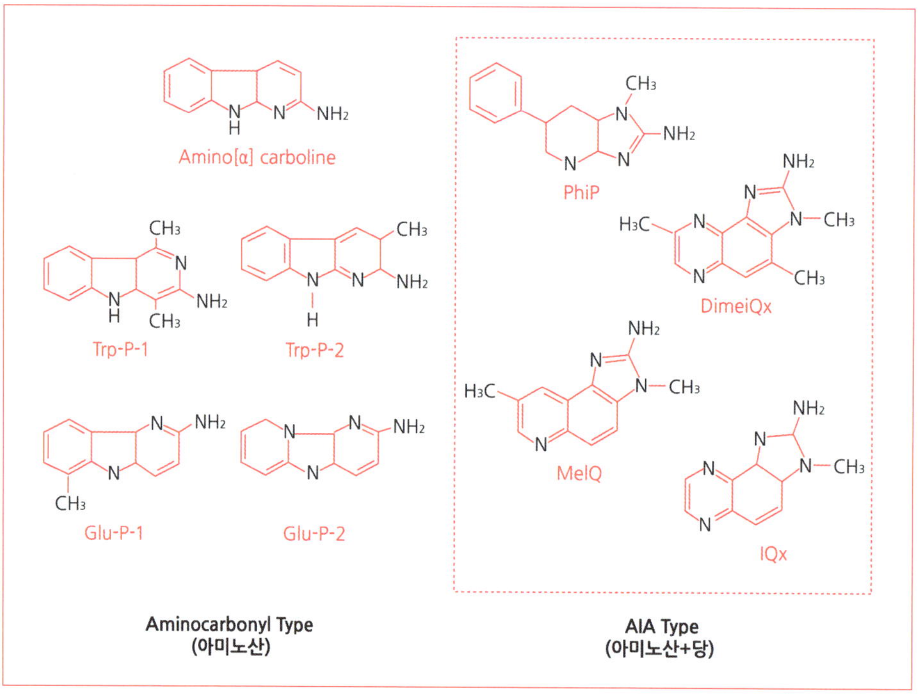

그림 3.8 헤테로고리아민류 화학구조

4) 아크릴아마이드

분자 아크릴아마이드Acrylamide($CH_2 = CHCONH_2$)는 고온에서 조리된 식품 중에서 생성된다. 아크릴아마이드에 대한 노출은 섭취, 피부접촉, 호흡의 경로로 일어나는데 식품을 통한 노출이 큰 비중을 차지한다.

2007년 식품의약품안전청 아크릴아마이드 조사에서 '식이노출량평가를 위한 식품별 섭취량 분포'를 활용하여 아크릴아마이드 식이노출평가를 수행하였는데, 노출평가를 통해 계산된 우리나라 국민의 아크릴아마이드 평균 식이노출량은 체중 55kg을 기준으로 0.15μg/kg/day로 추정되었으며, 노출량 상위 95%의 소비자에 속하는 고위험군의 식이노출량은 0.54μg/kg/day으로 추정되었다. 성별 및 연령별에 따른 식이노출량의 조사결과 성별에 따른 유의적인 차이는 없었지만, 연령별에 따른 각 그룹 간 노출량의 차이를 나타냈다. 3~6세 유아의 경우, 평균 섭취량이 0.47μg/kg/day로 가장 높게 나타났으며, 이는 전 국민의 평균 식이노출량에 비해 2배 이상 높은 수치이다.

아크릴아마이드 노출경로는 주로 당과 아미노산이 열에 의해 결합하는 메일라드Maillard 반응을 통해서 생성되며 아미노산 중 아스파라긴Asparagine이 주원인 물질이다. 아래 표 3.7의 식품을 보면, 주로 고온에서 가열한 식품으로 형성되어 있고, 굽고 튀기고 볶은 식품에서 갈색 빛깔과 특유의 맛과 향기를 내는 반응과 함께 만들어지며, 간접흡연을 포함한 흡연을 통해서도 노출된다. 체내에서 태반을 쉽게 통과해서 전달이 되기 때문에 태아에게도 영향을 끼치고, 아크릴아마이드가 함유된 식품을 다량 섭취하는 산모의 경우 모유에서 검출이 되기도 한다. 신경독소로 알려져 있으며 최근에는 남성들의 생식능력 저하 및 발암성을 의심받는 물질이다.

표 3.7 식품 중 아크릴아마이드 함량

식 품	아크릴아마이드(μg/kg)	식 품	아크릴아마이드(μg/kg)
감자스낵	13.9~1435.4	French Fries	92.8~1079.9
감자 외 스낵	nd~692.9	땅콩 또는 견과류 가공품	nd~135.0
비스킷류	nd~861.0	볶은 커피	57.0~244.0
유아용 비스킷	nd~289.2	인스턴트커피	92.8~989.4
조미김	nd~334.8	시리얼	nd~306.5

출처 : 한국식품연구원(이상희)
nd : not detected

5) 에틸카바메이트

에틸카바메이트Ethyl Carbamate($H_2NCOOC_2H_5$; Urethane)는 핵과류 씨에 있는 시안화합물이나 발효과정에 생성되는 요소Urea가 에탄올과 식품 내에서 화학반응을 일으켜 생성되는 화합물로서 자연적으로 형성된다. 포도주, 과실주, 리큐르, 약주 등과 위스키, 브랜디 등의 주류에서 발효·숙성과정에서 생성되는 인체 발암 추정물질이다. 이 물질은 주류를 발효시킬 때 요소를 효모의 식량으로 사용한 데서 연유한 것으로 알려져 있다. 주류 외에도 간장, 된장, 요구르트, 치즈 등에서도 소량 발견되기도 한다. 아래 표 3.8의 식품에 함유한 에틸카바메이트 함량은 2007년도에 발표된 "식품 중 에틸카바메이트 모니터링 및 위해 평가" 결과에서 나타낸 수치이다.

$$\underset{\text{우레아}}{H_2NCONHR} + \underset{\text{에탄올}}{C_2H_5OH} \longrightarrow \underset{\text{에틸카바메이트}}{H_2NCO_2C_2H_5} + H_2NR$$

표 3.8 식품 내의 에틸카바메이트 함량

식 품	에틸카바메이트 함량(ppb)	식 품	에틸카바메이트 함량(ppb)
증류식소주	nd	한식간장	nd–16.3
과실주	nd–254.7	양조간장	nd–36.7
리큐르	nd–169.3	약주	nd–62.3
와인	nd–15.6	맥주	nd

nd : not detected

6) 3–MCPD3-monochloro-1,2-propandiol

3-MCPD는 발암 의심물질로 식물성단백 가수 분해물Hydrolyzed Vegetable Protein이나 산 분해 간장에서 산을 이용한 가수 분해과정에서 2-MCPD, 1,3-DCP, 2,3-DCP와 함께 생성된 물질이다. 대두를 염산으로 가수 분해하여 아미노산으로 만드는 과정에서 함께

함유한 지방이 지방산과 글리세롤로 가수 분해되고 글리세롤이 염산과 반응하여 생성되는 물질로, 현재에는 만드는 공정에 변화를 주어 그 생성량을 최소화하고 있다.

우리나라에서도 1985년과 두 번의 간장파동으로 사회적인 문제가 되어 큰 논란의 대상이 되었던 일이 있다. 3-MCPD의 LD_{50}(반수치사량) 값은 150mg/kg 정도이며, 우리나라, EU 등에서 기준을 설정하여 관리하고 있다.

쉽게 풀어 쓴
FOOD 식품위생학
HYGIENICS

CHAPTER 04

HACCP

쉽게 풀어 쓴
FOOD 식품위생학
HYGIENICS

1 HACCP 개요

1) HACCP 정의

HACCP(식품안전관리인증제)은 위해요소분석Hazard Analysis과 중요관리점Critical Control Point의 영문 약자로서 '해썹' 또는 '위해요소중점관리기준'이라 한다.

HACCP이란 식품의 원료관리, 제조 · 가공 · 조리 · 소분 · 유통의 모든 과정에서 위해한 물질이 식품에 섞이거나 식품이 오염되는 것을 방지하기 위해 각 과정의 위해요소를 확인 · 평가하여 중점적으로 관리하는 기준을 말한다.

HACCP은 식품의 원료, 만드는 과정에서 생물학적 · 화학적 · 물리적 위해요소들이 발생할 수 있는 상황을 과학적으로 분석하고 사전에 위해요소의 발생원인 등을 차단하여 소비자에게 안전하고 깨끗한 식품을 공급하기 위한 시스템적인 규정이며, 위해방지를 위한 사전 예방적 식품안전관리체계를 말한다.

HACCP은 기본적인 위생관리가 효과적으로 수행된다는 전제조건 하에서 중점적으로 관리하여야 할 공정의 단계를 파악하여 집중 관리하는 시스템이다. 다시 말하면, 식품을 위생적으로 생산할 수 있는 최소한의 시설 · 설비 조건과 위생관리 운영절차를 다루는 실행계획이 선행되지 않고서는 HACCP시스템이 효율적으로 가동되기가 어렵다.

이러한 선행요건으로는 GMP(우수제조기준)의 여건 하에서의 SSOP(표준위생관리프로그램), 또는 GHP(우수위생관리기준)가 있다.

2) HACCP의 역사적 배경

HACCP은 미국 NASA(미항공우주국)가 우주비행사들에게 안전한 식품을 제공하기 위해 NASA와 필스베리Pillsbur사 및 미 육군 네이틱Natic연구소가 공동으로 최초로 개발하였으며, 1971년 미국식품보호위원회에서 처음으로 공표되었다.

1987년에는 미국식품과학위원회로부터 HACCP의 채택을 권고 받아 미국 농무부 식품안전검사국, 미국 수산국, 미 FDA, 미 육군 Natick기술개발연구소 및 대학과 민간의 전문가로 이루어진 '식품미생물기준 국가자문위원회'가 설치되었다. 검토를 거친 결과, 1989년에 HACCP의 지침이 설정되었고 HACCP의 7가지 원칙을 제시하게 되었다. 1993년 국제식품규격위원회CODEX 제20차 총회에서 식품위생위원회는 'HACCP 시스템 적용지침'을 작성하여 각국에 HACCP 도입을 권고하고, 전 세계는 HACCP을 활용하게 되었다.

3) HACCP의 도입 필요성

CODEX에서는 일반식품에까지 HACCP의 적용을 권고하고 있어 전 세계적으로 HACCP의 적용이 보편화되고 있으며, 미국과 유럽 등 일부 선진국가에서는 자국산뿐만 아니라 수입되는 일부식품에까지 HACCP의 적용을 제도화하고 있어 국내에서도 이들 국가로 수출하고 있는 일부식품들에 HACCP 적용이 불가피하게 되었고, 이에 따라 식품의 국제 간 교역을 위해 HACCP 적용이 전 세계적으로 확대되고 있다.

수입식육이나 냉동식품, 아이스크림류 등에서 식중독 세균이 빈번하게 검출되고 있으며, 잔류농약이나 잔류수의약품, 항생물질, 중금속 등 위해 가능성에 대한 소비자들의 우려가 높아지고 있는 등 국내적으로 식품의 위생안전성 확보에 대한 관심이 사회적으로 고조되고 있어 국내 식품산업체에서도 HACCP을 적용하는 업체가 많이 늘어나고 있다. 따라서 HACCP시스템은 안전한 식품을 생산하기 위한 예방적이고 계획적인 식품위생관리시스템으로 식품위생을 효율적인 관리차원에서 도입의 필요성을 크게 느끼고 있다.

4) 우리나라의 HACCP 도입 및 적용상황

우리나라는 1995년 12월에 「식품위생법」 제32조의 2에 '식품위해요소중점관리기준'의 조항이 신설되면서 HACCP을 도입하였으며, 1996년 12월에 '식품위해요소중점관리기준' 고시(보건복지부 고시 제1996-75호)를 제정하여 식품제조시설에 HACCP을 본격적으로 적용하게 되었다.

「식품위생법」에서 정하고 있는 일반식품에 대한 HACCP의 적용을 위한 사항은 식품위생법 및 식품의약품안전처 고시로 관리되고 있다. 식육, 식육가공품, 원유, 유가공품, 알류 및 알가공품 등 축산물에 대한 HACCP 적용은 관할 부처인 농림수산식품부에서 「축산물가공처리법」의 하위 법령 및 고시에서 세부사항을 제정하여 관리하였다.

우리나라의 HACCP 적용은 관할 부처에서 의무적으로 적용하도록 하는 품목이 있고 자율적으로 적용하도록 하는 품목이 있으며, 자율적용과 의무적용이 병행하여 이루어지고 있다. 「식품위생법」을 근거로 하여 식품의약품안전처는 어육가공품 중 어묵류, 냉동수산식품 중 어류 · 연체류 · 조미가공품, 냉동식품 중 피자류 · 만두류 · 면류, 빙과류, 비가열음료, 레토르트식품, 김치류 중 배추김치 등 7개 유형의 식품에 대하여 HACCP 의무적용을 하도록 하고 있다.

의무적용 시기는 업소별로 연 매출액과 종업원 수에 기초하여 단계별로 시행하도록 하고 있는데, 연 매출액이 1억 원 이상이면서 종업원의 수가 6인 이상인 업소에 대하여 2010년 12월 1일부터 의무적용토록 하고 있으며, 연 매출액 1억 미만 또는 종업원 수가 5인 이하인 업소는 2012년 12월 1일부터 적용하도록 하고 있다. 위 규정에 의한 의무적용 시기는 연 매출액을 기준으로 하여 종업원 수의 요건을 동시에 충족되는 시기를 말하며, 연 매출액 산정은 해당 사업장에서 제조 · 가공하는 의무적용 대상 식품의 전년도 1년간의 총 매출액을 기준으로 하고, 종업원 수는 「근로기준법」에 의한 영업장 전체의 상시근로자를 기준으로 한다.

위의 규정에도 불구하고 신규영업 또는 휴업 등으로 1년간 매출액을 산정할 수 없는 경우에는 매출액 산정이 가능한 최근 3개월의 매출액을 기준으로 1년간 매출액을 산정하여 의무적용 시기를 정할 수 있다. 다만, 의무적용 대상 업소 중 기준 준수에 필요한 시설 · 설비 등의 개 · 보수를 위해 일정기간이 필요하다고 요청하여 식품의약품안전처장이 인정하는 경우에는 1년의 범위 내에서 의무적용을 유예할 수 있으며, 배추김치의 경우 의무적용 시기에 2년 정도의 유예기간을 주었고, 농림수산식품부는

「축산물가공처리법」에 근거하여 모든 국내 도축장시설에 대하여 HACCP 의무적용을 하도록 하였다.

2014년 5월 「식품위생법」 시행규칙 개정(시행 2014.5.9., 총리령 제1080호)이 있었는데, 의무적용 대상품목 지정 및 시행에서 의무적용 대상품목으로 ① 어육소시지, ② 과자 · 캔디류, ③ 음료수, ④ 빵류 · 떡류, ⑤ 초콜릿류, ⑥ 국수 · 유탕면류, ⑦ 특수용도식품, ⑧ 즉석 섭취식품 등이며, 연 매출액과 종사자 수에 따라 4단계로 구분하여 의무적용을 추진하고 있다.

시행 시기는 1단계 대상기준은 해당 식품유형별 연 매출액이 20억 원 이상이면서 종업원의 수가 51인 이상인 업체는 2014년 12월 1일부터 시행, 2단계의 대상기준은 해당 식품유형별 연 매출액이 5억 원 이상이면서 종업원의 수가 21인 이상인 업체는 2016년 12월 1일부터 시행, 3단계의 대상기준은 해당 식품유형별 연 매출액이 1억 원 이상이면서 종업원의 수가 6인 이상인 업체는 2018년 12월 1일부터 시행, 4단계의 대상기준은 해당 식품유형별 연 매출액이 1억 원 미만 또는 종업원의 수가 5인 이하인 업체는 2020년 12월 1일부터 시행, 식품제조 · 가공업의 영업소 중 전년도 총 매출액이 100억 원 이상인 업체는 2017년 12월 1일부터 시행하게 하였다.

HACCP을 적용받고자 하는 영업자 및 종업원은 HACCP이 무엇인지 어떻게 적용하고 운영하여야 하는지 등에 대한 기본적인 이해를 갖추어야 하며, 전문 교육 · 훈련기관의 교육 등을 통한 기본지식의 습득이 필요하다. HACCP 적용업소로 지정받기 위해서는 1개월 이상 HACCP을 적용하여 운영실적을 첨부하여 HACCP 적용업소신청서를 작성하여 지방식품의약품안전청에 제출해야 한다. 그러면 식품의약품안전처에서는 이를 바탕으로 현지조사를 실시하여 평가를 실시한 후 적합할 경우 HACCP 지정서 발급한다. HACCP 지정업소에 대하여 지방식품의약품안전청 식품안전관리과에서 HACCP 준수 여부를 연 1회 이상 조사 · 평가하여 결과기준에 미흡하거나 개선되어야 할 필요성이 있는 경우에 수정 · 보완 또는 개선을 명령할 수 있도록 하고 있다. 또한 시정사항 미이행 시 지정취소 조치를 할 수 있도록 하고 있다.

[고시품목] 식품의약품안전처에서 연구사업을 통하여 HACCP 적용기준을 마련 · 고시한 식품

① 어육가공품 중 어묵류, ② 냉동수산식품 중 어류 · 연체류 · 패류 · 갑각류 · 조미가공품, ③ 냉동식품 중 기타 빵 및 떡류 · 면류 · 일반가공식품의 기타 가공품, ④ 빙과류, ⑤ 집단급식소의 조리식품, ⑥ 즉석섭취식품, ⑦ 비 가열음료, ⑧ 레토르트식품, ⑨ 김치절임식품 중 김치류 · 절임류 · 젓갈류, ⑩ 특수용도식품 중 영아용(성장기용) 조제식, 영 · 유아용 곡류 조제식, 기타 영 · 유아식(주스류), ⑪ 두부류 또는 묵류, 유바, ⑫ 저산성통 · 병조림 중 굴통조림, ⑬ 건포류, ⑭ 드레싱, ⑮ 빵 또는 떡류 중 빵, 케이크류, ⑯ 생식류, ⑰ 고춧가루, ⑱ 면류 중 익힌 것, 익히지 않은 것, 유탕면류, ⑲ 신선편의식품, ⑳ 단순 전처리식품(자연상태의 농 · 임산물 또는 박피 등을 거친 1차 가공품을 이용하여 세척, 절단 등의 가공 공정을 거쳐 포장한 식품을 말함), ㉑ 기타가공품(자연 상태의 농 · 임산물 또는 박피 · 세척 · 절단 등의 가공 공정을 거친 1차 가공품에 식품첨가물을 사용하여 소독 등의 공정을 거쳐 포장한 식품이거나 자연상태의 농 · 임산물 또는 박피 · 세척 · 절단 등의 가공 공정을 거친 1차 가공품을 이용하여 가열(삶은 공정 포함) · 건조 등의 가공 공정을 거쳐 포장한 나물류 등을 말함), ㉒ 냉장수산물가공품(수산물을 내장 제거, 세척, 절단 등의 가공 공정을 거쳐 냉장한 상태의 식품을 말함), ㉓ 기타 식품판매업소 판매식품, ㉔ 식품접객업소(일반음식점 · 휴게음식점 · 제과점), ㉕ 식품소분업소의 소분식품(HACCP 적용품목을 소분한 경우에 한함), ㉖ 과자류, ㉗ 음료류, ㉘ 다류, ㉙ 주류(탁주), ㉚ 건강기능식품, ㉛ 집단급식소식품판매업소의 단순전처리식품(자연상태의 농 · 임산물 또는 박피 등을 거친 농 · 임산물을 세척, 절단 등의 가공 공정을 거쳐 포장한 식품을 말함)

2 HACCP시스템의 적용방법 및 절차

HACCP 관리는 전 세계 공통적으로 7원칙 12절차에 의한 체계적인 접근방식을 적용하고 있으며, HACCP 7원칙이란 HACCP 관리계획을 수립하는데 있어 단계별로 적용되는 주요원칙을 말한다. HACCP 12절차란 준비단계 5절차와 본 단계인 7원칙을 포함한 총 12단계의 절차로 구성되며 HACCP관리체계 구축 절차를 말한다.

그림 4.1 HACCP시스템의 적용 절차

1) HACCP 팀 구성

HACCP 도입과 성공적인 운영은 최고경영자의 실행의지가 결정적인 영향을 미치므로 HACCP팀을 구성할 때는 최고경영자의 직접적인 참여를 포함시키는 것이 바람직하며, 또한 핵심요원들을 팀원으로 포함시켜야 한다.

HACCP 계획의 개발 및 운영에 필요한 HACCP팀의 규모는 업소나 회사의 규모 및 여건에 따라 다르기 때문에 일정하지는 않지만, HACCP 팀장은 최고책임자(영업자 또는 공장장)가 되는 것을 권장하며 팀원은 제조 · 작업 책임자, 시설 · 설비의 공무관계 책임자, 보관 등 물류관리업무 책임자, 식품위생관련 품질관리업무 책임자 및 종사자, 보건관리 책임자 등으로 구성한다. 모니터링 담당자는 해당공정의 현장 종사자로 하여금 관리하도록 하여야 한다. 이들은 관련규정에 준하여 HACCP 교육을 받고 일정수준의 전문성을 갖추어야 한다.

HACCP 계획을 개발하는 팀원은 작업공정에서 사용되는 시설 · 설비 및 기술, 실제 작업 상황, 위생, 품질보증 및 공정특성에 대해 상세한 지식과 경험이 있어야 한다. 팀원들은 식품과 식품위생에 관련된 지식을 갖고 있으면 더욱 좋고, 이런 지식이 부족한 경우 외부전문가나 식품의약품안전처의 지침서 또는 문헌 등으로 보완하여야 한다. HACCP팀의 조직 및 인력현황이나 HACCP 팀원의 책임과 권한, 교대근무 시 팀원들, 팀별 구체적인 인수 · 인계방법 등이 문서화되어야 한다.

2) 제품설명서 작성

제품설명서에는 제품명, 제품유형, 품목 제조연월일, 작성자 및 작성연월일, 성분 또는 식자재 배합비율 및 제조 또는 조리방법, 제조(포장)단위, 완제품의 규격, 보관 · 유통 또는 배식상의 주의사항, 제품용도 및 유통 또는 배식기간, 포장방법 및 재질, 표시사항, 기타 필요한 사항이 포함되어야 한다.

특히 표시사항에는 '식품 등의 표시기준'의 법적 사항에 기초하여 소비자에게 제공해야 할 해당식품에 관한 정보를 기재해야 하며, 제품용도는 소비계층을 고려하여 일반건강인, 영 · 유아, 어린이, 환자, 노약자, 허약자 등으로 구분하여 기재하고 소비

자가 구매 시 섭취방법을 함께 기재한다.

제품설명서의 견본서식은 아래 표 4.1과 같다. 업소나 업체는 견본서식을 이용하여 업소나 업체의 자체 실정에 맞게 적절한 제품설명서를 작성할 수 있다.

표 4.1 제품설명서 작성

제 품 설 명 서

1. 제품명	제품명 ○○		
2. 제품 유형	유형 : 식품공전상 식품유형		
3. 품목제조 보고 연월일 및 보고자	2016. 01.01. 보고자 ○○○		
4. 작성자 및 작성 연월일	작성자 ○○○, 2016. 01.01		
5. 성분 배합비율(%)	물엿 00%, 과당 00%, 가당연유 00%, 유화제 0%, 잔탄검 0%, 정제염 0%, 정제수 00%		
6. 제조(포장) 단위	100mL		
7. 완제품 규격	구 분	법적 규격	자사 규격
	성 상	고유의 향미를 가지고 이미 · 이취가 없어야 한다.	
	생물학적	대장균군 : 10cfu/mL	
		일반세균 : 3,000cfu/mL 이하	
			리스테리아 : 음성
			황색포도상구균 : 음성
	화학적	아질산이온(g/kg) : 0.05 이하	
	물리적	이물 : 불검출(단, 금속이물 1.5mm 이상 불검출)	
8. 보관유통 상 주의사항	보관 : 제품생산 후 −20℃ 이하 냉동창고 보관 운송 : 차량운송 중 −18℃ 이하 냉동차로 운송 유통 : 유통과정 중 −18℃ 이하 유지상태로 유통		
9. 포장방법 및 재질	포장방법 : 개별용기 포장 후, 박스 포장 포장재질 : 내포장 – 용기류(폴리프로필렌-PP), 외포장 – 골판지		
10. 표시사항	내포장지 : 판매원, 제조원, 제품명, 보관방법, 식품첨가물, 용량, 유형, 주원료명, 특정성분, 환경계도문, 용기재질, 반품 및 교환장소, 가격, 고객상담팀 전화번호, 바코드, 소비자피해보상 규정, 분리배출 표시 외포장지 : 제품명, 수량, 가격, 기타 주의사항 등		
11. 제품의 용도	일반건강인, 어린이, 환자, 노약자, 허약자 등의 기호식품(간식용)		
12. 섭취방법	제품 그대로 섭취		
13. 유통기한	00년 00월 00일까지(또는 제조일로부터 00년(월)까지)		
14. 기타사항	이미 냉동된 바 있으니, 해동 후 재 냉동시키지 마시길 바랍니다.		

3) 용도 확인

해당식품의 의도된 사용방법 및 대상 소비자를 파악하는 것이다. 그대로 섭취할 것인가, 가열조리 후 섭취할 것인가, 조리 가공방법은 무엇인가, 다른 식품의 원료로 사용되는가 등 예측 가능한 사용방법과 범위, 제품에 포함될 잠재성을 가진 위해물질에 민감한 대상 소비자인 어린이, 노인, 면역관련 환자 등을 파악하는 것이다. 이런 자료는 위해평가와 위해요소의 한계기준 설정에 중요한 자료가 된다.

4) 공정흐름도 작성

업소나 업체에서 직접 관리하는 원료의 입고에서부터 완제품의 출하까지 모든 공정단계들을 파악하여 공정흐름도를 작성하고 각 공정별 주요 가공조건의 개요를 기재한다. 구체적인 제조공정별 가공법에 대해서는 일목요연하게 표로 정리하는 것이 바람직하며, 작업 특성별 구역, 기계 · 기구 등의 배치와 제품의 흐름과정, 작업자의 이동경로와 세척 · 소독조의 위치, 출입문 및 창문, 공조시설 계통도, 용수 및 배수처리 계통도 등을 표시한 작업장 평면도를 작성한다. 이러한 공정흐름도와 평면도는 원료의 입고에서부터 완제품의 출하에 이르는 해당식품의 공급에 필요한 모든 공정별로 위해요소의 교차오염 또는 2차 오염과 미생물의 증식 등의 가능성을 파악하는 데 도움을 준다.

5) 공정흐름도 현장 확인

작성된 공정흐름도 및 평면도가 현장과 일치하는지를 검증하는 것이다. 공정흐름도 및 평면도가 실제 작업공정과 동일한지 여부를 확인하기 위해 HACCP팀은 작업현장에서 공정별 각 단계를 직접 확인하면서 검증하여야 한다.

공정흐름도와 평면도의 작성 목적은 각 공정 및 작업장 내에서 위해요소가 발생할 수 있는 모든 조건 및 지점을 찾아내기 위한 것이므로, 정확성을 유지하는 것이 매우 중요하다. 현장검증 결과 변경이 필요한 경우에는 해당공정 흐름도나 평면도를 수정하여야 한다. 정확한 공정흐름도 및 평면도가 완성되면 본격적인 HACCP 계획을 개발할 수 있다.

6) 위해요소 분석

위해요소Hazard 분석은 HACCP팀이 수행하며, 이는 제품설명서에서 파악된 원·부재료별로 공정흐름도에서 파악된 공정 또는 단계별로 구분하여 실시한다. 이 과정을 통해 원·부재료별 또는 공정 또는 단계별로 발생 가능한 모든 위해요소를 파악하여 목록을 작성하고, 각 위해요소의 유입경로와 제어수단을 고려하여 위해요소의 발생 가능성과 발생 시 그 결과의 심각성을 감안하여 위해를 평가해야 한다.

위해요소 분석을 위한 첫 번째 단계는 원료별·공정별로 생물학적·화학적·물리적 위해요소와 발생 원인을 파악하여 목록화하면 도움이 된다.

위해요소 분석을 수행하기 위한 두 번째 단계는 파악된 잠재적 위해요소에 대한 위해Risk를 평가하는 것이며, 파악된 잠재적 위해요소의 발생원인과 각 위해요소를 안전한 수준으로 예방하거나 완전히 제거하거나 허용 가능한 수준까지 감소시킬 수 있

표 4.2 위해도 및 위해도 분류

심각성	분 류	위해의 종류
높음	생물학적	Clostridium Botulinum, Listeria Monocytogenes, Salmonella Typhi, E. Coli O157 : H7, Vibrio Cholerae, Vibrio Vunificus 등
	화학적	Paralytic Shellfish Poisoning, Amnestic Shellfish Poisoning 등
	물리적	유리조각, 금속성 이물 등
보통	생물학적	Brucella Spp., Campylobacter Spp., Streptococcus Type A., Salmonella Spp., Shigella Spp., Yersinia Enterocolitica, Hepatitis A Virus 등
	화학적	Mycotoxins, Ciguatera Toxin, 잔류농약, 중금속 등
	물리적	경질이물(돌, 모래, 경질 플라스틱 등)
낮음	생물학적	Bacillus Cereus, Clostridium Perfringens, Staphylococcus Aureus, Norwalk Virus, Most Parasites 등
	화학적	Histamine-like Substances, 식품첨가물 등
	물리적	연질이물(머리카락, 먼지, 비닐 등)

자료 : FAO(1988)

는 예방조치 방법이 있는지를 확인하여 기재하는 것이다. 이러한 예방조치 방법에는 한 가지 이상의 방법이 필요할 수 있으며, 어떤 한 가지 예방조치 방법으로 여러 가지 위해요소가 통제될 수도 있다. 예방조치 방법은 현재의 작업장에서 시행되고 있는 것만을 기록한다.

위해요소평가기준의 심각성은 도출된 위해요소가 영향을 주는 최종 대상은 소비자이며 같은 위해요소이면서 공정이 다르더라도 심각성 평가는 동일해야 하고, 소비자의 위치에서는 같은 위해요소이므로 상대적 평가가 아닌 절대적 기준에 의한 평가가 이루어져야 한다. 생물학적 · 화학적 · 물리적 위해요소의 독립적 평가가 있어야 하며 평가점수는 1, 2, 3점으로 평가하여 점수가 높으면 심각성이 높다고 본다.

위해요소평가기준의 발생가능성 기준은 월 2건 이상은 높음으로 식품의 오염 또는 변질, 한계기준 일탈 가능성이 높은 결함상태이며, 월 1건은 보통으로 발생 가능성 구분이 낮음 혹은 높음에 해당되지 않는 경우 모두 포함하며, 월 0건은 낮음으로 작업장에서 식품의 오염 또는 변질, 기준일탈 위험을 일으킬 수 있는 결함이 발견되지 않는 상태이거나, 예상되는 식품의 오염 또는 변질 가능성이 낮은 결함상태를 말한다. HACCP 적용대상 식품의 원부재료, 공정에서 심각성이 높은 위해요소 및 실제공정 평가결과 발생되는 위해요소를 CCP 결정도에서 3점 이상은 위해요소로 평가한다.

표 4.3 위해요소평가기준 심각성

심 각 성	
높음	급성장애
보통	만성장애
낮음	무증상, 잠재적 장애

7) 중요관리점CCP 결정

중요관리점Critical Control Point; CCP이라 함은 위해요소중점관리기준을 적용하여 식품의 위해요소를 예방 · 제거하거나 허용수준 이하로 감소시켜 당해식품의 안전성을 확보할 수 있는 중요한 단계 및 과정 또는 공정을 말한다.

위해요소 분석이 끝나면 해당제품의 공정에 존재하는 잠재적인 위해요소를 관리하기 위한 중요관리점을 결정해야 한다. 중요관리점이란, 원칙 1에서 파악된 위해요소를 예방하거나 제거 또는 허용 가능한 수준까지 감소시킬 수 있는 최종 단계 또는 공정을 말한다.

식품의 제조 · 가공 · 조리공정에서 중요관리점이 될 수 있는 사례는 ① 생물학적 위해요소 성장을 최소화 할 수 있는 냉각공정, ② 생물학적 위해요소를 제거할 수 있는 특정온도에서 가열처리, ③ pH 및 수분활성도의 조절 또는 배지 첨가 같은 제품성분 배합, ④ 캔의 충전 및 밀봉 같은 가공처리, ⑤ 금속검출기에 의한 금속이물 검출공정, 여과공정 등이 있으며, 동일한 식품을 생산하는 경우에도 제조 · 설비 등 작업장 환경이 다를 경우에는 서로 다를 수 있다.

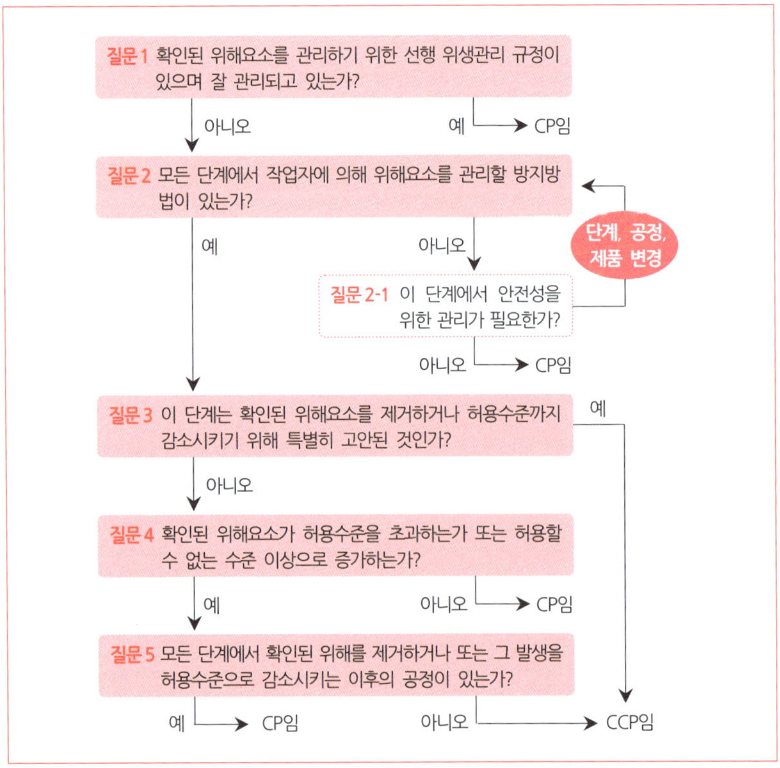

그림 4.2 중요관리점(CCP) 결정도

중요관리점을 결정하는 하나의 좋은 방법은 중요관리점 결정도를 이용하는 것으로, 이 결정도는 원칙 1의 위해평가 결과 중요위해로 선정된 위해요소에 대해 적용한다.

8) 중요관리점CCP 한계기준 설정

한계기준Critacal Limit이라 함은, 중요관리점에서의 위해요소 관리가 허용범위 이내로 충분히 이루어지고 있는지 여부를 판단할 수 있는 기준이나 기준치를 말한다.

세 번째의 원칙으로 HACCP팀이 각 중요관리점에서 취해야 할 예방조치에 대한 한계기준을 설정하는 것이며, 한계기준은 중요관리점에서 관리되어야 할 생물학적·화학적 또는 물리적 위해요소를 예방 및 제거 또는 허용 가능한 안전한 수준까지 감소시킬 수 있는 최대치 또는 최소치를 말하며, 안전성을 보장할 수 있는 과학적 근거에 기초하여 설정하여야 한다. 한계기준은 온도 및 시간, 습도(수분), 수분활성도 같은 제품 특성, pH, 염도, 염분농도 같은 화학적 특성, 금속검출기 감도, 관련서류 확인

표 4.4 중요관리점(CCP) 한계기준 설정의 예

공정명	CCP	위해요소	위해요인	한계기준
가열	CCP-1B	Listeria Monocytogenes, E. coli O157 : H7	가열온도 및 가열시간 미준수로 병원성미생물 잔존	• 85~120℃, 3~5분(품온 80~110℃ 유지시간 3~5분) 등
세척	CCP-1BCP	Listeria Monocytogenes, E. Coli O157 : H7, 돌, 흙, 모래, 잔류농약	세척방법 미준수로 병원성미생물, 잔류농약, 이물 잔존	• 63-6단 세척, 가수량 3~4배, 세척시간 5~10분 등
소독	CCP-1BC	Listeria Monocytogenes, E. Coli O157 : H7, 잔류염소	소독농도 및 소독시간, 소독수 교체주기 미준수로 병원성미생물 잔존, 헹굼 방법과 시간 미준수로 소독제 잔존	• 소독농도 : 50~10ppm • 소독시간 : 1분~1분 30초 • 소독수 교체주기 : 10kg당 40~50분 • 헹굼 방법 : 흐르는 물 • 헹굼 시간 : 30~40분 등
금속검출	CCP-1P	금속 Fe 2mm, SUS 2.0mm 이상, 쇳가루	금속검출기 감도불량으로 이물 잔존	• 금속 Fe 2mm, SUS 2.0mm 이상 불검출, 쇳가루 불검출 등

등으로 현장에서 쉽게 확인 가능하도록 가능한 육안 관찰이나 간단한 측정으로 확인할 수 있는 수치 또는 특정지표로 나타내어야 한다.

한계기준을 결정할 때에는 법적 요구조건과 연구논문이나 식품관련 전문서적, 전문가 조언, 생산공정의 기본자료 등 여러 가지 조건을 고려해야 한다. 한계기준은 초과되어서는 아니 되는 양 또는 수준인 상한기준과 안전한 식품을 취급하는데 필요한 최고량인 하한기준을 단독으로 설정할 수 있다. CCP, 위해요소 등은 자사 위해요소 분석에 따라 수정하여야 한다.

9) 중요관리점CCP 모니터링체계 확립

모니터링Monitoring이라 함은, 중요관리점에 설정된 한계기준을 적절히 관리하고 있는지 여부를 확인하기 위해 수행하는 일련의 계획된 관찰이나 측정하는 행위 등을 말한다. 모니터링이란, 중요관리점에 해당되는 공정이 한계기준을 벗어나지 않고 안정적으로 운영되도록 관리하기 위해 종업원 또는 기계적인 방법으로 수행하는 일련의 관찰 또는 측정수단이다.

모니터링 체계를 수립하여 시행하게 되면, 첫째, 작업과정에서 발생되는 위해요소의 추적이 용이하며, 둘째, 작업공정 중 중요관리점에서 발생한 기준 이탈시점을 확인할 수 있으며, 셋째, 문서화된 기록을 제공하여 검증 및 식품사고 발생 시 증빙자료로 활용할 수 있게 된다.

HACCP팀은 모니터링 활동을 수행함에 있어서 연속적인 모니터링을 실시해야 하며, 연속적인 모니터링이 불가능한 경우 비연속적인 모니터링의 절차와 주기는 중요관리점이 한계기준 범위 내에서 관리될 수 있도록 정확하게 설정되어야 한다. 모니터링 주기설정 시 작업공정관리에 대한 통계학적 지식이 적용되면 더욱 효과적인 결과를 얻을 수 있다. 모니터링 결과는 개선조치를 취할 수 있는 지식과 경험 및 권한을 가진 지정된 사람에 의해 평가되어야 한다. 한계기준을 이탈한 경우에는 신속하고 정확한 판단에 의하여 개선조치가 취해져야 하는데, 일반적으로 물리적 · 화학적 모니터링이 미생물학적 모니터링 방법보다 신속한 결과를 얻을 수 있으므로 우선적으로 적용된다.

중요관리점을 모니터링 하는 종업원은 해당 중요관리점에서의 모니터링 항목과 모니터링 방법을 효과적으로 올바르게 수행할 수 있도록 기술적으로 충분히 교육 및 훈련되어 있어야 한다. 또한 모니터링 결과에 대한 기록은 '예/아니오' 또는 '적합/부적합' 등이 아닌 실제로 모니터링 한 결과를 정확한 수치로 기록해야 한다.

10) 개선조치방법 수립

개선조치라 함은 모니터링 결과 중요관리점의 한계기준을 이탈할 경우에 취하는 일련의 조치를 말한다.

HACCP 계획은 식품으로 인한 위해요소가 발생하기 이전에 문제점을 미리 파악하고 시정하는 예방체계이므로, 모니터링 결과 한계기준을 벗어날 경우 취해야 할 개선조치방법을 사전에 설정하여 신속한 대응조치가 이루어지도록 하여야 한다.

일반적으로 취해야 할 개선조치 사항에는 공정상태의 원상복귀, 한계기준 이탈에 의해 영향을 받은 관련식품에 대한 조치사항, 이탈에 대한 원인규명 및 재발방지 조치와 HACCP 계획의 변경 등이 포함된다.

개선조치가 완료되면 확인해야 할 기본적인 사항은 한계기준 이탈의 원인이 확인되고 제거되었는지, 개선조치 후 중요관리점은 잘 관리되고 있는지, 한계기준 이탈의 재발을 방지할 수 있는 조치가 마련되어 있는지, 한계기준 이탈로 인해 오염되었거나 건강에 위해를 주는 식품이 유통되지 않도록 개선조치 절차를 시행되고 있는지 확인이 있어야 한다.

11) 검증절차 및 방법 수립

검증이라 함은 HACCP 관리계획의 적절성과 실행여부를 정기적으로 평가하는 일련의 활동을 말하며, 미국미생물기준자문위원회NACMCF : National Advisory Committee on Microbiological Criteria on Foods는 "검증이란 HACCP 계획의 유효성과 HACCP 시스템이 계획대로 운영되고 있는지를 확인하기 위한 일련의 활동"이라 하고, 국제식품규격위원회CODEX는 "HACCP 계획 준수여부를 확인하기 위해 적용하는 방법, 절차, 검사 및 기타 평가행위"라고 정의하였다.

HACCP팀은 HACCP 시스템이 설정한 안전성 목표를 달성하는데 효과적인지, HACCP 관리계획에 따라 제대로 실행되는지, HACCP 관리계획의 변경 필요성이 있는지를 확인하기 위한 검증절차를 설정하여야 한다.

HACCP팀은 이러한 검증활동을 HACCP 계획을 수립하여 최초로 현장에 적용할 때 해당식품과 관련된 새로운 정보가 발생되거나 원료·제조공정 등의 변동에 의해 HACCP 계획이 변경될 때 실시하여야 한다. 이 경우 이외에도 전반적인 재평가를 위한 검증을 연 1회 이상 실시하여야 한다. 검증내용은 두 가지로 볼 수 있는데, HACCP 계획에 대한 유효성 평가 때와 HACCP 계획의 실행성 검증 때이다.

HACCP 계획의 유효성 평가라 함은 HACCP 계획이 올바르게 수립되어 있는지 확인하는 것으로 발생 가능한 모든 위해요소를 확인·분석하고 있는지, CCP가 적절하게 설정되었는지, 한계기준이 안전성을 확보하는데 충분한지, 모니터링 방법이 올바르게 설정되어 있는지 등을 과학적·기술적 자료의 수집과 평가를 통해 확인하는 검증의 한 요소이다.

HACCP 계획의 실행성 검증은 HACCP 계획이 설계된 대로 이행되고 있는지를 확인하는 것으로 작업자가 정해진 주기로 모니터링을 올바르게 수행하고 있는지, 기준 이탈시 개선조치를 적절하게 하고 있는지, 검사·모니터링 장비를 정해진 주기에 따라 검·교정하고 있는지 등을 확인하는 것이다.

이러한 검증활동은 선행요건프로그램의 검증활동과 병행 또는 분리하여 실시할 수 있다. 검증은 사내에서 자체적으로 검증원을 구성하여 실시하는 내부검증과, 정부 또는 적격한 제3자가 검증을 실시하는 경우로 식품의약품안전처에서 HACCP 적용업소에 대하여 연 1회 실시하는 사후 조사·평가 등이 포함되는 외부검증이 있다.

일상적으로 발생되는 HACCP 관련 기록들에 대한 일상검증을 주기로 정하여 실시하여야 하며 위해를 제거 또는 감소시키기 위한 공정이 제대로 이행되었는지 확인하는 중요관리점 모니터링 기록 등을 해당제품이 출고되기 이전에 반드시 확인하여야 한다.

이외에도 HACCP 계획의 유효성 및 실행을 확인하기 위해 필요한 경우, 특정부분에 대하여 주, 월, 반기 등 주기를 정하여 검증을 실시할 수 있다.

12) 문서화 및 기록유지

기록유지는 HACCP 체계의 필수적인 요소이며, 기록유지가 없는 HACCP 체계의 운영은 비효율적이며 운영근거를 확보할 수 없기 때문에, HACCP 계획의 운영에 대한 기록의 개발 및 유지가 요구된다.

HACCP 체계에 대한 기록유지방법 개발에 접근하는 방법 중의 하나는 이전에 유지 관리하고 있는 기록을 검토하는 것이다. 가장 좋은 기록유지 체계는 필요한 기록 내용을 알기 쉽게 단순하게 통합한 것이다. 즉 기록유지 방법을 개발할 때에는 최적의 기록담당자 및 검토자, 기록시점 및 주기, 기록의 보관기간 및 장소 등을 고려하여 가장 이해하기 쉬운 단순한 기록서식을 개발하여야 한다.

HACCP 체계의 운영과 관련된 기록들은 제품을 유통시키기 전에 해당 작업장에서 HACCP 관리계획을 준수하였음을 보증하는 것이다. 7원칙 12절차에 따라 HACCP 관리계획이 수립되게 되면 해당 계획을 HACCP 계획 일람표 양식에 따라 일목요연하게 도표화하여 기록 · 관리한다.

이렇게 HACCP 관리계획이 작성되면 HACCP 팀원 및 현장 종업원들에 대한 교육을 통하여 해당 내용을 주지시킨 후 현장에 시범 적용토록 하여 실제 현장에 적용하였을 경우 효과가 있는지, 종사자들에 의해 실행함에 있어 문제점은 없는지 등을 확인하여야 한다. 이러한 과정을 '최초검증'이라 하는데, HACCP 관리계획이 수립되면 반드시 이 과정을 거쳐야 한다. 최초검증 결과 미흡사항 또는 문제점 등에 대하여는 반드시 해결책을 찾아 HACCP 관리계획에 반영 · 개선한 후 HACCP 시스템을 본격적으로 운영하여야 한다.

3 선행요건 관리

HACCP을 도입하는 식품제조 가공현장에서 우선적으로 준수해야 하는 요건으로 우수 제조시설 기준을 포함하는 위생운영 조건이나 절차이다. 다시 말해, 선행요건 프로그램은 안전한 식품을 생산하기 위해 지켜야 하는 기본적인 위생조건과 행위를 규정하는 위생관리 기준이다. 선행요건은 HACCP 도입의 실효성을 높이는데 필수적인 전제요건이며, 위생적인 식품 원재료 사용 및 작업환경의 위생확보를 위한 프로그램으로서 중요성이 더욱 강조되고 있다.

우리나라 식품위해요소중점관리기준(제정 : 보건복지부 고시 제1996-75호)에서는 선행요건으로 영업장관리, 위생관리, 제조 · 가공시설 · 설비관리, 용수관리, 보관 · 운송관리, 검사관리 및 회수관리의 요건을 준수하도록 하고 있으며, HACCP 적용업소가 현장에서 실행하기 위해 필요한 관리계획을 개발하여 운영하고, 문서화하여 선행요건 관리기준서를 작성하여 비치하도록 하는 등 업소의 자주적인 관리시스템으로 구축하여 운영하도록 하고 있다.

그러나 중 · 소규모의 업소가 대부분을 차지하고 있는 식품업소의 경우, 규모와 인적 구성으로 볼 때 수용능력 부족으로 위생적으로 고려하지 않는 영업장의 레이아웃 Lay-out이나 시설설비의 노후 및 교육훈련 미흡 등으로 HACCP 적용의 전제요건인 선행요건 프로그램의 정착에 큰 장애요인이 되고 있다.

1) 영업장 관리기준

(1) 작업장 건물

영업장은 관련법령에 적법한 건물이며, 주변은 배수가 용이하고 해충 등이 서식 또는 발생되지 않도록 관리되어야 하며, 작업장 건물은 독립 건물 또는 식품취급 외의 용도로 사용되는 시설과 별도의 공간으로 구별되어야 한다. 건물재질은 식품에 나쁜 영향을 주지 않고 식품을 오염시키지 않는 재질을 사용하여야 한다.

(2) 작업장, 출입문, 창문, 벽, 천정 등

부대시설을 포함한 작업장은 견고하고 평평하여 작업 특성에 따라 내수성, 내열성, 내약품성, 항균성, 내부식성 등 세척과 소독이 용이하며 틈이나 흠이 발생되지 않는 재질을 사용하고, 틈이나 구멍 등이 발생되지 않도록 관리한다. 작업장 바닥은 파여 있거나 갈라진 틈이 없어야 하고, 작업특성 상 필요한 경우를 제외하고 마른상태로 유지한다.

작업장 구역은 청결구역(식품의 특성에 따라 청결구역과 준 청결구역으로 구별)과 일반구역으로 분리하고, 제품의 특성에 따라 분리 또는 구획되어야 한다. 작업장의 문은 다른 작업장의 바람이 들어오는 것을 방지하려고 만들었기 때문에, 닫았을 때 틈이 생기지 않게 하여야 하며, 문을 설치한 곳은 어디나 닫았을 때 틈이 없는 밀폐상태가 유지되어야 한다.

표 4.5 작업장 구역 설정

<table>
<tr><td colspan="2">구 분</td><td>• 내포장 이전에 가열(또는 소독)공정이 있는 경우</td><td>• 내포장 이후에 가열(또는 소독)공정이 있는 경우</td><td>• 전체 공정에 가열(또는 소독) 공정이 없는 경우</td></tr>
<tr><td rowspan="2">청결 구역</td><td>청결 구역</td><td>• 가열공정 이후의 작업구역 중 식품이 노출상태로 취급되는 제조 가공구역, 내포장 작업구역</td><td>• 식품이 노출상태로 취급되는 작업구역 중 제조가공 작업구역
• 내포장 작업구역</td><td>• 식품이 노출상태로 취급되는 작업구역 중 제조가공 작업구역 내포장 작업구역</td></tr>
<tr><td>준청결 구역</td><td>• 가열 공정이 포함된 작업구역</td><td>• 식품이 노출상태로 취급되는 작업구역 중 전처리 외 구역</td><td>• 식품이 노출상태로 취급되는 작업구역 중 전처리 외 구역</td></tr>
<tr><td colspan="2">일반구역</td><td>• 식품을 내포장 상태로 취급하는 구역 전처리 작업구역</td><td>• 식품을 내포장 상태로 취급하는 구역 전처리 작업구역</td><td>• 식품을 내포장 상태로 취급하는 구역 전처리 작업구역</td></tr>
</table>

(3) 작업장 배수 및 배관

작업장은 배수가 잘 되고 배수로에 퇴적물이 쌓이지 않도록 하며 배수구와 배수관에서 역류가 되지 않도록 관리해야 한다. 배수로는 폐수가 폐수처리시설로 보내는 공간으로 작업장 외부 등에 폐수가 교차 오염되지 않게 덮개를 설치하도록 한다. 덮개는 작업장 내에서 안전사고의 예방에도 필요한 것이므로, 반드시 설치해야 한다.

(4) 작업장 출입구 및 통로

작업장의 출입구에는 구역에 알맞은 복장을 착용하는 방법을 게시하고, 개인위생 관리를 위한 세척과 건조 및 소독 설비를 구비하여야 한다. 작업자는 작업에 임하기 전에 세척 또는 소독 등을 통해 오염 가능성이 있는 물질 등을 제거하여야 하며, 작업장의 내부인 통로나 작업장 간에는 작업자의 이동경로를 표시하고, 물건의 적재를 금지하여야 한다.

(5) 작업장의 창

창의 유리는 파손 시 유리조각이 작업장 내로 흩어지거나 원재료나 부자재 등으로 혼입되지 않아야 하며, 창문은 먼지나 곤충 및 설치류 등의 유입을 방지할 수 있도록 닫았을 때 틈이 없어야 한다.

창틀에는 방충망을 설치하고, 창문은 내수성 · 내부식성 재질로 청소가 용이하고, 창문의 유리는 파손 시 비산되지 않는 재질을 사용하거나 필름 코팅하여 사용한다.

(6) 작업장의 조명

선별할 때나 육안검사 구역은 540룩스Lux 이상으로 하여 육안검사 작업이 원활하도록 하며, 파손이나 이물 낙하 등에 의한 오염을 방지하도록 적절한 보호장치가 있어야 한다.

(7) 화장실 및 탈의실

작업장과 직접 연결되지 않도록 하며 작업장에 영향을 미치지 않는 곳에 정화조를 갖춘 수세식을 설치한다. 내부공기를 작업장 외부로 배출할 수 있는 별도의 강제 환기시설로 환풍기 등을 갖추어야 하고, 벽과 바닥은 내수성과 내부식성 재질로 청소가 용이하여야 한다. 출입구에는 손세척과 건조시설 및 소독시설을 설치하고, 작업장 외부로 통하는 환기시설과 외출복장과 위생복 간의 교차오염이 발생하지 않도록 구분하여 보관할 수 있는 시설을 구비하여야 한다.

2) 위생관리기준

(1) 작업자의 위생관리

해당 작업 내용에 필요한 위생복과 위생모, 위생화와 위생장갑 및 위생마스크 등을 착용하고 항상 위생적으로 관리하여야 하며, 위생마스크는 1일 1회 사용을 원칙으로 한다. 작업장 내에서 개인물품은 이물 등으로 식품에 혼입될 수 있으므로 휴대하지 말아야 하며, 작업장으로 들어가는 모든 사람은 규정된 복장을 착용하고 정해진 개인위생 수칙과 이동 동선에 따라 출입하여야 한다.

(2) 작업자의 이동 동선 및 온도관리

원자재의 입고에서 출고까지 교차오염을 방지하기 위해 물류 및 출입자의 이동 동선에 대한 계획을 수립하여 운영하여야 한다. 식품의 특성에 따라 부패 및 변질이 발생하지 않도록 적절한 온도를 유지하며, 이를 측정하는 온도계를 설치한다.

(3) 세척 및 소독 게시물

작업자나 기계, 설비, 기구, 용기, 검사장비, 운반차량 등을 충분히 세척하고 소독할 수 있는 시설이나 장비를 필요한 장소에 갖추어야 한다. 작업장 내 세척소독시설은 공정 특성에 따라 설치하여야 하는데, 이물 등이 오염되는 세척 · 소독시설을 하고, 나머지는 소독설비가 필요하며 작업도구에 대한 세척과 소독은 작업장 내 세척소독 시설에서 할 수 있으나, 이동박스 등은 세척실을 분리하여 사용하여야 교차오염을 방지할 수 있다. 세척이나 소독시설에는 작업자에게 잘 보이는 곳에 올바른 손세척 방법 등에 대한 지침이나 기준을 게시하여 철저히 준수한다.

(4) 세척 및 소독기준

세척 소독기준은 선행요건 관리에서 중요한 한 부분으로 식품 취급에 직 · 간접적으로 사용되는 모든 것이며, 대상별로 세척 · 소독하여야 할 부위를 모두 선정하여 실행하여야 실제 세척과 소독이 정확하게 이루어진다. 따라서 작업장 내 배전판이나 설비함 등도 세척 소독의 대상이며, 세척소독 대상의 부위 일부가 세척 및 소독이 되지 않으면 세척과 소독이 된 부분의 오염도 막을 수 없다. 또한 세척소독 기준이 현실적인 방법인지 확인한다.

(5) 세척 및 소독효과

세척 및 소독효과는 세척과 소독의 대상별, 부위별로 시험 · 확인하여 세척과 소독 전 시험결과의 위해요소 발생가능성을 근거자료로, 세척 및 소독 후 시험결과는 표면 오염도, 작업장의 청정도(공중낙하세균 등)의 기준이 되어야 한다. 위해분석 결과 CCP의 위해요소에 대한 세척 및 소독에 대한 효과도 확인되어야 CCP 이후 공정에서 교차오염을 방지할 수 있다. 위해분석에 따라 검사항목이나 세척 및 소독 효과는 시험결과에 따라 기준은 조정되어야 한다.

표 4.6 표면 오염도 검사기준

검사방법	작업대와 포장대 및 충진대 등 작업장 내 사용 중인 작업도구 및 공정설비들은 표면오염도 검사방법을 이용하여 측정한다.		
육안기준	일반세균	대상균군	
이물질, 녹, 부식 등이 없이 청결	10^3CFU/cm^2 이하	음성	
검사주기	기준수립 시, 검증 시	기록 · 관리	표면오염도 검사성적서

표 4.7 개인위생 검사규격

검사방법	항목별로 적당한 면봉 및 거즈에 멸균식염을 묻혀 표면을 닦아 일반배지 또는 페트리필름에 배양시킨다.				
검사균과 검사주기	일반세균	대장균군	황색포도상구균	주기	기록 · 관리
• 손에 상처가 없어야 한다. • 손톱이 짧고 깨끗해야 한다. • 장갑은 착용상태에서 깨끗해야 한다. • 앞치마와 위생복은 착용상태에서 깨끗해야 하며, 이물질이 묻어있지 않아야 한다.	10^4CFU/cm^2 이하	음성	음성	기준수립 시, 검증 시	작업자 위생검사 성적서

(6) 작업장 환기

부대시설을 포함한 작업장은 악취나 유해가스, 매연, 증기, 수증기, 열, 먼지 및 오염공기 등을 환기시키기 위한 환기시설을 구비하여야 하며, 공기흐름이 일반구역에서 청결구역으로 향하지 않도록 해야 한다. 환풍구에는 방충망이나 여과망을 부착하고 청소 및 교환이 용이한 것을 사용한다.

(7) 방충 및 방서

해충이나 설치류 등의 유입이나 번식을 방지할 수 있도록 청결히 관리하고 방제대책을 수립하여 유입여부를 정기적으로 확인한다. 구제는 식품 등을 오염시킬 우려가 없도록 제한된 장소에서 실시하고 설치 표시를 하여야 한다.

작업장 내에 해충구제 시설은 반드시 밀폐관리가 된 전체 작업장의 해충 분포도를 조사하여 해충 분포도가 높은 곳에 설치하고 출입문에서 먼 곳에 설치하여야 한다. 이는 해충구제 시설이 해충을 유인하는 시설로 해충 발생에 대한 현장검증을 통해 분포도가 낮은 곳에 설치하면 분포도가 높은 작업장에서 유입되는 결과를 초래하기 때문이다.

(8) 폐기물 및 폐수처리

작업장과 떨어진 곳에 설치하며 「폐기물관리법」과 「수질환경보존법」의 관련 규정에 적합한 시설이어야 하며, 설치를 하지 않을 경우 폐기물처리 업체에 위탁 처리하거나 폐기물을 퇴비로 활용하는 증명서류를 갖추어야 한다.

폐기물처리 용기는 밀폐 가능한 구조로 하여 침출수 및 냄새가 누출되지 않도록 해야 하며, 생물학적인 위해요소를 일으키는 해충 침입을 방지하기 위해 반드시 덮개를 설치하고, 주기적으로 세척 또는 소독하여 기록을 유지한다.

3) 제조 가공시설 설비 관리기준

공정 간 또는 취급시설 간 오염이 발생되지 않도록 공정의 흐름에 따라 적절히 배치하고, 윤활유나 물리적 위해요인에 의한 오염이 발생하지 않도록 위생적으로 설치하고 운영하여야 한다.

온도를 높이거나 낮추는 시설에는 온도변화를 측정하고 기록하는 장치를 설치하여 온도가 유지되도록 관리하고, 세척소독이 용이하며 열탕 · 증기 · 살균제 등으로 소독 · 살균이 가능한 재질이어야 한다.

식품 취급시설은 주기적으로 점검하여 적정한 개선조치를 취하여야 하며, 주기적으로 유지하고 보수하여 제조시설 관리기준에 적합하도록 한다. 그리고 기구 및 용기류는 용도별로 구분하여 사용하고 보관한다.

4) 냉장 및 냉동시설 설비 관리기준

냉장시설의 내부온도는 10℃ 이하로 유지하고 냉동시설은 -18℃ 이하로 유지하며, 외부에서 온도변화를 관찰할 수 있어야 하고, 온도감응장치의 센서는 온도가 가장 높게 측정되는 곳에 위치하며, 온도기록은 실제 측정한 온도를 기록 · 관리한다. 냉장 및 냉동 · 냉각시설은 정기적으로 점검하고 청소를 실시해야 한다.

5) 용수 관리기준

식품에 직접 투입되는 용수나 식품에 직접 접촉되는 시설표면, 기구, 용기, 손세척 등에 사용되는 용수는 먹는 물 수질기준에 적합하여야 하며, 지하수를 사용할 경우 용수살균 · 소독장치를 설치하거나 이에 준하는 처리가 필요하다. 지하수 등의 취수원은 화장실이나 폐기물처리시설 및 동물사육장, 기타 지하수가 오염될 우려가 없도록 관리해야 한다.

6) 용수 저장시설

저수조는 인체에 유해하지 않는 재질을 사용하고, 저수조는 잠금장치를 설치하며 누수와 오염여부를 정기적으로 점검하고 관리하는데, 오염정도에 따라 세척 또는 소독을 실시하여 청결상태를 기록하여 관리한다. 비음용수의 배관은 음용수 배관과 구별되도록 표시한다.

7) 용수검사

지하수를 사용하는 경우 정기 수질검사는 연 1회 이상 실시하고, 직접 마시는 용도의 경우 6개월에 1회 이상 실시한다. 용수소독을 염소 소독할 경우에는 소독제 부산물에 대한 검사항목을 추가로 검사하여야 한다. 또한 수돗물을 월 1회 생물학적 위해요소에 대한 검사를 실시하는 것은 작업장 내의 배관 위생관리에 대한 관리주체가 해당 식품 취급업소이기 때문에 검사 · 확인하는 것이다. 용수에 대한 검사는 작업자, 기구용기, 제조시설 등의 세척용 용수도 교차오염의 원인이기 때문에 검사 · 관리하여야 한다. 미생물검사는 간이검사키트를 이용할 수 있고, 미생물학적 검사는 월 1회 이상 실시하며 그 결과는 기록 · 유지해야 한다.

8) 보관 및 운송 관리기준

(1) 구입과 입고

원부자재 등은 검사성적서의 확인 또는 검사를 통하여 입고기준과 규격 및 사용기준에 적합한 입고 자재만을 구입하고, 부적합한 원부자재 등은 적절한 절차를 정하여 반품 또는 폐기처분하여야 한다. 자사의 원부재료 기준규격과 협력업체의 시험성적서의 항목, 기준, 결과, 검사의 신뢰성 등을 검수공간에서 확인하여 적정한 제품만 사용해야 한다.

협력업체 시험성적서의 신뢰성은 시험성적서의 적부 확인만이 전부가 아니므로 검사일자, 판정일자, 검사결과 등에 대한 적정성을 파악하여야 한다. 원부재료의 위해요소 분석에서 예방조치 및 관리방법이 입고검사와 시험성적서 확인 등에 해당하는 위해요소는 원부재료의 기준규격으로 설정하여 검수기준으로 활용하면 좋다.

(2) 보관

원료나 완제품은 선입선출 원칙에 따라 입고하고 출고상황을 관리하고 기록한다. 원부자재, 반제품, 완제품은 교차오염을 방지하기 위해 명확하게 구분하고, 바닥이나 벽에 밀착되지 않도록 충분한 거리를 확보하여 적재하여 관리한다. 원료 · 자재나 반제품 및 완제품이나 부적합품 및 반품은 지정된 장소에 명확하게 구분하고 식별 표시하여 보관하며 그 처리를 기록하여 유지한다.

제품의 특성에 따라 적절한 온도를 유지하고 유독성 물질, 인화성 물질, 세제, 소독제 및 비식용 화학물질 등은 식품취급 구역으로부터 격리된 환기가 잘되는 지정된 장소에서 라벨링 및 구분하여 보관하고 사용 시 입 · 출고 기록을 관리한다.

(3) 운송

운송차량은 적정한 온도를 유지할 수 있어야 하며, 외부에서 온도변화를 확인할 수 있도록 임의조작이 방지된 온도의 기록장치를 부착하여야 하는데, 냉장의 경우 10℃ 이하로, 냉동의 경우 -18℃ 이하로 한다. 운송차량의 온도 기록장치를 주기적으로 검 · 교정하여 정확한 온도를 기록하고 관리할 수 있어야 한다. 운반중인 식품은 비식품 등과 구분하여 위생적으로 취급되어야 한다.

9) 검사 관리기준

제품검사는 자체 실험실에서 실시하거나 검사기관과의 협약에 의하여 실시하며, 자체 실험실에서 검사할 경우 필요한 최소한의 시설과 장비를 갖추어야 한다. 원료나 자재 및 완제품에 대한 검사는 식품공전에 준하여 정기적으로 실시하며 검사기록서를 작성하고 보관한다. 검사기록서 검사결과는 신뢰성 확보를 위해 검체명, 제조연월일 또는 유통기한, 검사연월일, 검사항목, 검사기준 및 검사결과, 판정결과 및 판정연월일, 검사자 및 판정자 서명날인이 포함된다.

생물학적 위해요소에 대한 시험검사는 검사일자와 판정일자가 배양기준 등을 준수하였는지에 대한 판단기준이며, 항목 전체에 대한 검사의 결과가 이루어져야 종합적으로 판정하여 내·외부에 발급할 수 있다.

(1) 검·교정

냉장과 냉동 및 가열처리 시설 등의 온도측정 장치는 연 1회 이상 검·교정하고, 검사 및 모니터링 장비에 대한 검·교정 방법을 수립하며 검·교정 기준에 따라 검·교정에 대한 성적서를 관리한다. 검사용 장비 및 기구는 검사에 지장이 없도록 자체 계획에 의하여 정기적으로 검·교정이 가능하다.

작업장의 청정관리를 위한 공중낙하세균 성적서는 검사일자와 판정일자, 배양기간 및 검사항목과 결과 등에 대한 신뢰성이 확보되어야 한다.

(2) 청정도 관리

작업장 청정도 기준은 작업장의 세척·소독효과의 시험자료를 근거로 설정하며, 작업장의 청정도 유지를 위해 공중낙하세균 등을 정기적으로 측정하고, 필수항목은 세균수와 대장균(군)이며 기타 필요 시 추가항목을 검사한다. 작업장 청정도에 대한 추가항목은 위해요소 분석결과 교차오염원인 단위 위해요소를 검사 관리하여 교차오염을 방지한다. 작업장의 청정도 검사성적서는 신뢰성의 확보가 되어야 하며, 공중낙하세균 기준은 자사의 시험자료를 근거로 설정하여야 한다.

표 4.8 공중낙하세균 검사규격

검사방법	• 측정장소 : 위치도를 참조하여 검사지정을 설정하고 검사 • 측정범위 : 바닥에서 80cm의 높이에서 측정 • 측정시간 : 개방시간은 5~20분으로 함				
육안기준	미생물 기준				
각 작업장별로 천정, 벽면, 바닥의 청결상태를 육안으로 확인	구분	작업장명	기준 (cfu/plate 이하)		
			대장균군	일반세균	진균
	청결구역		음성	30	10
	준청결구역		음성	50	20
	일반구역		음성	100	40
검사주기	1회/1개월	기록·관리	낙하세균 검사성적서		

(3) 검사 및 모니터링 장비관리

검사 및 모니터링 장비에 대한 자체 검 · 교정 방법을 수립하여 검 · 교정 결과를 검사성적서에 따라 기록 · 관리하고, 보정의 경우에도 보정수치를 기록 · 관리하여야 한다. 검사장비의 이력카드에는 장비의 보수 및 검 · 교정 관리의 이력을 세부적으로 기록하는데, 기록 및 시험성적서에는 자체 검 · 교정은 주기적인 점검을 기록하고, 외부 검 · 교정은 외부 공인기관(국가교정기관)에서 발행하는 공인 시험성적서를 보관하여야 한다. 해당 장비에 명확한 식별표시 및 이에 준하는 식별이 가능하도록 관리하고, 공인 검 · 교정을 받은 표준 온도계, 표준 분동 등으로 자체점검을 실시한다.

10) 회수프로그램 관리기준

소비자대상이 누구인지, 판매처, 업소명, 연락처 등을 당해 제품의 유통경로를 파악하고 있어야 한다. 부적합품이나 반품된 제품의 회수를 위한 구체적인 회수절차나 방법을 기술한 회수프로그램을 수립하여 운영한다. 그리고 부적합품의 원인 규명이나 확인을 위한 제품별 생산 장소나 일시 및 제조라인 등 해당시설 내의 필요한 정보를 기록 · 보관하고, 제품 추적을 위한 코드표시 및 제조일자나 유통기한 등의 적정한 확인방법을 강구한다. 또한 제품에 대한 고객 불만사항에 대한 위생상의 문제점을 평가하고, 개선사항이 있을 경우 회수 프로그램에 반영한다.

11) 이물관리 계획

식품에서의 이물은 소비자 클레임의 주요 대상뿐만 아니라 식품을 취급하는 종사자라면 누구도 이물 혼입의 가능성으로부터 자유로울 수가 없다. 따라서 업체의 나름으로 이물관리 대책을 세우고 철저한 관리를 하고 있지만, 공장시설이나 설비, 원료 입고, 사람들의 출입, 방충 · 방서, 공정에 대한 세심한 관리, 작업자에 대한 교육훈련 등 체계적인 관리가 이루어지지 못하면 언제 어디서 이물이 혼입될지 알 수 없는 것이 식품의 특성이다. 원료 유래 이물은 경작 또는 사육과정, 운송, 1차 가공 등

광범위한 영역에서 혼입되므로 사전관리가 매우 어려우며 돌이나 비닐, 털, 종이, 금속 및 동물 배설물 등이 있다. 협력업체 관리상태를 확인하고 적정 조도인 540룩스LUX 이상 확보하여 입고기준을 준수하여 원료 차원에서의 관리가 이루어져야 하며, 인력을 확보하고 교육 및 훈련을 통해 원료의 선별을 강화하여야 한다. 작업자의 부주의 및 관리부족으로 인해 공정 중 혼입을 막아 공정 중 제거관리가 이루어져야 한다.

12) 설치류 구제

도크는 지상에서 최소 1m 이상 또는 트럭 적재함의 높이로 설치하고 도크 하부에는 도금된 금속이나 겉이 매끄럽고 단단한 재질의 플라스틱판을 설치하며, 도크의 면이 30cm 정도의 수평으로 돌출되게 설치하고 방충망 등을 6mm 이상의 두께로 설치한다. 점착트랩이나 초음파 퇴치기 등을 활용하고, 먹이나 서식처 및 은신처를 제거하며 건축물의 구조를 강화하여 침입을 방지한다.

13) 교육훈련

교육훈련은 연간 교육훈련을 계획하여 수립하여야 하며 교육 목적, 내용, 강사, 방법 등을 고려하여 구체적으로 작성하여야 한다. HACCP 팀원, 모니터링 담당자, 검증요원, 종업원, 사내강사 등 대상을 고려하여 세분화된 교육계획이 수립되어야 하며, 교육훈련의 필수교육 사항은 위해요소중점관리기준 원칙과 절차, 식품위생제도 및 식품위생 법령, 위해요소중점관리기준의 적용방법, 조사 · 평가, 자체평가 및 관련 식품위생에 관한 사항이다.

외부교육으로 처음 HACCP 지정된 해에는 신규 교육훈련 시간으로 영업자는 2시간, HACCP 팀장은 16시간, HACCP 팀원, 기타 종업원 교육, 훈련시간은 4시간(자체실시 가능)으로 하며, 지정 후 정기 교육훈련 시간은 HACCP 팀장 교육훈련, HACCP 팀원, 기타 종업원 교육훈련은 연 1회 4시간 이상이며 HACCP 팀원 및 기타 종업원 교육훈련은 자체 내부교육을 해도 된다.

쉽게 풀어 쓴

FOOD 식품위생학

HYGIENICS

CHAPTER 05

설비, 기기, 기구 및 주방용품

쉽게 풀어 쓴
FOOD 식품위생학
HYGIENICS

1 설비와 기구

식품공장이나 조리장에 필요한 기구류는 사용 목적에 따라 적절한 크기와 충분한 수량을 구비하여야 한다. 또한 부족할 때 보충을 하기 위해 약 20% 정도 여유분의 기구나 용기를 준비해 두는 것이 좋다. 설비나 기구가 식품과 직접 접촉하는 부분은 위생적인 내수성 재질을 사용하여 씻기 쉬운 것을 택하고 열탕, 증기, 살균제 등으로 소독 살균하여도 변형되거나 녹이 생기지 않는 것을 선택한다.

(1) 기구 · 용기의 크기와 수량

적당한 크기의 기구와 용기를 충분히 갖추는 것은 정연하게 진행시키는데 필요하다. 적당한 크기의 기구와 용기가 없어서 작업이 늦어지거나 재료 및 새로 만든 제품이 그대로 장시간 방치될 때가 있다. 그리고 그동안에 세균이 부착하여 증식하고 부패를 촉진시켜 식중독의 원인이 될 때도 있다. 또한 금이 간 플라스틱 용기는 그 틈사이에 이물이 끼어 세균의 좋은 번식처가 되기도 한다. 이와 같은 파손 교체를 고려하여 25% 정도의 여분을 비치한다.

(2) 기구 · 용기의 재질과 구조

식품에 직접 접촉하는 기구 · 용기는 완전히 위생적이어야 하므로 세척, 소독, 살균 등에 충분히 견딜 수 있는 재질이어야 한다. 구입에 있어서도 세척하기 쉬운 구조의 제품을 선택하여야 한다.

(3) 기구 · 용기의 보관

사용하지 않는 기구 · 용기는 충분히 세척, 소독 · 살균한 다음 재오염이 없도록 위생적으로 보관한다. 그러기 위해서 선반, 찬장, 탁자 등은 물이 흡수되는 목재보다 금속제가 바람직하며, 쥐 · 곤충 등의 침입을 막을 수 있게 설비되어 있어야 한다.

(4) 대형 기계 · 기구의 관리

이동하기 어려운 기계 · 기구는 50cm 이상의 간격을 두며, 고정은 콘크리트 바닥에서 15cm 정도 높이로서 청소하기 쉽게 배치하며, 이들 기계류의 계기 등은 항시 점검을 하여 이상이 없음을 확인해 둔다. 식품공장의 자동화 · 기계화 및 대량생산화는 위생적이지 않고 오히려 조제식품의 세균오염을 증가시키는 일이 자주 있다. 따라서 이와 같은 대형기계 및 기구에 대해서는 엄중한 위생관리를 실시해야 한다. 사용 전 · 후에 반드시 세척 · 소독을 확실하게 실시해야 하며, 비 오염작업 구역의 기계 및 기구는 절대로 오염작업 구역에서 사용하면 안 된다.

2 기구의 배치

작업능률을 높이고 피로감을 줄이기 위해 동선을 단축시키면서 능률적이고 위생적인 작업이 가능하도록 기구를 배치한다. 기계나 기구류를 설치할 때는 청소하기 쉬우며 청결을 유지할 수 있도록 한다. 이동이 곤란하거나 반고정적인 기계나 기구류는 벽이나 기타 접촉부분과 사이를 50cm 이상 충분히 띄워야 한다. 이동 가능한 기구류는 식기장이나 선반 등을 설치하여 보관한다. 이들 보관설비는 녹슬지 않는 튼튼한 금속재료로 된 것이 좋으며, 물이나 증기가 직접 닿지 않고 건조시키기 쉬우며 깨끗한 곳에 놓아둔다.

3 기기의 선택

작업에 필요한 적절한 기기를 선택하는 것은 중요한 일이다. 특정작업에 맞는 기기의 장·단점을 비교해 보고 다음과 같은 사항을 점검해야 한다.

(1) 필요성

식음료업장에서 가장 기본적으로 필요한 것은 주방기기나 도구일 것이다. 각 기기나 도구가 음식의 질을 향상시킬 것인지, 인력이나 원가를 절감할 것인지, 위생을 향상시킬 것인지, 식음료업장의 기본욕구를 충족시킬 것인지 등에 대한 기준을 세워 구입의 필요성을 판단해야 한다.

식음료업장 관리자는 기기의 필요성에 대한 순위를 정해주어야 한다. 기기나 도구를 구입할 때, 현재와 미래의 필요와 운영에 잘 맞는 것인지, 불필요한 수리나 관리를 요구하지는 않는지, 장기간동안 사용 가능한지 등에 대해 고려해야 한다.

(2) 비용

기기 구매에 포함되는 비용은 품목비, 설치비, 운영비, 유지비와 이자비용 등이 있다. 기기를 구매하기 전에 이러한 여러 가지 요소를 비교분석해 보아야 한다. 구매원가는 제조가에 의해 산출되어 제공된다. 또는 관리자나 구매 대행자가 구매 결정을 위해 여러 종류의 기기에 대한 원가정보를 수집할 수 있다. 업장의 필요에 맞는 기기보다 크거나, 비싸거나, 정교한 제품을 구입하는 것은 권장하지 않는다.

(3) 크기와 디자인

기기는 시설의 설계대로 쉽게 설치할 수 있어야 한다. 주방기기를 선택할 때 미래에 사용할 수 있는지에 대해서도 고려해야 하지만, 먼 미래의 성장을 고려해서 미리 큰 제품을 구매하는 것은 적절치 못하다. 너무 큰 제품은 작은 제품보다 더 많은 유지관리 노력이 필요하기 때문이다.

주방기기를 지속적으로 잘 사용하는지를 좌우하는 중요한 요소 중의 하나가 제품의 디자인이다. 기기나 기구는 의도한 목적에 따라, 제대로 기능할 수 있도록 디자인된 것을 선택해야 한다.

주방바닥에 고정되어 쉽게 이동시킬 수 없는 기기는 다리를 설치해 바닥에서 띄우거나 바닥에 완전히 밀착시켜야 한다. 다리가 사용된다면 바닥과 기기의 간격이 최소 15cm 이상은 되어야 한다. 충분한 공간이 있어야 바닥이나 기기 후면 청소를 쉽게 하고 해충의 번식을 억제해 준다.

오븐레인지나 캐비닛과 같은 무거운 기기는 타일이나 석재, 철재 플랫폼 위에 얹어서 바닥에 밀착되도록 설치되어야 한다. 이렇게 밀착된 설치를 하면 쓰레기나 해충이 기기 밑으로 들어가지 못한다.

테이블 위에 놓인 이동이 어려운 기기는 적어도 10cm 높이의 다리가 있어야 기기 아래 테이블 표면 및 기기 주변을 쉽게 청소할 수 있다.

(4) 기기의 재질

주방에서 사용하는 기기와 도구들은 식품이 닿는 부분과 그렇지 않은 부분이 있다. 식품 접촉면은 일반적으로 식품에 직접적으로 접촉하는 부분이거나, 음식이 흐르거나 튀어서 음식으로 들어가는 재료와 접촉하는 부분이다. 식품 비접촉 면은 조리할 때 음식과 직접적인 접촉이 없는 부분이다. 기기 및 도구의 기준은 다음과 같다.

- 매끈해야 할 것
- 분리가 쉬울 것
- 이음새가 없어야 할 것
- 조립이 쉬울 것
- 쉽게 세척 가능할 것
- 모서리나 끝부분을 둥글게 마무리할 것

주방기기와 도구의 제조에 사용되는 재료는 비 독성이어야 하며 색, 맛, 향기가 유출되지 않아야 한다. 식품 접촉면에 좋은 재료는 스테인리스 스틸이다. 일반적으로 주방기기의 재료는 안전해야 하며, 내구성이 있고 부식에 강해야 하며, 깨지거나, 구멍이 나거나, 잘 닳지 않아야 한다.

4 기기의 종류

식음료업장에 맞는 적합한 기기를 고르기 위해 제조사의 최선 제품설명서, 카탈로그, 유통 관련저널이나 전문잡지 등에서 최신정보를 찾아보는 것이 필요하다.

(1) 조리기기

조리기기나 기구를 선택하기 위해 첫 번째로 고려하는 것은 음식의 종류와 양이다. 그리고 주방기구를 선택할 때에는 항상 내구성과 에너지 효율성을 고려해야 한다. 그리고 기기의 자재는 내구성이 우수하며 쉽게 세척할 수 있어야 한다. 단열재의 종류와 두께는 기기의 에너지 효율성에 큰 영향을 준다. 시간과 절약, 편리성을 위해 관련기관에서 시험하여 인증한 제품들을 권장한다.

(2) 오븐

오븐은 식음료업장에서 가장 중요한 기기 중 하나이다. 오븐은 여러 온도에서 다양한 음식을 조리하며 종류에 따라 복사, 전도, 대류 등의 방식으로 열이 음식에 전달된다. 좋은 오븐은 20분 이내에 232℃까지 오를 수 있어야 하고, 적절한 열 순환이 이루어져야 하며, 온도강하가 필요한 경우 빠르게 냉각될 수 있어야 한다.

① 레인지 오븐 Range Oven

작은 식음료업장에서 주로 사용하는 오븐이다. 레인지 오븐은 오븐 윗면에서 작업할 수 있어, 단열재를 사용해야 하고 열손실을 막도록 설계되어야 한다. 단단하며 무거운 문과 선반이 장착되어 있고 유리로 된 문은 안을 쉽게 볼 수 있도록 되어 있다.

② 데크 오븐 Deck Oven

고정식 오븐으로, 공간을 절약하기 위해 오븐 위에 또 다른 오븐을 얹는 식으로 제작된 오븐으로 피자오븐이 대표적인 예이다. 데크 오븐은 각각 분리된 가열기와 작동 패널이 있으며 오븐 간의 열 차단이 우수하다. 음식의 높이에 따라 제과·제빵용인 7~8인치 높이와 로스팅용 12~16인치 높이의 제품이 있다.

③ 대류오븐Convection Oven

가열된 공기를 순환시키기 위해 고속 팬을 사용하여 식품 주위에 균일한 열 분포가 되도록 한다. 대류오븐의 조리시간은 데크 오븐에 비해 1/3에서 3/4 정도이며, 데크 오븐과 달리 다수의 선반을 사용하므로 작은 공간에서 많은 음식을 조리할 수 있다.

④ 전자레인지 오븐Microwave Oven

해동, 가열 및 재가열에 주로 사용한다. 마이크로파는 빛과 같은 전자기파의 일종으로 금속에 의해 반사되고, 공기 중에서는 직진하며 식품의 여러 성분에 의해 흡수된다. 또한 많은 종류의 종이, 유리, 플라스틱용기도 통과한다. 마이크로파가 반사되거나 통과할 때 직접적으로 열이 전달되는 것이 아니라, 마이크로파를 흡수한 물질을 가열하는 것이다. 전자레인지 오븐의 장점은 적은 양의 음식을 빠른 시간에 조리할 수 있다는 것이다. 제한된 크기 때문에 많은 양의 음식을 조리하기에는 부족하지만, 보조용으로 사용하기에 아주 적당한 오븐이다.

(3) 스팀쿠커와 스팀솥

스팀쿠커는 고열의 증기를 이용하여 식품을 조리하는 기기로, 밥을 짓거나 찜 요리, 채소류나 육류 등 여러 가지 식품을 15~20분 만에 쪄내는 기기로, 짧은 시간 내에 식품의 중심 내부까지 골고루 익혀주며 타이머가 부착되어 있어 조리시간을 쉽게 조절할 수 있다. 고압, 고열의 증기를 사용하므로 기기의 개폐 시 증기에 의한 화상에 주의한다.

스팀솥은 증기를 이용하여 국이나 수프, 죽 등을 끓일 때 사용하는 기기로, 뚜껑이 부착되어 있어 위생적이며 핸들을 조정하여 회전할 수 있으므로, 완성된 음식을 덜어내거나 기기를 세척하기도 쉽다. 조리의 용량은 용기의 최대 용량의 2/3나 3/4까지이며 더 많은 음식을 넣으면 조리하기 힘들거나 조리 후에 흘리지 않고 그릇에 담기가 어렵게 된다. 스팀솥을 구매하고자 할 때는 조리 후에 음식을 쉽게 다룰 수 있도록 디자인된 제품을 선택하는 것이 중요하다.

(4) 튀김기

튀김기는 각종 식품을 튀기는데 사용되는 기기로, 튀김바구니와 거름망이 함께 부착되어 있고 온도조절 장치가 있어 자동으로 온도조절이 가능하므로 쉽게 튀김을 할 수 있다. 튀김기 위에는 나쁜 냄새와 연기를 제거할 수 있도록 반드시 후드를 설치해야 하며, 사용한 다음에는 따뜻한 비눗물을 팬에 가득 부어 10분 정도 끓인 후 내부를 충분히 씻어내고 건조시킨다.

튀김조리 시 내용물을 용량 이상으로 넣어서는 안 되며, 튀김재료의 수분은 반드시 제거해야 한다. 고열에 의한 기름의 산화를 방지하기 위해 온도를 적정선으로 유지하여야 하며, 튀기지 않을 때에는 전원을 완전히 끄지 않고 대기상태에 두어 언제나 요리가 가능하도록 한다.

(5) 리치인Reach-in 냉장기기

여러 종류의 냉장기기 중 대표적인 것으로는 앞 · 뒤 양문 형태Pass-through, 업라이트형Upright, 작업대밑형Under-the-counter, 이동형Mobile 등이 있으며, 작은 용량의 냉장고는 몇 백 리터 정도이며 용량이 큰 것은 몇 천 리터로 리치인 냉장고의 용량은 매우 다양하다. 일반적으로 업라이트 모델은 약 180cm 정도의 높이와 90cm 정도의 깊이이며 여러 가지 너비의 모델로 생산된다. 이러한 냉장고는 한 개, 두 개 또는 여러 개의 문이 있다.

앞 · 뒤 양문 형태 냉장고는 앞 · 뒤 양쪽으로 문을 열 수 있으며, 보통 주방과 식당 사이에 위치한다. 이 냉장고는 주방과 식당에서 동시에 사용할 수 있도록 하여 노동력이 절약되고 양쪽에서 사용할 수 있는 장점이 있다. 하지만 문이 앞 · 뒤로 있어 냉각 효율성이 다소 떨어지므로, 음식을 넣거나 꺼낼 때를 제외하고는 항상 문이 제대로 닫혀있는지 확인해야 한다.

주방에서 흔히 사용하는 냉장고 중 작업대밑형이 있는데, 이는 바닥 쪽으로 낮게 냉장시설이 있어서 윗면은 작업대로 사용할 수 있다. 이는 작업 후 바로 냉장 보관할 수 있는 편리성을 제공하며, 샐러드 준비 작업대 아래에 설치할 수 있다.

(6) 워크인 냉장고

워크인 냉장고는 많은 양의 식재료를 0~5℃ 사이의 온도에서 보관하기 위해 사용하거나 냉동실에서 꺼낸 식재료를 천천히 안전하게 해동하는데 사용되기도 한다. 워크인 냉장시설의 위치는 식자재 입고장에서 주방 사이의 서빙 대기지역에서도 사용하기 쉬운 장소가 좋다. 냉장고를 위치시킬 바닥은 튼튼하며, 내구성이 좋고 쉽게 청소할 수 있는 자재이며, 벽면은 습기에 저항력이 강하고 청소 가능한 재질로 설계하는 것이 좋다. 실수로 문이 닫혔을 때 사람이 빠져나올 수 있는 장치를 냉장고 안에 설치해야 한다.

일부 워크인 냉장고는 스트립 커튼Strip Curtain이라 부르는 4인치 넓이의 스트립이 입구에 설치되어 있다. 이러한 커튼은 문을 열 때 냉기의 손실을 줄이고 에너지를 절약한다. 또한 냉장고 외부에 온도계나 온도기록계를 설치하여 문을 열지 않고도 냉장고 내부의 온도를 확인하고 설정할 수 있게 한다. 온도계의 센서는 냉장고 내부에서 가장 온도가 높은 위치에 설치되어야 한다.

(7) 슬라이서

각종 재료를 얇게 썰 수 있는 기기이다. 고기를 써는 것과 야채를 써는 것으로 분류되며, 칼날이 회전하기 때문에 안전에 주의를 요한다. 슬라이서Slicing Machine의 기본적인 디자인은 원형의 칼날과 썰어진 재료를 담는 그릇으로 되어 있다. 썰어진 재료는 자동으로 그릇에 담기거나 손으로 담는다. 슬라이스 두께는 조정하여 바꿀 수 있다.

올바른 방법으로 슬라이서를 사용하지 않으면 상당히 위험할 수 있다. 제조사의 설명서를 항상 먼저 검토하여야 하며, 사용하는 직원은 올바른 작동을 위해 안전교육과 세척교육을 받아야 한다.

(8) 믹서, 분쇄기

믹서Mixer, 분쇄기Grinder는 테이블형 소형 모델과 바닥형 대형 모델이 있다. 믹서는 소시지 반죽, 어묵 등의 가공용 육제품을 만들 때 사용하는 믹서기, 제과 · 제빵용 반죽기 등 다양한 용도의 믹서기들이 있으며, 분쇄기는 주로 덩어리 재료를 넣어서 잘고 가늘게 분쇄하는 기계인데, 주로 육류 및 생선류를 잘게 간다.

(9) 얼음 제조기

얼음 또한 음식이며, 다른 음식과 마찬가지로 주의 깊게 다루어야 한다. 얼음은 식수로 만들어야 하며, 얼음 제조기는 얼음을 만들고 저장하는 동안 얼음을 보호해야 한다.

얼음 제조기의 부분 중 얼음이 닿는 부분은 식품 접촉면으로 보아야 한다. 이 면은 매끄럽고 내구성이 강하며 쉽게 청소할 수 있어야 하고, 비 독성 자재로 되어 있어야 한다. 얼음 접촉면은 서리의 생성과 미생물의 번식을 막기 위해 주기적으로 청소하고 소독해야 한다.

얼음 제조기의 배수관은 오염물질이 역류되어 얼음으로 들어가는 것을 막기 위해 공기 완충지역을 두어야 한다. 얼음을 꺼내는 기구는 기본적인 주방기기 제조기준에 의거해 만들어진 제품이어야 한다. 얼음을 꺼내는 스쿠퍼는 얼음 보관실 외부에 위생적으로 두거나 내부에 걸어두어도 된다. 또한 스쿠퍼를 사용할 때 종업원이 얼음과 직접적인 접촉을 하지 않도록 손잡이 부분만 잡아야 한다. 유리컵이나 기타 컵과 같은 용기를 사용하여 얼음을 꺼내면 유리가 딱딱한 얼음에 부딪혀 깨질 위험이 있기 때문에 안 된다. 이러한 철저한 관리로 고객에게 제공될 얼음의 오염을 막을 수 있다.

(10) 식기세척기

주방기기와 기구들을 효과적으로 세척하고 살균하는 작업은 식음료업장의 가장 중요한 업무 중 하나이다. 오염된 기기, 기구 및 도마 등은 음식을 조리하고 제공할 때 음식을 오염시키는 원인으로 주목되어 왔다. 접시, 포크, 수저와 같이 직접적으로 음식을 섭취하는 데 사용하는 기구들이 질병을 유발하는 세균과 바이러스를 전파시킨다.

효과적인 식기세척은 밝은 조명과 환기시설을 갖춘 격리된 작업장에서 효과적으로 이루어질 수 있다. 식기세척실의 벽을 방음재로 만들어 소음을 줄이며, 식기세척실의 디자인은 세척할 주방기기나 기구의 크기, 양, 세척시간에 따라 달라진다. 사업이 번창하여 업장을 확장하는 것에 맞추어 식기세척기나 세척실의 용량을 재점검하도록 한다.

식음료업장에서 가장 빈번하게 세척하는 기구들은 주방용품과 식탁용품이다. 주방용품Kitchenware은 냄비, 팬, 스튜용 냄비와 같이 조리하면서 더러워지는 기구이며 식탁용품Tableware은 접시, 유리용품, 스푼, 포크, 나이프와 같이 종업원이나 고객에 의해 사용되는 식기이다.

기기세척은 조리기구, 식기류와 기타 주방기구들을 세척하고 소독하는 과정이며 두 과정으로 나뉜다.

- 기구의 표면에 묻은 가시적인 음식찌꺼기를 세척하는 과정
- 세척된 기구표면의 병원성미생물을 소독하는 과정

주방기기와 도구의 세척과 소독은 사람이 수동적으로 할 수도 있으며 기계로 할 수도 있다. 수동세척은 일반적으로 주방기기와 기구, 이동 가능한 도구를 사람이 세척하고 소독하는 것이다. 식음료업장 대부분에서는 냄비, 팬이나 간단한 도구를 세척하고 소독하기 위해서는 수동세척을 하고 있다.

기기세척기는 식음료업장에서 가장 고가이며, 중요한 기기 중의 하나로써 전기장치가 부착되지 않은 모든 기기나 식기를 세척하기 위해 사용한다. 가장 보편적인 세척기의 종류는 다음과 같다.

- 담금식 세척기 : 그물선반에 식기를 넣어서 물에 담가 세척한다. 이러한 방식은 수동세척 방식과 유사하다.
- 싱글 탱크, 고정선반 세척기 : 선반에 식기를 얹어 탱크에 넣고 고압으로 물을 분

사해 세척한다.

- 컨베이어 선반 세척기 : 컨베이어 벨트가 세척기로 식기를 운반해 세척하는 방식이며 탱크를 한 개 또는 여러 개 설치할 수 있다. 식기선반은 세척기로 자동 운반되어 세척하며, 앞서 언급한 수동세척 방식과 유사하다.
- 플라이트형 세척기 : 컨베이어가 하나의 연속적 랙이며 식기가 쐐기 등에 꽂혀 고정되어 세척되는 방식으로, 양 끝에 종업원이 식기를 올려놓거나 꺼내도록 설계되어 있다.
- 회전형 세척기 : 식기를 올리거나 내려놓을 수 있으면서 순환 가능한 컨베이어가 설치된 세척기이다.
- 저온 세척기 : 에너지 절약형으로 화학소독제를 사용해 세척과 소독을 하는 세척기이다.

식기세척기는 주방이나 세척장의 배치에 알맞게 디자인되어야 하며, 용량은 세척할 식기의 수에 따라 달라진다. 각기 다른 세척기에 대한 상세한 정보는 제조사에서 제공된다. 세척기 구매 시 설치비용과 유지, 보수비용까지 고려해 선택하도록 한다.

식기세척기는 자동으로 세제와 소독약이 투여되어야 하며, 세제와 소독약이 올바르게 들어가는지 볼 수 있도록 되어있거나 약품이 떨어지면 알람이 울리도록 하는 장치가 있어야 한다. 고온 세척기에는 최종 헹굼 작업을 하기 위해 82℃에서 90℃의 열수를 공급해야 한다. 효과적인 살균을 위해 범용으로 사용하는 온수를 이런 고온으로 유지하려면 비용이 많이 들고 안전하지 않을 수도 있다. 따라서 고온 살균용 열수의 온도를 유지하기 위해 따로 보일러나 순간온수기를 설치해야 한다. 적절한 용량, 수압, 온도를 유지하기 위해 적절한 용량의 보일러를 선택하도록 한다.

(11) 일회용품

일회용품은 식탁용품, 냅킨, 수건, 그릇, 수저, 포크, 나이프, 포장지 등 한 사람이 한 번 사용하는 물건으로, 사용 후에 바로 수거하여 처리된다. 또 다른 일회용품으로 육류포장지, 비닐 랩이나 여러 종류의 일회용품들이 있으며, 이들은 한 번 사용 후 폐기한다.

식음료업장에 여러 차례 사용하는 물품들을 위생적으로 제대로 관리할 수 있는 시설이 없다면 종업원을 위해 이러한 일회용품을 제공해야 하며, 고객이 사용할 수 있는 일회용품도 제공해야 한다. 일회용품은 음식에 색, 맛, 악취나 위험물질을 전달할 수 없는 안전한 재료로 제작해야 하며, 소규모 식음료업장에서 사용할 때도 안전하며 청결해야 한다.

5 설 치

모든 기기를 적절하게 설치하는 것은 모든 식음료업장의 성공을 위한 필수요건이다. 전기기기, 가스, 수도나 배수관 등의 연결이 유연하지 않거나 제대로 되어있지 않으면 최고의 설계나 공사도 무용지물이다. 기기를 판매하는 판매상은 이러한 기기에 대한 설치에 대한 책임이 없으며 설치는 구매대행사 등을 통해서 해야 한다. 건물 설계자나 기술자, 시공업자는 다음과 같은 사항에 대한 책임을 진다.

- 적절한 배관공사
- 전기배선
- 주방기기의 적합한 설치를 위한 환기시설
- 지역조례나 법적 건축, 배관, 전기, 건강과 안전 권고사항의 준수

각 기기는 식음료업장의 개장 이전에 서비스기술자 및 판매업자와 협의하며 수차례 점검해야 한다. 기기의 적절한 사용과 최적의 성능을 발휘하기 위해 기기를 다룰 종업원을 교육하고 매뉴얼을 제공하도록 하며, 안전을 위해 기기의 위험신호 등을 숙지하도록 한다.

6 유지와 교체

기기 유지비는 사용 정도에 따라 달라진다. 기기를 잘 유지하기 위해서는 기기의 수명을 연장하기 위한 다음과 같은 구체적인 계획이 필요하다.

- 기기를 청결하게 유지할 것
- 올바른 사용과 유지를 위해 제조사가 제공한 설명서를 지킬 것
- 기기 주변에 설명서카드를 부착할 것
- 지속적인 사용을 위해 주의 깊은 사용을 강조할 것
- 필요한 수리는 즉시 시행할 것

기기의 유지에 필요한 구체적인 방법은 다음과 같다.

- 책임감 있는 사람에게 기기유지에 대한 책임 부여
- 기기의 위생 상태를 매일 점검하기
- 고장기기의 수리는 즉시 수리공에게 맡길 것

주방기기에 사용하는 윤활유는 직·간접적으로 음식에 들어갈 수 있다. 따라서 식품 접촉면, 베어링, 기어 등과 같이 주방기기의 부품에 사용되어 새거나 닿아서 음식에 들어갈 수 있는 윤활유는 식품첨가물 또는 일반적으로 안전하다고 인정된 것을 사용해야 한다. 또한 최소한의 양을 사용하여 작업을 마무리할 수 있어야 한다.

7 난방, 환기, 냉방

적절한 온도와 습도의 신선한 공기를 공급하는 것은 종업원이 편안하게 작업에 집중하기 위해 필요하다. 종업원의 편안함과 건강유지를 위해 냄새나 위험물질이 포함되어 있는 공기는 정화한 후 공급해야 한다. 하지만 냄새, 열과 많은 습기가 발생하는 주방에 이러한 쾌적한 공기의 공급은 쉬운 일이 아니다.

식음료업장에서의 냉방은 단순히 공기의 온도를 낮추는 것만이 아니라 습도를 제어하고 순환시키며 정화하고 온도를 올리며 내리는 일도 포함된 것이다. 현대식 냉난방, 환기시스템은 겨울에는 공기를 정화하고 가열, 가습, 순환시키며, 여름에는 쾌적한 온도의 공기를 제공하는 일을 한다.

기계 배기시스템에 의해 주방의 환기가 이루어진다. 이러한 환기시스템은 과도한 열, 증기, 냄새, 연기 등을 배출해 쾌적한 주방 환경을 제공한다. 식음료업장의 기본적인 환기시스템은 후드, 팬, 흡입구와 배기구 등으로 이루어진다. 환기후드시스템은 기름때 등이 음식, 기기, 기구, 테이블보나 식사도구에 부착되는 것을 막을 수 있도록 설계하고 시공해야 한다. 배기시스템의 용량은 주방에서 발생하는 수증기나 더운 공기의 양에 의해 결정된다.

후드는 내구성이 있고 매끄러우며 표면을 쉽게 청소할 수 있는 스테인리스 스틸이나 이와 비슷한 재질로 만든 것이 좋다. 또한 후드는 음식에 떨어질 수 있는 기름때를 제거할 수 있는 필터나 기타 도구도 갖추고 있어야 한다.

필터나 기타 기름때 제거 도구는 쉽게 청소할 수 있고 교체할 수 있도록 설계되어야 하며, 주방에서 바로 씻을 수 있어야 한다. 주방에서 발생하는 화재사건들 가운데 이러한 기름때가 필터나 배기구에 축적되어 발생하는 빈도가 높다. 필터는 효율적으로 작동하기 위해 주기적으로 청소를 하거나 교체해 주어야 하며, 주기적인 기구세척 작업의 하나로 첨가되어야 한다. 주방에서 배출되는 공기에 함유된 농축가능 물질(기름때 등)의 농축 정도를 판단하여 필터세척이나 교환 작업의 빈도를 결정한다.

국가방재협의회는 모든 후드에 소방시설을 설치하도록 권고하고 있다. 그리고 환풍구를 주기적으로 청소하여 먼지나 오염물질 등의 근원지가 되지 않도록 해야 하며, 건물 밖으로 환기구가 설치되어 있다면 사람들 건강에 해로운 불법물질을 배출해서는 안 된다.

쉽게 풀어 쓴
FOOD 식품위생학
HYGIENICS

CHAPTER 06

세척, 살균 소독

쉽게 풀어 쓴
FOOD 식품위생학
HYGIENICS

1 세 척

1) 세척 원칙

세척과 살균 소독은 식음료업장의 식품안전을 위한 중요한 활동이다. 세척과 살균 소독은 서로 다른 목적을 가지는 두 개의 다른 작업이다. 세척은 물리적으로 기기나 조리도구에서 음식찌꺼기나 기타 잔여물을 제거하는 작업이며, 살균 소독은 세척한 도구의 표면에 있는 질병 원인 미생물을 안전한 수준까지 제거하는 작업이다. 따라서 세척과 살균 소독에 사용되는 도구들 또한 다르다. 효과적인 세척작업은 다음과 같다.

(1) 음식찌꺼기 제거

본격적으로 세척하기 전에 음식물을 식기에서 긁어내거나 물로 표면에 붙은 음식물찌꺼기를 제거한다. 이후 따뜻한 물을 뿌려둔다. 하지만 너무 뜨거운 물이나 스팀은 붙어있는 찌꺼기를 익혀서 세척을 어렵게 할 수 있으니 주의해야 한다.

(2) 세척제 사용

세척제는 찌꺼기와 먼지를 제거하기 위해 사용하는 화학적 화합물이다. 세제를 기기나 도구의 표면에 사용하는 방법에는 여러 가지가 있다. 세제의 종류에는 알칼리성 세제, 기름전용 세제, 산성 세제, 연마제 또는 살균제가 있으며, 사용법에 따라서 효율성과 경제성이 달라진다.

① 불림

작은 도구나 기기의 부품, 식기는 싱크대의 세척수에 담금으로써 세척된다. 세척하기 전에 물에 불림으로써 수동과 기계세척의 효율성을 증가시킬 수 있다.

② 분무법

뜨거운 물이나 스팀을 사용하는 이동식 또는 고정식 분무기에 세제를 타서 분무하는 방법으로, 슈퍼마켓의 정육코너나 식품가공 공장에서 주로 사용한다.

③ CIP시스템

CIPClean-in-place방법은 고정된 파이프시스템으로 연결된 자동세척시스템이다. 뿜어내는 세제의 속도나 압력은 CIP에서 찌꺼기를 없애기에 충분히 강력해야 한다.

④ 연마제

찌꺼기를 없애기 위해 사용하는 연마제 파우더나 반죽은 기구의 표면에 단단히 붙어있는 찌꺼기를 없애기 위해 사용한다. 사용 후에는 항상 완전하게 헹구고, 기구의 표면에 흠집을 내지 않도록 주의하여 사용한다. 이러한 세제는 스테인리스 스틸의 표면을 세척할 때에는 사용하지 않는 것이 좋다. 또한 금속성의 수세미를 식품 접촉면에 사용하지 않도록 한다. 왜냐하면, 금속 수세미에서 금속조각이 떨어져 나오면 식기의 부식을 일으키거나 음식으로 들어가 물리적으로 위험하기 때문이다.

표 6.1 세제의 종류에 따른 용도

종 류	용 도
일반세제(비누, 합성세제)	• 손세척, 기물 및 식기세척, 청소작업 등 거의 모든 세척용도에 사용
솔벤트(용해성 세척제)	• 진한 기름때나 오븐, 가스레인지를 세척할 때 사용 • 자주 사용하지 않는 표면에 묻은 오염물질을 세척할 때 사용
산성세제	• 세척기의 세제 찌꺼기때를 제거할 때 사용
연마세제	• 기구의 표면에 단단히 붙어있는 찌꺼기를 없애기 위해 사용 • 사용 후에는 항상 완전하게 헹구고, 기구의 표면에 흠집을 내지 않도록 주의하여 사용

(3) 헹굼

표면에 남아있는 세제 성분을 없애기 위해서 세척 후 바로 뜨겁고 깨끗한 물로 헹구도록 한다. 헹굼은 세척 시 가장 중요한 작업으로, 소독약의 살균력이 감소되지 않도록 기구의 표면에 남아있는 세제를 깨끗이 없애야 한다.

(4) 세척효율 영향 요소

얼마나 깨끗하게 더러움을 제거할 수 있는지의 세척작업 효율성의 영향을 주는 요소는 다음과 같다.

- 세척할 오염물 형태
- 수압
- 수질
- 세제가 표면에 묻어있는 시간
- 세제의 종류
- 세제의 농도
- 물의 온도

각각의 요소들은 효과적인 세척에 영향을 미치며, 특정 문제를 해결하기 위해 각 요소들을 조합해서 사용할 수 있다.

① 오염물 형태

- 음식찌꺼기(단백질이나 탄수화물)
  - 미생물(세균, 바이러스, 효모, 곰팡이 등)
  - 미네랄찌꺼기(소금 등)
  - 지방과 기름
  - 사용되는 세제와 세척용품
  - 기타 오물과 찌꺼기

세척해야 할 오염물의 종류에 대해 제대로 알고 있으면, 효과적이고 경제적인 물리적 · 화학적 방법을 결정할 수 있다.

② 수질

물은 세척에 있어 가장 중요한 요소이다. 식음료업장에 공급되는 물은 언제나 안전하며 음용할 수 있어야 한다. 식음료업장 대부분에서는 물을 상수도시설로부터 공급받는다. 하지만 우물이나 지하수를 사용하는 식음료업장은 적어도 일 년에 한 번 수질검사를 받아야 하며, 시료검사를 통하여 물의 안전성을 확보해야 한다. 물은 유해미생물이나 화학물질 또는 기타 유해물질이 없이 안전해야 한다. 물이 안전하더라도 경도Water Hardness, 경수(센물)와 연수(단물)의 차이에 따라 맛과 냄새에 영향을 주는 물질을 함유할 수도 있다. 따라서 물의 특성과 세척기에 따라 세제를 맞춰야 한다.

경수는 칼슘, 마그네슘, 철분 등이 용해되어 있는 물로써, 경수는 세제의 효과성을 떨어뜨리고 기기의 표면에 석회와 같은 물질을 남게 한다. 효과적인 세척을 위해 경수를 연수로 바꾸는 작업이 필요하다. 물을 연하게 하지 않는다면 경수의 철분과 망간이 기구의 표면에 흡착하지 않도록 하는 유연제 성분을 세제가 함유하고 있어야 한다.

③ 세제와 세척용품

세제Detergent의 어원은 라틴어 중 '치워버리다To Wipe Away'란 뜻의 'Detergeo'에서 왔다. 음식의 찌꺼기가 물에 의해 쉽게 제거될 수 있을 때 물도 세제의 역할을 할 수 있다. 하지만 비누, 알칼리성이나 산성세제, 기름용 세제, 소독제 또는 기타 세척제 등을 첨가해 물의 세척력을 증가시킬 수 있다.

○ 비누

막대형 비누는 지방이나 지방산의 알칼리 화학반응으로 만들어진 세제이다. 비누는 제한적인 범위 내에서 세제로 사용될 수 있다. 연수를 사용할 때 비누는 손을 씻기에 매우 효과적이다. 그러나 대부분의 비누는 물에 잘 녹지 않으며 일부 소독제와 맞지 않는 경우도 있다. 경수에서 비누는 세척력이 없는 침전과 필름을 형성하며 지방산으로 분해된다. 오늘날 식음료업장에서는 막대 형태의 비누 대신 물비누와 같은 합성비누를 주로 사용한다.

○ 알칼리세제

알칼리는 대부분의 세척제에 사용되는 주요성분이다. 알칼리는 지방과 결합하여 비누를 만들거나 단백질과 결합하여 물에 쉽게 용해되는 성분을 만든다. 알칼리는 세척력을 증가시키는 좋은 완충제이지만, 일부 알칼리는 알루미늄, 아연을 도금한 금속이나 주석을 부식시키기도 한다.

소다는 강알칼리 중 가장 강하면서도 저렴하다. 강력한 세척력을 지니고 있지만, 피부를 포함한 거의 모든 물질의 표면을 부식시키며 헹구어내기가 어렵다. 따라서 세정 성분을 함유시켜 부식을 막고 쉽게 헹굴 수 있게 한다.

약알칼리는 강알칼리보다 부식성이 덜하고 적절한 용해성을 가진다. 약알칼리 성분은 피부에 닿아도 무방하다. 탄산나트륨은 소다만큼 저렴하면서도 더 안전하고 부식성이 적어서 세제의 원료로 널리 사용되고 있다.

알칼리세제는 식음료업장의 기기, 도구, 바닥이나 벽, 천장 등을 세척하는 데에 널리 사용되는 다목적 세제이다.

○ 산성세제

산성세제는 기구의 표면에서 칼슘이나 마그네슘과 같은 무기질찌꺼기를 용해하는 데 사용되며, 음식찌꺼기나 경수찌꺼기를 제거하는 데에 자주 이용된다.

산은 유기산과 무기산 두 가지가 있다. 무기산은 염산, 황산과 같은 강산이다. 이러한 강산은 매우 부식성이 강해서 특별한 경우에만 사용된다. 유기산은 널리 이용되는 산성세제에 주로 사용되는 성분이며, 부식성이 약하고 피부에도 덜 자극적이다.

○ 기름전용세제

기름전용세제는 기름기나 지용성오염물을 제거하는 데에 사용된다. 기본재료인 계면활성제는 기름에 침투하여 분해한다. 기름전용세제는 섬유질 표면보다는 단단한 표면을 잘 세척한다. 세척의 전 단계에서 사용하거나 독립적인 세제로 사용해도 무방하지만, 항상 깨끗하게 헹궈주어야 한다.

○ 연마제

연마제는 세제와 함께 오염물을 긁어내거나 문지르고 광을 내는 데에 사용된다. 경석이나 수정, 모래와 같이 자연적으로 생성된 무기물은 아주 작은 입자형태로 세제나 비누 등에 첨가되어 문지르거나 광을 내는 작업에 아주 유용하다. 하지만 스테인리스 스틸과 같은 금속의 표면을 긁어낼 수 있으니 각별한 주의를 기울여 사용해야 한다. 또한 연마제 입자나 금속기물에서 긁혀져 나온 입자가 음식에 들어갈 수 있으니 유의하여 사용해야 한다.

○ 세정제

세정제는 세제 성분과 살균 · 소독제 성분을 동시에 함유하고 있는 세제이다. 세정제는 두 단계를 거쳐 식품 접촉면을 효과적으로 세척하고 살균 · 소독한다. 첫 번째는 표면을 세척하기 위해 사용하고, 두 번째는 살균을 하기 위해 사용한다. 이러한 작업이 끝난 후에는 표면을 깨끗하게 헹구어 혹시 남아있을지도 모르는 세제 성분을 제거해야 한다.

④ 수온

열에 안정한 세제는 수온이 54℃에서 71℃일 때 가장 효과적이다. 수온은 적절한 온도로 높아야 하지만, 음식찌꺼기를 익힐 정도로 뜨거워서는 안 된다. 적당한 온도의 온수는 표면에 붙어있는 음식찌꺼기 등의 결합력을 약화시켜 세척하기 쉽게 만든다. 일부세제는 찬물에서도 효과를 낼 수 있도록 만들어졌다. 제조사에서 권장하는 사용온도를 살펴보고 세제를 선택하는 것이 좋지만, 가장 좋은 것은 수돗물을 그냥 사용하는 온도에서 가장 효과적인 세제를 고르는 것이다.

⑤ 세척 속도와 압력

수동세척에서 세척 속도와 압력은 팔 힘에 의한다. 기계세척에서 세제의 분무 속도나 압력은 식품 접촉면의 오물을 제거하는 데에 효과적이다. 하지만 세제의 효과가 높을수록 속도와 압력의 영향은 감소한다. 즉 세제가 좋으면 그만큼 힘이 덜 든다고 할 수 있다.

⑥ 세제용액 담금 시간

세척효율성은 식기를 얼마나 오래 담가두었는가에 따라 증가한다. 세척하기 어려운 찌꺼기는 세제를 용해시킨 물에 불림으로써 쉽게 제거할 수 있다.

⑦ 세제농도

세제의 농도를 증가시키면 세제의 반응률이 증가되고 세척력이 배가 되지만, 한계가 있으므로 권장사용량을 따르도록 해야 한다. 과량의 세제사용은 낭비이다.

⑧ 세척빈도

영업시간 내내 음식을 준비하고 서빙하기 위해 사용된 식기나 기구들은, 표면의 잠재적 위해미생물의 번식을 방지하기 위해 사용 후 바로 세척하고 살균해야 한다.

FDA 식품규제에 따르면, 잠재적 위험 식품과 접촉한 기기나 식기들은 4시간 이내에 세척해야 한다. 식품 접촉면의 세척에 따른 몇 가지 권고사항은 다음과 같다.

- 조리가 된 음식과 날것을 교차해서 다루는 기기나 기구는 바꿀 때마다 세척해 준다.
- 세척하지 않은 과일이나 채소와 잠재적 위험 식품을 번갈아가며 사용하는 기기는 사용할 때마다 세척해 준다.
- 온도계를 사용하거나 보관해 둘 때 매번 세척해 준다.
- 오염됐다고 생각할 때는 지체 없이 세척한다.

다음의 사례와 같은 경우, 사용하는 기기나 기구는 최소한 24시간에 한 번 세척한다.

- 샐러드 바, 델리, 카페테리아 등의 서빙에 사용된 용기는 적절하게 뜨겁거나 차가운 온도에서 보관하고, 주기적으로 같은 종류의 새로운 음식물로 채워질 때

- 델리식품이나 로스트와 같은 고온의 음식에 접촉하는 온도계
- 냉장고에서 음식을 저장하는데 사용하는 도구 또는 음식찌꺼기가 쌓이는 것을 막기 위해 사용하는 도구 중 주기적으로 세척하는 것

2 살 균

소독Disinfection이란, 병원성미생물을 사멸시키거나 억제시키는 것을 말한다. 소독은 미생물의 포자까지 죽일 필요는 없으며 미생물의 오염을 방지하는 데에 사용된다.

열소독과 화학적 소독은 식음료업장에서 가장 많이 사용하는 두 종류의 소독방법이다. 살균 소독제는 세척 후 기기나 도구의 표면에 남아있는 병원미생물이 제거된다. 하지만 소독은 멸균이 아니며, 이는 일부세균의 포자나 높은 내성을 가진 세포가 살아남기 때문이다. 모든 경우 일단 사용 후 식품 접촉면은 세제로 세척하고 깨끗하게 헹구어 소독하도록 한다. 효과적인 소독제의 조건은 다음과 같다.

- 높은 석탄산계수Phenol Coefficient
- 안정성
- 용해성
- 낮은 독성
- 부식성과 표백성이 없을 것
- 강한 침투성
- 저렴한 가격

살균Sterilization은 물리 혹은 화학적인 방법으로 모든 형태의 미생물을 완전히 사멸 또는 불활성화시키는 것을 의미한다. 그러나 미생물의 모든 구성효소나 대사산물, 독소 등의 파괴를 의미하는 것은 아니다.

1) 물리적 소독 살균법

(1) 가열 살균법

열소독은 식음료업장에서 많이 사용하는 소독방법으로 식품에 오염된 미생물이 생존 가능한 온도보다 높은 온도로 식품을 가열 살균하여 보존하는 방법으로 오래 전부터 이용되어 왔다. 가열온도가 높으면 여러 종류의 미생물을 살균할 수 있으나 단백질 변성, pH 변화, 영양소 파괴, 갈변, 풍미 저하 등이 여러 가지 변화로 식품의 품질이 저하된다. 열은 세균의 내부단백질을 변성시켜서 파괴하지만, 가열온도는 가능하면 낮은 쪽이 바람직하며 포장 등으로 외부에서 미생물이 침입할 수 없는 상태로 가열하거나 가열처리 후 저온에서 보존하는 방법 등을 병용하면 미생물에 의한 변질을 억제할 수도 있다.

표 6.2 식품의 가열살균 방법

종　류	가열 방법	이용식품 및 특징
저온장시간 살균법 (Low Temperature Long Time Method; LTLT)	63~65℃, 30분 가열, 10℃ 이하로 냉각	• 우유, 술, 주스, 소스, 간장 • 식품의 영양소와 향미보존 가능 • 미생물 완전한 사멸 어려움
고온단시간 살균법 (High Temperature Short Time Method; HIST)	71.7℃, 15초 가열	• 과즙, 우유 • 살균효과 높음 • 영양소 파괴 낮음
초고온순간 살균법 (Ultra High Temperature Heating Method ; UHT)	130~135℃, 2~3초간 가열	• 우유, 과즙 • 일부영양소 파괴와 변형이 생김
고온장시간 살균법 (High Temperature Long Time Method; HTLT)	95~120℃, 30~60분간	• 통조림, 레토르트식품 • 장기간 보존 가능
자비 살균법	100℃, 10분 가열	• 세균포자가 생존할 수 있음
초음파가열 살균법	초음파, 1분	• 채소, 과일, 식기세척

(2) 화염 멸균법

물체 표면의 미생물을 화염으로 직접 태워 멸균하는 방법으로 알코올램프, 천연가스 등의 화염을 사용한다. 이 방법은 유리기구, 도자기, 금속기구 등을 멸균하는 데에 사용된다.

(3) 적외선 살균법

적외선 살균은 일반적으로 주사기, 피펫 등의 작은 초자실험기구에 사용되며, 180℃에서 15~22분이면 살균할 수 있다.

(4) 자외선 살균법

자외선 등은 미생물의 균체 내 감수성이 민감한 핵단백질 분자에 타격을 주어 미생물의 세포파괴를 일으킴으로써 살균효과를 갖는다. 자외선 등의 가장 유효한 살균 대상은 공기와 물이다. 그래서 식품공장이나 집단급식시설의 실내공기 소독, 조리대 소독, 그 밖에 냉장차 내의 살균, 실험실의 무균실 소독 등에 사용된다.

자외선 살균의 장점은 모든 균종에 효과가 있고, 균에 대한 내성이 생기지 않으며, 사용방법이 간편하고, 조사 후에 피조사물에 거의 변화를 주지 않는 것이다. 단점은 침투성이 없으므로 먼지나 미립자에 은폐된 미생물에는 효과가 없으며 자외선이 닿는 표면만 살균된다는 점이다. 또한 조사하고 있는 동안만 효과가 있고 잔류효과가 없으며, 장시간 조사하면 지방산류의 산패가 일어나고, 유기물 특히 단백질이 공존하는 경우에는 흡수당하여 효과가 현저하게 떨어지며, 자외선을 조사하면 각막염, 결막염 등이 유발되고, 피부에 조사되면 붉은 반점이 생성된다.

(5) 방사선 살균법

X선, Y선 등의 방사선 조사에 의해 살균 목적을 달성할 수 있다. 최근에는 Co^{60}이나 Cs^{137}과 같은 방사선 동위원소로부터 방사되는 투과력이 강한 감마선을 이용하며, 포장된 식품이나 약품 등의 멸균에 이용된다.

방사선을 조사하여 살균된 식품을 조사식품이라고 하는데, 최근에 조사식품의 건전성이 국제적으로 인정되고 있고, 에너지 소모가 적으며 완전살충 · 살균이 가능하고, 발아 · 발근 억제효과가 뛰어나서 세계 각국에서 산업화되어 있거나 특수 목적에 실용화되고 있다.

우리나라에서는 식품의 방사선 조사기준을 마련하여 시행하고 있는데, Co^{60}의 γ선을 상용하되 식품의 발아억제, 살충 및 숙도 조절의 목적에 한하여 사용하도록 규정하고 있다. 허용대상 식품별 흡수선량(단위 kGy)을 보면, 다음과 같다.

- 감자, 양파, 마늘 : 0.15 이하
- 밤 : 0.25 이하
- 생버섯, 건조버섯 : 1 이하
- 난분, 곡류, 두류 및 그 분말, 전분 : 5 이하
- 건조식육, 어패류 및 갑각류분말, 된장분말, 고추장분말, 간장분말, 건조채소류, 효모 · 효소식품, 조류식품 알로에분말 인삼 제품류 : 7 이하
- 건조향신료 및 이들 조제품, 복합조미식품, 소스류, 침출차, 분말차, 환자식 : 10 이하

또한 조사한 식품을 다시 조사할 수 없으며, 용기에 넣거나 포장한 후 판매해야 한다. 방사선을 식품에 이용한 예를 표 6.3에 나타냈다.

표 6.3 식품에 있어서 방사선의 이용

조사 목적	조사선량(kGy)*	대상 식품
발아 · 발근 억제	0.03~0.15	감자, 양파, 당근, 고구마, 파, 양배추, 마늘, 밤
살충	0.1~1.0	곡류, 두류, 코코아콩, 돈육(기생충), 과실, 사료원료
숙성지연	0.5~10.0	파파야, 망고, 바나나, 버섯
품질개량	1.0~10.0	건조야채(복원, 촉진), 위스키(숙성촉진), 커피콩(추출률 향상), 밀가루(제빵적성 향상), 발효원료(효소분해성 향상)
불완전살균	1.0~7.0	생선, 수산가공품, 축산가공품(저장기간 연장), 냉동새우, 가금류, 사료 원료(부패균 살균)
식중독균의 살균	3.0~10.0	향신료, 건조야채, 난분말, 효소제
완전살균	20~50	축산가공품, 환자식, 우주식, 포장용기, 실험동물용 사료

* 1Gy = 100rad = 1joule/Kg, 1kGy = 1,000Gy

(6) 증기 소독법

물을 끓일 때 생기는 높은 열의 수증기를 이용하여 병원체를 멸균하는 방법으로,

100℃의 수증기를 사용하는 방법과 고압수증기를 사용하는 방법이 있다. 수증기 소독을 이용할 수 있는 대상물은 소형 기구, 용기, 식기, 조리기구 등이다. 건열 살균에 비하여 습열 살균이 미생물 살균에 효과적인 것으로 알려져 있다.

(7) 고압증기 멸균법

고압증기 멸균High Pressure Steam Sterilization은 증기에 압력을 가하여 멸균하는 방법이다. 고압증기 멸균기Autoclave에서 가압된 증기는 온도 100℃ 이상으로 상승하게 되는데, 1km/cm^{2}의 증기압은 약 120℃가 된다.

고압증기 멸균기를 사용할 때 공기가 잔존하면 증기압이 상승하지 못할 뿐만 아니라, 온도가 낮아지므로 사용할 때 공기를 제거한 후 수증기압만으로 1km/cm^{2}에서 15분 간 작용시켜야 소기의 목적을 달성할 수 있다. 이 방법은 실험실 내에서 가장 많이 사용되는 멸균방법이다.

(8) 간헐 멸균법

간헐 멸균Intermittent Sterilization은 100℃ 이상에서 사멸되는 미생물을 멸균할 때 사용되는 방법으로서 100℃로 하루에 한 번씩 30분~1시간씩 간헐적으로 멸균하는 방법이다.

(9) 일광 소독법

일광의 살균작용은 자외선 작용인데, 직사광선일 경우 모든 균에 대해 강한 살균력이 있다. 결핵균은 건조한 상태에서는 저항성이 강하나, 직사광선에서는 몇 시간이면 죽어버린다. 그러나 일광작용은 내부에는 미치지 못하므로 표면에만 효과를 나타낸다.

(10) 소각법

병원체를 불꽃에 태워버리는 방법으로, 소독방법 중 가장 완전한 방법이다. 균에 오염된 물건이나 의류 또는 폐기물 처리에 효과적이며, 특히 포자를 형성하는 균의 사멸에 효력이 크다. 법정 감염병으로 죽은 가축이나 감염병으로 인해 오염된 물품도 이 방법으로 처리하는 것이 가장 안전하다.

(11) 여과 멸균법

여과기를 이용하여 균체를 제거함으로써 무균액을 만드는 방법으로, 가열에 의한 살균법을 적용하지 못하는 배지 등에 사용된다. 액체여과에서는 Chamberland 여과기, Barkefeld 여과기, Seitz 여과기, 세균 여과막Membrane Filter이 사용되며, 미생물을 이용하는 발효공업에서는 공기의 세균 목적으로 공기여과기Air Filter가 널리 쓰인다.

(12) 건열 살균법

165~170℃에서 1~2시간 건열멸균기 속에서 작용시켜 멸균하는 방법으로써, 보통 초자기구, 외과용 기구, 분말, 기름과 같은 것을 멸균할 때 사용된다. 그러나 열로 인하여 변성되는 휘발성 물질은 멸균할 수가 없다. 열을 이용한 살균 · 소독은 화학적 소독에 비해 몇 가지 장점이 있다.

- 도구의 작은 틈까지도 침투할 수 있다.
- 금속 표면에 대해 부식성이 없다.
- 미생물에 대한 선택성이 없다.
- 잔해물질이 없다.
- 쉽게 측정이 가능하다.

표 6.4 건열에 의한 세균포자의 사멸시간

세 균	사멸시간 (분)						
	120℃	130℃	140℃	150℃	160℃	170℃	180℃
Bac. Anthracis	—	—	180	60~120	9~90	—	3
Cl. Botulinum	120	60	15~60	25	20~25	10~15	5~10
Cl. Perfringens	50	15~35	5	—	—	—	—
Cl. Tetani	—	20~40	5~15	30	12	5	1
Soil Spores	—	—	—	180	30~90	15~60	15

2) 화학적 소독살균법

화학약품의 소독살균력을 이용하는 방법이다. 소독제를 작용방식에 따라 구분하면 다음과 같다.

- 단백질 응고(승홍, 포르말린, 석탄산, 크레졸, 알코올)
- 산화작용(H_2O_2, $KMnO_4$)
- 단백질과 화합물 형성(C_{12}, I_2)
- 강산이나 강알칼리 작용에 의한 단백질 변성(중금속의 염류)

소독제의 소독효과는 다음과 같이 영향인자에 따라 크게 달라진다.

- 균종에 따라서 감수성이 다르다.
- 온도가 높을수록 효과가 크다.
- 유기물질의 농도가 진할수록 효과가 저하된다.
- 소독제의 농도가 진할수록 효과가 크다.
- 접촉시간이 길수록 살균력이 크다.

한편, 소독력의 크기는 $C^n \times t$로 표시한다. C는 농도, n은 희석배수, t는 시간이다.

(1) 석탄산

석탄산Phenol은 대개 3~5%, 평균 3% 수용액이 사용된다. 배설물은 5% 용액이 효과적이다. 소독대상은 주로 배설물이지만 오염된 실내 벽이나 실험대, 그 밖의 기물 소독에도 쓰인다. 일정한 온도에서 5% 석탄산의 장티푸스균에 대한 살균력과 비교하여 각종 소독제의 효능을 표시하는 것을 석탄산계수Phenol Coefficient라고 한다.

> **석탄산계수** = 소독제액의 희석배수 ÷ 석탄산액의 희석배수

(2) 크레졸

석탄산의 약 2배 소독력이 있으며, 석탄산과 마찬가지로 약품냄새가 강하기 때문에 식품위생 면에서 애용되지 못한다. 크레졸Crecol 비누액으로 만들어 3%(3~5%) 수용액으로 사용하며 오물통, 축사 등의 소독에 사용한다. 산이나 염을 가하면 크레졸이 분리되어 용해되지 않고 소독력이 감퇴된다.

(3) 포름알데히드 및 포르말린

포름알데히드Formaldehyde는 약물소독제 중 유일한 가스소독제이다. 분무기 또는 흡입기와 같은 것을 사용하여 포르말린Formalin을 안개 모양으로 뿜어내어 소독한다. 여기에는 몇 가지 방법이 있는데, 모두 특수한 기구와 장치가 필요하다.

포름알데히드를 수용액으로 만든 포르말린은 무균실, 발효실, 병실, 거실, 도서실 등의 소독에 사용된다. 실내소독의 경우, 증기를 발생시킨 다음 밀폐시켜야 한다. 이 포르말린은 단백질을 응고시키기 때문에 효력이 떨어지므로 분뇨, 배설물, 퇴비 등의 소독에는 사용되지 않는다.

(4) 표백분

소독력은 주로 표백분Bleaching Powder 중의 유리염소에 의한 것을 0.03% 정도 들어있으면 탄저균의 포자 등 병원균의 포자들도 몇 분 내에 사멸한다. 물속에 유기물이 들어있는 경우에는 이 유기물과 결합하여 소독력이 낮아지므로 맑은 물에는 1/200만(0.5ppm), 구정물에는 1/5만~1/50만을 기준량으로 사용하는데, 사용한 뒤 30분이 지나면 유리염소가 소실되어 소독효과를 기대할 수 없다.

(5) 차아염소산나트륨

차아염소산나트륨(NaClO)은 시판 중인 락스의 주성분으로서 유효염소 4% 정도이다. 살균력의 주체는 비 해리형 분자인 HClO이다. 차아염소산나트륨은 살균 목적 이외에도 소독, 표백, 탈취 등의 목적으로 널리 사용된다.

(6) 양성비누

양성비누Cationic Soap는 제4급 암모늄염의 유도체로서, 보통비누와 반대로 해리하여 양이온이 비누의 주체가 되므로 역성비누Invert Soap라고도 한다. 세척력은 약하나 살균력이 강하고, 가용성이며 냄새가 없고 자극성과 부식성이 없으므로 손이나 식기소독에 이용된다.

보통 원액(10% 용액)을 200~400배로 희석해서 5~10분간 처리한다. 양성비누는 결핵균에 대한 살균력이 떨어지는 것이 특징이다. 보통비누와 혼용하면 안 되며, 유기물이 공존하면 효과가 감소되므로 세제로 씻은 후 사용하는 것이 좋다. 경수보다는 연수에서, 냉수보다는 온수에서, 산성보다는 알칼리성에서 그 효력이 증대되는 것도 유의할 필요가 있다.

(7) 오존

오존(O_3)은 물을 살균하는 데에 쓰인다. 방법은 건조한 공기에 전기를 접촉시켜서 오존을 발생시키면 그것을 물과 혼합하는 것으로, 대개 $1m^3$의 물에 3~4g의 오존이 소비된다. 침전물이 생기지 않고 냄새가 없어서 좋으나, 전기를 많이 소비하므로 비경제적인 결점이 있다.

(8) 승홍

승홍(HgC_{12})은 보통 1,000배 용액(승홍 1, 염산 10, 물 989)을 만들어서 사용한다. 손, 발, 금속제가 아닌 물질, 기구, 기계의 소독에 적당하다. 금속류는 부식이 될 뿐만 아니라 소독력도 손실되므로 사용해서는 안 된다. 또한 단백질을 응고시키고 소독력도 감소하므로 배설물 소독에도 적당하지 않으며, 알칼리나 암모니아가 있는 곳에서는 소독력이 감소된다.

승홍수는 포자를 죽일 수 있을 정도로 유독하므로, 식기 또는 음료수 등에 침투되지 않도록 주의하여야 한다.

(9) 국소 소독제

외상소독이나 식품위생 분야의 미생물 살균에 유효한 화학적 소독제로는 다음과 같은 것이 사용된다.

① 에탄올

70% 에탄올이 가장 살균력이 강하며 이보다 농도가 높거나 낮으면 살균력이 약하다. 알코올Ethanol은 산을 가하면 살균력이 증가되며, 아포에 대해서는 전혀 살균력이 없고, 아포를 형성하지 않는 균에 대해서는 효과가 확실하다. 알코올은 영하 수십 도(℃)에서도 얼지 않으므로, 추울 때 손의 소독이나 그 밖에 주사 부위 소독에도 적합하다.

② 옥도정기

보통 외상에 쓰이는데, 살균력이 매우 강하고 포자에 대해서도 확실히 효과가 있다. 옥도정기Iodine Tincture는 수술 부위의 피부소독에 가장 적합하며, 점막부에 사용할 때는 자극성을 완화시키기 위해 옥도정기 2~3배 분량의 글리세린을 가하여 쓴다. 이것은 머큐로크롬보다 살균력이 우수하다.

③ 머큐로크롬

머큐로크롬($C_{20}H_{3}O_{6}Br_{2}Na_{2}Hg$)은 창상에 대하여 1~2% 수용액을 사용하고, 점막에는 2~3% 수용액을 사용한다. 머큐로크롬은 승홍과 달라서 수소이온을 유리시키지 않아서 조직을 자극하는 작용이 대단히 약하기 때문에 점막 면에서도 쓸 수 있다.

④ 과산화수소

과산화수소(H_2O_2)는 3~3.3% 용액으로 천천히 물과 산소로 분해된다. 이 때 발생하는 산소가 세균을 산화 파괴하여 살균력이 나타난다. 과산화수소는 건강한 피부에는 직접 자극성을 나타내지 않으며, 주로 화농성 부위나 고름 등을 씻고 소독하는 데 사용한다.

3 주변 환경청소

바닥, 벽, 천장, 배수관과 같이 음식에 접촉하지 않는 곳의 음식찌꺼기나 먼지가 미생물의 번식 환경을 제공한다. 이들 구역은 오염, 냄새, 해충의 번식을 최소화하기 위해 주기적으로 청소해야 한다. 주기적인 청소 일정표를 짜고 이를 실천하여 깨끗하고 위생적으로 관리한다. 식음료업장의 매니저는 다음의 목록이 들어있는 주간 청소계획을 작성하도록 한다.

- 청소할 구체적 기기와 시설
- 기기나 시설의 청소방법과 사용도구
- 청소 소요시간
- 청소 책임자

청소는 음식을 준비하거나 서비스가 거의 없는 시간에 실시하며, 가장 좋은 시간은 마감 이후이다. 음식이 준비되거나 서빙 될 때는 흘리거나 떨어진 음식찌꺼기 청소 외에는 청소를 하지 않는 것이 좋다. 대걸레를 세척할 물통을 준비하고 솔이나 스펀지를 청소할 싱크대가 따로 준비되어 있어야 한다. 손 씻기용, 음식준비용, 식기세척용 싱크대는 절대로 걸레나 솔의 세척에 사용하지 않도록 한다. 청소용 싱크대와 바닥 배수구는 반드시 있어야 한다.

(1) 천장

천장을 주기적으로 점검해 주방을 오염시키지 않도록 한다. 천장, 조명, 팬과 커버는 건식이나 습식으로 청소할 수 있다. 천장이나 고정기물을 물청소할 때에는 물걸레를 사용하여 조명이나 팬과 같은 전기장치에 물이 들어가지 않도록 조심해야 한다. 항상 청소 전에 전원을 차단하도록 한다.

(2) 벽

싱크대 주변이나 음식 조리기구 주변의 벽면 등은 식품 접촉면으로 생각하여 함께 청소 소독해 주어야 한다. 하지만, 다른 벽면은 비 접촉면으로 간주하여 자주 청소할 필요는 없다. 벽면은 물통이나 스프레이를 사용하여 청소할 수 있지만, 스프레이 방법은 벽을 파손하거나 기기와 음식을 오염시킬 수 있다.

(3) 바닥

주방이나 세척장, 식품저장고 등에서 바닥의 구조와 상태는 위생을 좌우하는 중요한 요소이다. 식음료업장의 모든 구역의 바닥은 청소, 열수, 증기, 수세미, 식품 쓰레기, 식품 운반카트 등에 의해 파손되기 쉽다.

바닥의 청결상태는 종업원이 어떻게 바닥의 오염물을 제거하느냐에 달려 있다. 바닥은 일반적으로 스프레이를 사용해 세척 · 소독한다. 하지만 스프레이에 의해 바닥이 손상된다면 대걸레를 사용하여 청소하도록 한다. 하수구는 질병, 해충, 악취의 근원이 될 수 있다. 배수구의 세척방법은 다음과 같다.

- 배수구의 걸름쇠나 뚜껑을 벗긴다.
- 찌꺼기나 기타 오염물을 청소한다.
- 분무기나 호스Hose를 이용하여 수압으로 배수구와 뚜껑을 세척한다.
- 배수구에 세척제를 부어 기름때나 기타 오염물을 제거한다.
- 솔이나 분무기 압력으로 배수구를 세척한다.
- 열수로 헹구어준다.
- 소독약을 뿌려준다.

배수구에서 나는 악취는 열수를 주기적으로 부어 주어 제거할 수 있다. 이 과정은 매일 하는 청소의 마지막 과정이어야 한다.

이와 같이 적절하게 관리하지 않으면 배수관이 막히거나 오물이 다른 시설로 역류할 수 있어 보건위생상 위험을 일으키고 작업이 더욱 힘들어지게 된다. 하수가 역류할 때는 다음과 같이 대처한다.

- 역류된 하수에 의해 오염된 것을 치운다.
- 하수파이프에 막힌 원인을 찾아 없애 준다.
- 역류한 하수로 오염된 기기나 바닥, 벽면 등을 모두 세척 · 소독한다.

4 청소용품

식음료업장의 매니저는 적절한 청소도구나 기구를 갖추도록 해야 한다. 대표적인 청소도구로는 나일론 솔, 행주, 자루걸레, 스펀지, 물통, 호스, 분무기, 거품총 등이 있고, 열수, 세제, 기름제거제 및 소독제가 필요하다.

청소용품은 식자재나 식기보관소와 떨어지도록 하여, 가능하면 청소용품 보관실을 따로 두도록 한다. 청소 및 해충방제용 화학용품은 잠금장치가 있는 표시된 보관함에 보관한다. 독성물질이나 개인 위생용품의 보관함은 잘 보이도록 라벨을 붙인다. 세제나 소독약과 같은 독성물질의 용기는 종업원 모두가 알고 있는 이름을 눈에 띄게 붙여두어야 한다. 이러한 독성물질을 한 번 사용한 용기는 절대로 식품에 사용해서는 안 된다.

대걸레나 솔, 스펀지 등을 세탁하기 위해 물통을 채울 수 있는 싱크대를 따로 준비하도록 한다. 손 씻기용, 식자재 준비용, 식기세척용 싱크대에서는 절대로 대걸레나 솔을 세탁하지 않도록 해야 한다. 청소용 싱크대나 바닥 배수구를 설치하여 청소로 발생한 하수를 제거할 수 있도록 해야 한다.

5 개인위생관리

1) 손 관리

식품의 조리에 있어서 손을 거치지 않는 식품은 거의 없으며, 따라서 손은 식중독과 경구전염병균의 침입경로가 되고 있다. 비록 우리 눈에는 직접 보이지 않지만, 손에는 직·간접으로 오염된 다양한 미생물이 서식하고 있다.

따라서 조리 관련자는 반드시 손을 깨끗이 씻는다든지 소독을 철저히 하여야 한다. 예를 들어, 원료를 취급한 후에는 손을 씻어야 하며, 조리 전에도 소독액을 손바닥에 붓고 소형 솔로 비비면서 특히 손톱 사이에까지 스며들도록 해야 한다. 이렇게 한 뒤 4~5분 정도 지나면 흐르는 수돗물에 손을 담근 채 다시 솔로 씻어낸 후 깨끗한 수건으로 닦아야 한다.

손을 씻는 빈도는 제품과 업소에 따라 다르다. 식품을 직접 접하는 작업자는 적어도 2시간에 한 번씩 씻어야 한다. 작업 현장을 아주 잠시 떠나서 다시 돌아올 때는 반드시 손 세척을 해야 한다.

(1) 수세설비

식품제조, 가공업자나 조리사들이 손을 깨끗이 관리하여 개인위생 관리에 충실할 수 있도록 작업장 내에 전용 수세시설을 갖춘다. 만일, 작업장 내에 수세시설이 없으면 식품과 기구를 세척하는 싱크대에서 오염된 손을 씻게 되어 식품을 오염시킬 수 있다.

수세시설로는 40℃ 정도의 온수가 나오는 세면대를 설치한다. 수도꼭지는 발로 밟는 페달식이나, 손을 대면 물이 나오는 전자감응식으로 장치하여 직접 손을 사용하지 않고 조작할 수 있도록 하는 것이 위생적이다. 수도꼭지의 높이는 팔꿈치까지 씻을 수 있도록 충분한 간격을 둔다.

세면대 근처에는 작업자가 쉽게 볼 수 있는 위치에 손 세척 방법에 대한 안내문이나 포스터를 게시하는 것이 좋다. 세면대에는 액체비누와 손톱 솔 등을 비치하며, 씻은 손을 닦을 수 있는 종이타월을 비치하거나 온풍자동건조기로 말릴 수 있도록 하고, 개인의 손수건이나 공동용 수건을 이용하거나 작업복에 손을 닦지 않도록 한다.

(2) 수세방법

손에는 눈에 보이지 않는 미생물이 존재하여 식품을 취급하는 과정에서 식재료, 기구 및 음식 등이 오염되어 식중독을 일으킬 수가 있다. 이러한 미생물을 제거하기 위해서는 올바른 손 씻기가 무엇보다 중요하다. 손을 씻는 물은 냉수보다 40℃ 정도의 온수가 좋으며, 고인 물보다 흐르는 물로 씻게 되면 손에 있는 미생물이 많이 제거된다.

작업자가 작업을 시작하기 전과 후, 작업 도중에 손을 씻어야 하는 경우가 많이 발생한다. 그러므로 작업장 내에 수세 설비를 하여 항상 손을 씻어야 한다. 손을 꼭 씻어야 하는 경우를 살펴보면 다음과 같다.

- 작업을 시작하기 전
- 화장실을 이용한 후
- 오염작업 구역에서 비 오염작업 구역으로 이동하는 경우
- 식품을 검수하거나 원재료를 만진 후
- 더러워진 기구나 용기, 쓰레기, 음식찌꺼기나 청소도구를 취급한 후
- 육류, 생선, 달걀 등 균의 오염원이 될 수 있는 식품과 접촉한 후
- 귀, 입, 코, 머리 등 신체 일부를 만졌을 때
- 감염증상이 있는 부위를 만졌을 때
- 음식을 먹은 다음 혹은 음료수를 마시고 난 후
- 전화를 받고 난 후
- 담배를 피운 후
- 코를 풀거나 기침 혹은 재채기를 한 후

2) 작업자의 용모관리

(1) 위생복

식품 근로자의 옷은 식품에 오염을 차단시켜 주는 중요한 역할을 하므로 청결하고 깔끔하여야 하며, 불필요한 보석이나 장식물이 달리지 않은 것이어야 한다. 복장에 엄격한 규정을 정하여 준수할 것을 요구하여 작업자들이 식품을 대하는 태도에서 심리적으로 강한 영향을 받도록 해야 한다.

지저분하고 불결한 위생복은 고객들에게 거부감을 주고 병원성미생물의 서식처가 될 수도 있다. 위생복에 손을 닦는 습관이 생기지 않도록 감독을 철저히 하여야 한다.

(2) 장신구

식품 취급 현장에서 보석류나 장신구의 착용을 금지한다. 반지, 시계, 팔찌 등은 식품 취급 시 음식찌꺼기가 끼기 쉽고 세균증식의 온상이 될 뿐만 아니라, 다른 기구나 장치의 취급 시 안전사고의 위험이 크다.

(3) 위생모

머리카락이 음식물에 들어 있으면 미관뿐만 아니라 위생적으로도 좋지 않다. 모발이 식품에 오염되는 것을 방지하기 위해 식품 종사자들에게 위생모를 일상적으로 착용하는 것을 의무화해야 한다.

(4) 장갑

장갑의 착용은 건전한 위생을 지키기 위해 당연한 일이나, 어느 정도는 애매한 부분도 있다. 멸균한 장갑을 착용하면 장갑이 찢어지거나 새지 않는 한 세균이 식품을 오염시키는 것을 방지할 수 있다. 그러나 장갑도 피부오염과 같이 더러워지므로 안심할 수는 없다.

(5) 신발

조리장 내에서는 반드시 위생화를 신으며 매일 소독하고, 주 1회 이상 내부 세척하여 건조 후 사용하도록 한다. 화장실은 전용신발을 비치하여 이용하며, 외부출입 후에는 반드시 소독판에 위생화를 소독하고 들어온다.

CHAPTER 07

환경위생관리

쉽게 풀어 쓴

FOOD 식품위생학

HYGIENICS

1 건물의 입지조건

식음료업장 건물환경은 시설 및 기기, 주위 토지나 주차장, 주변여건 등 건물의 외부환경이라 할 수 있다. 식품관계 영업시설의 건물 입지는 다음과 같은 조건을 갖추어야 한다.

(1) 깨끗한 주위 환경

시설의 외관은 해충을 모이게 하는 쓰레기가 없으며 깨끗한 미관을 고려해야 한다. 해충이나 쥐가 없도록 하며, 주변의 도로면은 콘크리트나 아스팔트를 시공해야 한다. 또한 공장 밀집지대, 사람이 많은 주거지역은 유독가스, 악취, 먼지 및 부유세균 등이 많아서 적합하지 못하다.

(2) 적절한 상 · 하수도 시설

식음료업장의 위생을 위해 충분한 물 공급과 적절한 하수시설은 필수적이다. 식수는 인증된 상수원에서 공급받아야 한다. 서빙 전에 식수공급시스템을 살균 소독하여 안전하게 물을 공급하도록 한다. 입지선택이 잘못되어 수질불량과 물 부족으로 막대한 추가 운영비와 생산능률의 저하를 초래할 수 있으므로 지형, 지질, 수질 등에 대한 정밀조사가 선행되어야 한다.

(3) 오수 · 폐기물 처리의 편리성

하수를 적절히 처리하여 음식과 식수의 오염 위험을 감소시켜 주어야 한다. 고형폐기물은 매몰 등에 의해서도 환경오염물질화가 될 수 있으므로, 오수와 함께 이들에 대한 처리에 편리하도록 사전 검토가 충분하여야 한다. FDA 식품규제에서는 식음료업장의 하수를 공공하수처리장, 관할구역에서 정하는 크기, 시공법, 관리법, 운영법에 따르는 개별하수처리장 등 승인된 시설을 통해 배출하도록 규정하고 있다.

(4) 교통 및 전력사정

식음료업장의 가장 중요한 것 중의 하나가 시설에 대한 접근성이다. 이와 함께 장기적인 안목으로 전력사정에 충분한 검토가 있어야 한다. 이것들이 잘못되면 업체 운영에 불필요한 경제적 부담이 될 수 있다.

2 내부의 위생설비

건물의 입구는 고객에게 오래 기억되므로, 입구와 실내의 깔끔한 분위기는 고객의 만족도에 영향을 미친다. 입구는 찾기 쉽고 도로나 주차장에서 가까운 곳에 위치하도록 해야 한다. 입구나 출구 표시를 명확히 하여 출입 시 혼잡을 예방해야 한다.

(1) 작업장의 면적

작업장 면적은 업종과 작업의 양에 따라 결정해야 한다. 또한 작업량의 증가에 따라 작업장을 확장할 필요가 있으므로, 건축할 당시에 미래에 확장시킬 여유면적을 남겨 둘 필요가 있다. 작업장의 면적이 협소하면 작업에 불편을 줄 뿐만 아니라 작업 능률도 저하되며, 종업원이 피로를 느끼는 동시에 기업의 위축 및 위생상의 사고발생 요인이 되기도 한다.

작업장의 면적에 대한 법적인 규제는 없지만, 적절한 면적의 확보는 작업의 능률과 종업원의 건강관리에 영향을 미칠 수 있으며 궁극적으로 품질과 위생상의 여러 문제에도 영향이 있다.

(2) 벽과 창문

벽은 불침투성 재료로 처리하고 청소하기 쉽게 표면을 평활하게 한다. 또한 밝은 색상으로 환하게 함으로써 더러운 것이 쉽게 눈에 띄고 청소가 용이하도록 한다. 바닥과의 접속부위 및 창의 접속부위는 굴곡 또는 경사를 둔다. 청소를 자주 하는 장소에는 세라믹타일, 스테인리스 스틸 등의 재질로 벽면을 처리한다. 특히 내측 벽 하부는 부식되기 쉬우므로, 바닥으로부터 적어도 1.5m 정도 높이까지는 타일이나 시멘트 등의 불침투성 재료를 입히거나 세균방지용 페인트로 칠하는 것이 좋다. 콘크리트, 다공성벽돌 등은 건조식품 저장소 등에만 사용하며, 그 밖의 장소에는 매끄럽고 비흡수성의 재질로 마감함으로써 청소가 용이하도록 한다.

물을 많이 사용하면서 미생물에 민감한 제품을 생산하는 공정의 벽은 청결도를 높이기 위해 세라믹타일로 처리한다. 양조공장, 음료수공장, 유제품공장의 작업장 벽은 바닥에서부터 1.5m 이상을 유약 처리된 타일을 붙이는 것이 표준방법으로 되어 왔다. 타일은 동물의 피, 식품, 산, 알칼리, 세척제, 증기와 열수에 대해서도 안정하다.

벽과 바닥이 만나는 모서리 부분은 최소한 반경 2.5cm 이상의 곡면 처리하여야 한다. 곡면타일 혹은 몰딩을 이용하여 곡면처리 하면 좋다. 창문은 작업장 내에서 발생하는 악취, 유해가스, 매연 및 증기 등을 환기시키기에 충분하도록 바닥면적의 20~30% 이상 되는 창문을 갖추거나 환기시설을 설치하여야 한다. 창문에는 쥐 또는 해충을 막을 수 있는 설비를 하여야 하고, 또한 창문의 상단은 가급적 천장 가까이 하며 하단은 바닥부터 1m 이상이 되게 설치한다.

(3) 천장

천장 위의 공간은 곤충들의 서식처가 되기 쉬우므로 식품들의 잠재적 오염원이 되기 쉽다. 따라서 천장은 틈이 없고 매끄러워야 하며 이물질이나 먼지들이 떨어지지 아니하는 구조이어야 하고, 높이는 바닥에서 2.0m 이상이어야 한다.

식품공장이나 조리장에는 물과 불을 많이 사용하므로 천장의 재질은 내수성과 내화성이 있는 것으로 한다. 천장의 복잡한 시설물이 노출되어 있으면 먼지가 쌓이게 되므로, 전기설비 등은 작업장의 환경을 위생적으로 하기 위해 천장의 내부에 설치하는 것이 바람직하다.

천장에 곰팡이가 자라거나 곰팡이 발생이 우려되는 경우, 곰팡이 살균용 방균 페인트를 도색함으로써 곰팡이를 억제하거나 지연시킬 수 있다. 평활하고 밝은 색의 재료로 처리하고 가능하면 청소를 쉽게 할 수 재료로 마감하도록 한다. 또한 통풍이 잘되고 수증기의 응축이 없으며 도장물이 탈락하지 않아야 한다. 수증기의 응축에 의한 물방울이 생겨 식품에 직접 떨어져서 식품을 오염시키는 것을 막기 위해 천장은 벽을 향해서 완만하게 경사지도록 한다. 워크인 냉장고, 주방, 세척장, 화장실 등에 사용되는 못이나 서까래, 기둥, 파이프 등은 노출되지 않도록 해야 한다. 조명, 환풍시설의 부품, 창문이나 벽에 설치하는 환풍기, 장식용품과 같이 천장에 설치하는 부속품들은 쉽게 청소할 수 있어야 하고 잘 관리해야 한다.

(4) 바닥

불침투성이고 표면이 평활하여 청소하기 쉽고 내구성이 높은 재료로 해야 한다. 주방이나 세척장에서 주로 사용하는 바닥재로는 테라조Terrazzo : 대리석을 골재로 한 콘크리트, 쿼리 타일Quarry Tile : 석판 타일, 아스팔트 타일, 세라믹 타일 등이 있다. 물을 뿌려 청소하는 장소는 물이 빠지도록 설계하여야 하며, 벽과 바닥이 만나는 모서리 등은 둥글게 처리하고 밀착시키도록 한다. 배수구는 측면으로부터 15cm 띄워 벽에 평행하게 설치하고, 실외 배수구와 통하는 부분은 방서구조로 한다.

식음료업장에서는 미끄러지거나 넘어지는 사고가 자주 발생한다. 미끄러운 바닥은 종업원의 부상과 기물파손 등의 원인이 되므로, 종업원의 안전을 보호하는 장소에서는 매트나 기타 미끄럼 방지매트를 사용하도록 한다. 작업자의 미끄럼을 방지하는 방법으로 표면에 규사를 코팅하여 표면을 거칠게 하는 방법이 있지만, 이 경우 청소가 어려워지고 때로는 표면의 규사가 떨어져 나가는 문제가 있을 수 있다. 이러한 보호 장치는 당연히 불 침투성, 비 흡수성 재질로 세척이 용이해야 한다.

(5) 채광 · 조명

작업장의 채광과 조명은 아주 중요한 요소이다. 주방의 적절한 조명은 생산성과 종업원의 능률을 높이고 눈의 피로와 긴장을 감소시키며, 사고와 실수를 줄여주고 세척한 식기의 얼룩을 발견할 수가 있다.

주방에는 적절한 조명장치와 빛의 반사를 감소시키는 부드러운 색을 사용해야 한다. 그림자가 생기지 않으며 반사가 적고 지나친 밝기를 갖지 않도록 조명의 위치를 설정해야 한다. 빛이 반사하면 가시범위가 줄고 눈이 피로하며, 작업의 효율성이 낮아지고 사고를 유발할 수 있으므로, 빛의 반사까지 고려하여 설치하도록 한다. 햇빛을 충분히 이용하기 위해서는 창의 면적은 벽 면적을 기준으로 할 때 70% 이상이며, 바닥의 면적을 기준으로 할 때는 20~30%로 하는 것이 좋다. 창의 상단은 가능하면 천장 위치까지 놓는 것이 좋다.

현행 우리나라의 규제는 작업장의 경우 75룩스 이상으로 되어 있으나, FDA 등에서의 전등 배치는 그림자가 없도록 낮은 촉수를 여러 대로 적절히 배열해야 한다. 식품 공장에서의 조명도를 보면 혼합, 가열, 건조 공정의 경우는 100룩스, 포장 · 선별 공정은 200룩스, 장식 및 검사 공정은 500룩스가 적당하다. 조명방식은 검사공정 등은 국부조명으로 하고, 그 외에는 전체 조명으로 한다.

음식이 노출되는 작업장, 기기와 도구의 세척실, 테이블보, 포장이 벗겨진 일회용품 위에 위치하는 전구는 보호처리, 코팅처리된 것이나 파편방지성 전구를 사용해야 한다. 이는 깨진 유리조각이 식품에 들어가거나 식품 접촉면에 남아 있는 것을 방지하기 위한 것이다.

셀프서비스 뷔페식당에서는 코팅된 전구나 파편이 생기지 않는 전구를 설치해야 하며, 고객이 음식의 질을 높이 평가할 수 있는 조명을 사용하는 것이 좋다.

(6) 환기 · 통풍

식품의 제조, 가공 및 조리과정에서 원재료를 취급하거나 가공에 사용되는 화기로부터 분진과 유해가스, 매연, 악취, 열기 등이 발생되어 작업장을 오염시키며 이런 환경에서 작업자는 빨리 피로를 느낀다.

열기와 수증기에 의한 수분은 세균이나 곰팡이의 증식을 촉진시키므로, 식품과 음식은 미생물에 의하여 2차 오염을 받기 쉽고 빠른 속도로 상하게 된다. 공기 중에 포함된 먼지, 유독가스, 세균 등을 모두 제거하는 것이 가장 바람직하나, 이러한 조건을 만드는 것은 극히 어려운 일이다.

따라서 작업능률 향상과 원료나 시설 등에 오염을 방지하기 위해 창이나 현장은 수증기, 연기 및 가스를 빠르게 배출할 수 있는 시설로 설계되어야 하며, 그 밖에 배기 팬Fan이나 환기장치Ventilator 등을 이용하여 인공적으로 환기를 한다. 환기용 창은 좌·우로 여닫는 식이 밀어내는 식보다 방서나 방충에 좋으며, 불을 이용하거나 기름 증기가 증발되는 곳에는 통풍장치를 하는 것은 물론이고 불을 이용하는 곳의 주위 2m 이상은 특히 방화구조로 한다.

조리장의 열기기 위에는 환기장치로 배기 후드Hood를 설치한다. 배기 후드는 스테인리스 스틸로 제작하며, 크기는 열기기보다 사방 15cm 이상 크게 하고, 30도 각도의 깔때기 모양으로 만들며, 아래 끝의 높이가 160cm 정도 되게 하는 것이 좋다.

조리장 내의 증기나 유해 미생물, 먼지 등은 에어필터, 전기집진장치 등에 의해 제거하고 덕트와 배기 후드의 연결은 바깥의 오염물질이 안으로 유입되지 않도록 자동 개폐시설을 설치한다. 덕트는 아연도금, 강판이나 스테인리스 스틸로 만들며 천장공사의 시공 전에 설치하고, 가능하면 천장 아래로 노출되지 않도록 한다.

(7) 출입구

식품공장이나 조리장 안에는 작업자 이외의 외부사람은 함부로 출입하지 못하게 하여 오염을 방지한다. 출입문은 가급적 자동문을 설치하고, 청소가 용이한 재질과 위생동물의 침입을 방지하기 위한 방충, 방서시설 등을 설치한다.

출입구에는 작업장 전용의 신발로 갈아 신기 위한 신발장, 신발 소독조와 수세시설을 갖춘다. 신발 소독조는 작업장의 출입구 이외의 화장실 출입구, 오염구역과 비오염구역의 경계면에도 설치하는 것이 좋다.

(8) 식품저장실

식품저장실은 식품을 하역하는 곳과 가까운 곳에 설치하여 식품이 외부에 노출되는 시간을 줄이도록 하며, 작업장을 거치지 않고 식재료의 반입이 가능하게 하며 식품저장실에 소독약이나 세제, 청소도구, 기타 일반세제 등을 함께 두어서는 안 된다. 또한 품목별로 구분이 용이하도록 표시하고 조명시설도 잘 갖추어져야 한다.

저장실은 식재료를 보관하므로 항상 청결한 상태를 유지하여야 한다. 환기가 잘되고 온도와 습도가 정확하게 이루어지며 먼지, 곤충, 쥐 등의 침입을 방지할 수 있는 시설을 갖춘다. 또한 환기시설과 충분한 보관 선반 등이 설치되어야 한다. 보관 선반은 청소 및 통풍이 용이하도록 바닥과 벽으로부터 15cm 이상 띄워야 한다. 그리고 식품저장실의 바닥은 작업장으로부터 물의 유입을 방지하기 위해 조리장의 바닥보다 약간 높게 시공되어야 한다. 바닥의 재질은 물청소가 용이하고 미끄럽지 않으며 배수가 잘 되어야 하며, 식품저장실에는 식품의 안전과 보관을 위해 온도계와 습도계를 갖추어 항상 내부의 온도와 습도를 측정할 수 있도록 해야 한다.

저장실 창문에는 방충망을 설치하고 개폐가 잘되도록 하여야 한다. 특히 외부와 연결되는 전선이나 물받이 등은 쥐가 건물 상부로부터 침입할 수 있는 좋은 통로가 되므로 주의하여야 한다. 일반적으로 저장고의 온도는 10~15℃이고, 상대습도는 70~80%가 표준으로 되어 있으나 식품의 종류에 따라 차이가 있다.

(9) 화장실 및 샤워장

작업자들을 위한 화장실은 고객용과 분리하여 설치하며 항상 위생적으로 관리해야 한다. 화장실은 작업장과 거리를 두고 설치하며, 바닥은 타일 또는 기타 내수성 재료로 하고, 문은 자동개폐식으로 하는 것이 바람직하다.

또한 청소가 용이한 기구로 하되 전용의 소독약 및 청소용구 등을 청결하게 비치한다. 화장실에는 수세시설, 열풍건조기 혹은 종이타월을 설치하며 액체비누와 뚜껑이 있는 휴지통을 비치한다. 또한 통풍이 잘 되도록 외부로 통하는 환기시설을 갖추며, 창에는 방충망을 설치하여 유해곤충의 침입을 막을 수 있도록 한다. 작업을 시작할 때와 끝난 후 샤워를 할 수 있도록 샤워시설도 함께 갖추는 것이 좋다.

(10) 탈의실

탈의실과 화장실의 올바른 설치가 식품공장 전체의 위생을 향상시킬 수 있다. 모든 식품가공 공장은 종사원들이 제조공정에서 작업 중에 개인소지품과 평상복을 안전하게 보관해 놓을 수 있는 장소가 가공공장, 저장고, 창고 등으로부터 분리된 곳에 있어야 한다. 일반적으로 탈의실은 샤워장과 수세대를 구비하며 화장실에 인접하게 설치한다.

작업장에 들어갈 때는 작업복으로 갈아입어서 외출복에 묻어있는 균을 작업장에 묻혀 들어가지 않도록 해야 한다. 탈의실은 종업원의 수를 고려한 적정면적을 확보하고, 개인소지품을 보관할 수 있도록 개인 사물함과 기타 필요한 설비를 갖춘다. 탈의실 입구와 출구는 별도로 하여 탈의실을 거치지 않고는 현장 출입을 하지 못하도록 하는 것이 바람직하다.

탈의실의 바닥은 물청소가 가능하고, 벽면과 바닥의 연결 부위는 곡면 처리하여야 한다. 래커 자체는 바닥에 밀착시키거나 15cm 이상의 받침을 설치한다. 또한 종업원들이 주기적으로 각자 자신의 래커를 청소하도록 하고, 공장 위생관리인이 검열함으로써 이곳이 해충 근거지가 되지 않도록 청소와 해충방제를 실시하는 프로그램을 운영하여야 한다.

3 배관 위해요소

하수도, 폐수탱크 등은 당국이 인정하는 적당한 처리방법과 시설로 되어있어야 하고, 폐수는 배수관을 통한 역류의 가능성이 있으면 안 된다. 배수관의 내경은 최소한 4인치이고, 용량이 많을 때는 6인치 이상이어야 한다.

상수도관과 배수관은 서로 교차로 배관되어 있으면 안 되고, 건물 주위의 배수구는 언제나 청결하여야 하며 적당한 경사가 있어서 배수 및 빗물이 자연적으로 흘러 내려가야 한다.

FDA 식품규제에서는 다음과 같은 배관시스템에 관한 규정을 명시하고 있다.

- 물 공급 파이프
- 트랩
- 오물, 쓰레기 및 통풍 파이프

- 위생적인 급 · 배수구
- 건물과 건물주변의 하수시설

식품위생에 있어서 배관시스템 설계와 시공은 매우 중요하다. 식음료업장의 상수도 오염은 중대한 공중보건 문제이다. 위장염, 이질, 장티푸스와 기타 화학적 식중독들은 많은 경우 잘못된 배관시스템 때문에 일어난다고 한다. 식음료업장의 배관시스템은 전문 배관공에 의해 올바르게 설치되고 관리되어야만 한다.

1) 교차연결

교차연결은 배수구나 하수구의 오염물질이 식수로 들어갈 수 있는 배관 접점을 말한다. 교차연결에는 직접 또는 간접적 배관 접점이 있다.

직접 교차연결은 식수시스템이 배수, 하수, 비 식수시스템이나 기타 오염원과 직접적으로 연결되었을 때 발생하며, 간접 교차연결은 오염원이 흡입되거나 날려서 들어가는 등 간접적으로 식수시스템을 오염시킬 수 있는 곳을 말한다.

2) 역류

역류Backflow는 오염된 물이 식수파이프로 흘러들어가는 것으로, 역기압에 의해 발생하며 다음의 두 가지 경우에 흔하게 일어난다.

- 식수파이프보다 더 높은 압력으로 역기압이 발생하여 오염물질이 식수로 빨려 들어갔을 때
- 식수시스템의 압력이 감소하거나 진공상태로 되어 역사이폰 현상이 일어났을 때

이러한 현상은 수리를 위해 식수시스템을 중단시켜 일정한 양의 물이 줄어들거나 화재진화를 위해 많은 양의 물을 사용할 때 나타난다. 역류를 방지하기 위하여 에어갭이나 대기압식 진공차단기 등의 적절한 역류방지시스템을 설치해야 한다.

3) 기름트랩

튀김이나 숯불구이요리를 하는 식음료업장에서는 다량의 기름이 발생하므로, 액체 기름과 굳기름을 제거할 수 있는 기름트랩Grease Traps을 설치해야 한다. 기름트랩은 식음료업장 내에서 폐수를 직접 처리하거나 배출하는 기기를 갖춘 음식점에서 더욱 중요하다. 트랩은 쉽게 청소할 수 있는 위치에 설치되어야 하며, 그렇지 않은 경우 해충의 온상이 되거나 하수시스템을 막히게 할 수 있다.

4 급수 및 오물처리의 위생관리

1) 급수

식품 취급시설에서 사용하는 물은 원칙적으로 상수도물이어야 안전하다. 만일 상수도물을 이용할 수 없을 때는 사용하는 급원(우물, 샘물 등)에 대하여 검사기관에서 연 2회 이상 수질검사를 받아서 음용적합 판정을 받아야 한다. 음용에 적합한 물이 풍부하게 공급 · 확보되는 것이 제일이고, 상수도에 의존한다면 우선은 안심할 수 있다. 우물물에 의한 급수는 다음 각 항에 유의해야 한다.

- 우물은 비교적 깊은(7.5m 이상의 깊이) 우물인 경우에 양질의 물을 얻는다.
- 우물은 오염원(변소, 하수 등)부터 적어도 15~20m 이상 떨어져 있어야 한다.
- 배수관, 배수구는 우물로부터 가능한 한 멀리 통과하도록 하며, 관들의 접합 부위를 정밀하고 견고하게 하여 외부로 오수가 새어나가지 않도록 한다.
- 급수관은 녹이 슬거나 화학변화를 일으키지 않는 「수도법」에서 정한 것을 사용해야 하며, 또한 오염되지 않도록 유의해야 한다.

(1) 먹는 물 수질기준

- 경도는 300mg/ℓ를 넘지 아니할 것
- 과망간산칼륨의 소비량은 10mg/ℓ를 넘지 아니할 것
- 냄새와 맛은 소독으로 인한 냄새와 맛 이외의 냄새와 맛이 있어서는 안 될 것
- 색도는 5도를 넘지 아니할 것
- 탁도는 1NTUNephelometric Turbidity Unit를 넘지 아니할 것. 다만, 수돗물의 경우에는 0.5NTU를 넘지 아니할 것
- 수소이온농도는 pH 5.8~8.5이어야 할 것
- 증발 잔류물은 500mg/ℓ를 넘지 아니할 것
- 염소이온은 250mg/ℓ를 넘지 아니할 것
- 황산이온은 200mg/ℓ를 넘지 아니할 것
- 아연은 3mg/ℓ를 넘지 아니할 것
- 세제(음이온계면활성제)는 0.5mg/ℓ를 넘지 아니할 것
- 철은 0.3mg/ℓ를 넘지 아니할 것
- 망간은 0.3mg/ℓ를 넘지 아니할 것
- 알루미늄은 0.2mg/ℓ를 넘지 아니할 것

2) 폐수 · 오물처리 위생

(1) 폐수처리

폐수에는 유기물 외에도 병원 미생물이 존재할 수 있으므로, 위생처리를 하여 방류하여야 한다. 처리법에는 여러 가지가 있으나 일반적으로 예비처리와 생물학적 처리로 나눈다. 폐수는 일반적으로 산업폐수 · 가정하수 · 빗물 및 지하수로 나눌 수 있으며, 식품시설에서 배출되는 오수는 대부분이 산업폐수이다.

식품공장의 폐수는 유기물함량이 높기 때문에 생물학적 산소요구량BOD, 부유물질SS 등이 매우 높다. BOD는 특히 빵류, 전분류, 조미료 제조업과 도축업에서 평균 2,000ppm으로 높게 나타난다. SS의 경우는 도축업에서 1,300ppm, 빵류 제조업에서 1,150ppm

정도로 높은 편이다.

식품공장폐수의 처리에 가장 적합한 방법은 생물학적 처리법인 활성오니법Activated Sludge System이다. 그 밖의 처리방법은 이 처리를 효과적으로 행하기 위한 전처리로 쓰일 때가 많다. 식품공장에서 배출되는 폐수는 「수질환경보전법」에 따라 배출허용기준을 규제하도록 되어 있다.

공장에 따라 배출되는 폐수의 성분도 다른데, 동물성식품 제조공장의 폐수에는 함유되어 있는 유지가 자동 산화되어, 산패취Rancid Odor를 내는 경우가 많아 악취의 원인이 되기도 한다.

(2) 화장실 및 분뇨, 쓰레기처리

화장실은 조리장이나 우물에서 적어도 15m 이상 떨어져 있어야만 위생적인 조리가 가능하고 오물이 우물에 스며들지 않는다. 화장실은 출입구나 창에는 방충·방서용 설비를 하여 해충, 쥐 등의 침입을 막아야 한다. 그리고 수세시설, 환기시설을 갖추어야 한다.

화장실의 수는 종업원 1~9명에 1개, 10~24명에 2개, 25~49명에 3개, 50~100명에 5개, 30명 추가마다 1개씩이 필요하다. 수세식 화장실은 용량에 맞는 정화조를 설치하고 정기적으로 청소를 하여야 하며, 화장실에는 냉·온수로 손을 씻을 수 있는 시설을 갖추어야 하고, 비누나 역성비누 등의 세척·소독제를 비치하여야 한다.

오물에는 분뇨와 쓰레기 등이 있는데, 분뇨에는 병원균이나 기생충알 등이 들어있으므로, 분뇨를 위생적으로 처리하는 것은 국민보건 상 매우 중요한 일이다. 이를 위해 수세식 화장실 시설을 갖추고, 여기서 흘러나간 하수는 자치단체의 하수종말처리장에서 정화 처리하는 것이 바람직하다.

쓰레기 처리시설은 제조장으로부터 3m 이상 떨어져 있고, 항상 위생적인 상태로 유지·관리되어야 하며 음료수를 오염시키지 않도록 설계되어야 한다. 제조시설 안에는 오물냄새가 나지 않아야 하고, 곤충이 침입할 수 없도록 내수성 자재로 된 자동개폐식 쓰레기통을 적당한 장소에 비치한다.

쓰레기통은 주방 쓰레기용, 가연성 쓰레기용, 불연성 쓰레기용으로 구분하여 설치하는 것이 편리하며, 특히 주방 쓰레기는 수분이 많고 부패하기 쉬우며 위생해충이나 쥐의 발생원이 되므로, 적당한 약제를 뿌리는 등 쓰레기통 관리에 유의하여야 한다.

3) 음식쓰레기와 폐기물 위생

음식쓰레기와 폐기물의 적절한 처리와 보관은 위생적으로 매우 중요하다. 폐기물은 폐수처리시스템으로 처리할 수 없는 고형쓰레기이고, 음식쓰레기는 재활용할 수 없는 음식찌꺼기이다. 이러한 쓰레기를 제대로 관리함으로써 해충과 쥐의 번식을 예방할 수 있다. 외부의 쓰레기통은 수거 전까지 폐기물과 쓰레기를 보관하는 장소이고, 식음료업장 내의 저장실과 모든 통들은 폐기물 재활용품, 반환품들을 쌓아두기에 충분히 커야 한다.

폐기물이나 재활용품이 발생하는 곳에서는 어디든지 쓰레기통을 설치해야 한다. 하지만 공중미관 및 주변의 청결을 해치는 장소에는 쓰레기통을 두지 않는 것이 좋다. 견고하고 청결하며 해충이나 쥐를 예방할 수 있고, 새지 않으면서 비 흡수성 재질의 쓰레기통을 사용하도록 한다. 쓰레기통이나 보관용기에 폐기물이 있거나 지속적으로 사용하지 않을 때에는 뚜껑을 닫아둔다.

더러운 기기나 용기들은 해충과 쥐의 서식지가 되므로 주기적으로 세척해 주어야 하며, 청소할 때 주방용품이 오염되지 않도록 주의해야 한다. 폐기용 기기나 도구를 철저히 세척하기 위해 고압펌프나 뜨거운 물, 스팀, 세제 등을 사용하도록 한다. 도구를 세척한 후 발생하는 물은 폐수로 간주하여 인증된 하수처리시스템이나 법에 의해 설계, 시공, 운영 유지되는 시설을 통해 배출해야 한다.

식음료업장은 업소 외부에 폐기물, 재활용품 등을 쌓아둘 수 있는 저장소가 있어야 한다. 외부쓰레기 저장소는 견고하고 청소하기 쉬우며 관리하기가 용이해야 한다. 또한 잘 맞는 뚜껑이나 문이 설치되어 해충이나 쥐가 접근하지 못하도록 해야 한다.

폐기물과 음식쓰레기는 필요할 때마다 폐기하여 악취 해충과 쥐의 발생을 방지해야 한다. 추운 계절에는 폐기물 처리를 자주 하지 않아도 된다. 외부쓰레기 저장소는 항상 청결하게 유지해야 하고 쓰레기가 흩어져 있지 않도록 하며, 청소를 위해 적절한 도구와 용품을 갖추고 있어야 한다. 또한 폐기물 보관소나 쓰레기통에는 배수구가 있어야 한다.

누적되는 폐기물의 용량을 줄이기 위해 쓰레기 압축기 등을 설치하며, 벌레나 해충의 접근을 막기 위해 주변을 항상 청결하게 유지한다. 카드보드나 다른 포장재들은 주기적으로 재활용되거나 폐기되도록 외부에 보관한다. 이러한 포장재 쓰레기가 쥐의 서식처가 되지 않도록 덮개를 설치하는 것이 좋다.

음식물쓰레기 처리에서 주의할 점은 쓰레기통 및 잔반수거통은 흡수성이 없으며 단단하고 내구성이 있어야 하고, 쓰레기통 및 잔반수거통은 반드시 뚜껑이 있어야 하며 더러운 냄새와 액체가 새지 않도록 파손된 부분이 없는지 관리한다. 주방용 쓰레기통, 잔반수거통, 일반쓰레기통을 구분 관리하고 쓰레기, 잔식의 운반을 용이하게 하기 위해 운반수거 시 전용 운반도구(하부에 바퀴 부착)를 구비하고 충분한 수량을 확보한다.

쓰레기통 및 잔반은 지정된 장소에 보관하며 2/3 이상 채워지지 않도록 한다. 배식 시 잔반통이 보이지 않도록 하며, 쓰레기 및 잔반은 1일 1회 이상 수거한다. 그리고 쓰레기는 쓰레기통에만, 반찬은 잔반수거통에만 넣는다. 쓰레기 처리장소는 식품저장 장소와 분리된 장소에 있고 환기가 잘되어야 하며, 세척 및 소독이 쉬워야 한다.

방역은 관련법규에 의거하여 2개월에 1회 이상 실시하고 소독필증을 보관하여야 하며, 필요 시 자체방역을 실시하되 방역약품을 지정된 장소에 보관하고 허가된 제품을 사용하여 안전사고에 주의한다. 외부업체에 방역의뢰 시에는 반드시 공인된 업체를 선정하여 수행한다.

5 위생동물, 해충방역

파리, 바퀴, 쥐 등은 식중독이나 세균성 이질과 같은 병원균을 식품에 직접 오염시키거나 식품을 매개로 하여 인체에 해를 끼치므로, 이들의 출입을 방지하는 것은 식품위생상 중요한 과제이다. 그러므로 모든 식음료업장은 해충방역프로그램을 갖추어야 한다. 철저히 방충, 방서하지 않으면 아무리 철저한 기기와 식기의 세척, 소독 및 온도관리라도 무용지물이 된다.

쥐와 곤충의 출입을 방지하기 위해서는 작업장 내 · 외의 배수구와 출입구 또는 화장실과 출입구에는 방서설비를 하고, 조리장에도 방서를 위한 금속망이나 그 밖에 적당한 설비를 해야 한다.

1) 쥐

(1) 쥐의 종류

쥐는 설치목Rodentia 쥣과Muridae에 속하는 포유동물로, 종류가 약 2천 종이나 되지만, 우리나라에서는 9개 속 15종이 기록되어 있다.

위생학상 문제되는 쥐류는 11개종으로써 그 중 시궁쥐, 지붕쥐, 생쥐 3종이 인간과 밀접한 관계를 갖고 주택 내 또는 그 주변에서 서식하고 있다.

① 집쥐시궁쥐 : Rattus Norvegicus

집쥐는 주로 집에 사는데 '시궁쥐'라고도 불리며, 집쥐류 중에서 가장 커서 성숙한 것은 몸무게가 400~500g이고 몸길이는 평균 200~270mm이며, 꼬리는 165~205mm로 몸길이보다 조금 짧고 굵으며 비늘이 거칠다. 집쥐는 부엌, 변소, 축사, 경작지, 하수구, 쓰레기장 등에 출현하며 땅을 파고 서식한다. 대개는 야간에 활동하며 곡물과 하수구의 음식찌꺼기, 곡물, 곤충 등을 포식한다. 또한 헤엄을 잘 치며, 색은 흑색, 갈색 등이 있어 갈색쥐라고도 하고 노르웨이쥐라고도 한다.

② 곰쥐지붕쥐 : Rattus Rattus

크기는 집쥐보다 약간 작아 199~250g이며 꼬리가 몸통보다 길고 귀가 크다. 동작도 민첩하고 기둥을 타고 기어오르는 데도 능숙하여 주로 천정, 벽 틈 및 수직등반도 잘하여 파이프관을 타고 올라가기도 한다. 주로 천장 안에 둥지를 만들고 산다. 등의 색은 갈색이거나 흑회색을 띠고 있으며 곡물 어수육, 기타 음식물을 먹는데, 주로 야간에 활동한다.

③ 생쥐Mus Musclus

성체의 무게가 20g 정도의 소형 쥐인 생쥐는, 머리에 비해 귀가 크고 호기심이 강하다. 생쥐는 몸집이 아주 작아서 몸무게가 20g, 몸길이가 80~100mm이고, 꼬리도 몸길이와 비슷하다. 인가나 들에 살며 농작물보관소 또는 농작물경작지에 많이 서식하고, 묵은나무를 쌓아둔 곳에서 서식하며, 근래에는 블록 건축물에도 출현한다. 다른 쥐들이 통과할 수 없는 틈을 쉽게 출입할 수 있으므로, 일반가옥에는 물론 아파트 문이나 통풍구멍을 통해 침입할 수 있어 고층건물 상층에까지 분포되어 있다.

④ 들쥐Field Mouse

갈밭쥐, 쇠갈밭쥐, 대륙밭쥐, 등줄쥐 등이 있다.

(2) 쥐의 생태 및 생활사

가주성 쥐는 들쥐와 달리 주로 야간활동으로 일몰 직후부터 활동이 활발하지만, 굶주린 경우에는 주간에도 활동한다. 쥐는 생후 2주 후부터 죽을 때까지 단단한 물질을 갉는 습성이 있는데, 이는 두 쌍의 문치(門齒)를 마멸시키기 위함이다. 일정한 장소에 천 조각이나 솜 등을 모아 둥지를 만들고 청각, 취각, 촉각 등의 감각기관이 매우 발달되어 있는 반면에, 시각은 빈약하여 색맹이고 근시안이지만 촉각이 발달되어 있어 어둠 속에서도 활발히 활동할 수 있다.

쥐의 식성은 잡식성으로 곡류, 육류, 생선, 과일 등을 좋아하는데, 주변 환경에 융통성이 있어 도살장 근처의 쥐는 육류를, 귤 농장의 쥐는 귤을 좋아하며 바퀴벌레를 잡아먹기도 하고 풀을 뜯어먹기도 한다.

쥐는 대개 생후 2~3개월에 교미하기 시작하여 22일 간의 임신기간을 거쳐 5~12마리까지의 새끼를 낳는데, 일반적으로 쥐 한 쌍이 연간 1,500마리의 새끼를 낳을 수 있다.

(3) 쥐에 의한 피해

집쥐는 곡물피해와 질병매개, 해충(벼룩)의 서식처뿐만 아니라 목재의 손상, 누전에 의한 화재, 가스중독의 원인을 제공하기도 하며, 들쥐는 주로 농작물 피해나 유행성출혈열을 일으킨다. 쥐가 매개하는 법정 전염병을 중심으로 한 질병을 소개하면 다음과 같다.

① 살모넬라 식중독Salmonellosis

살모넬라균을 보균한 쥐의 분변이 물이나 식품에 오염되어 식중독에 걸리게 되는 것으로, 잠복기간은 6~72시간이며 보통은 12~36시간이다. 급성으로 발열, 두통, 설사, 구역, 구토 등의 위장증상이 나타난다. 탈수가 일어나고, 유아나 고령자는 중증이 될 수 있으며, 급성증상은 1~2일 만에 사라지나 식욕부진과 설사는 7일간 계속되기도 한다.

② 흑사병Pest

1급 전염병인 페스트는 원래 쥐벼룩에 의해 야생설치류에서 전파되는 전염병으로, 감염된 쥐벼룩에 물려 감염되며 감염된 야생동물을 취급하거나 페스트환자가 배출하는 비말을 통해 감염될 수 있다. 1347년부터 유럽에 창궐하던 페스트는 2년 정도의 기간 동안 유럽인구의 1/4이 넘는 2,500만 명가량을 희생시켰다. 페스트는 쥐와 밀접한 관계를 맺고 있으므로, 예방대책으로 가장 중요한 것은 구서작업을 철저히 하는 것이다. 우리나라에서는 지난 30년간 발병된 적이 없다.

③ 발진열Murine Typhus

3급 법정 전염병인 발진열은 쥐벼룩에 의해 매개되며, 사람이 발진열에 감염되는 것은 쥐벼룩에 물렸을 때 또는 감염된 벼룩의 배설물을 흡입했을 때 일어난다. 주로 가려워서 긁는 등의 이유로 피부에 상처가 나면 몸속으로 감염된 쥐벼룩의 대변에 있는 리케치아가 침투해서 발병한다. 잠복기는 6~14일이며, 보통은 12일 정도이다.

④ 쯔쯔가무시Tsutsugamushi

3급 전염병인 쯔쯔가무시는 관목 숲에서 살고 있는 매개충인 진드기의 유충이 그 지역을 지나가던 사람의 피부에 우연히 부착하게 되면 조직액을 흡인하게 된다. 이때 쯔쯔가무시는 인체 내로 들어가서 그 부위에서 증식하면서 발병하며, 기생숙주는 집쥐이다.

⑤ 렙토스피라Leptospirosis

3급 법정전염병인 렙토스피라는 감염된 동물(주로 쥐)의 오줌을 통해 균이 배설되는데, 감염된 동물의 오줌에 오염된 젖은 풀, 흙, 물 등과 접촉한 점막이나 상처 난 피부를 통해 감염된다.

⑥ 신증후군출혈열유행성출혈열 : Hemorrhagic Fever with Renal Syndrome

신증후군출혈열 또는 출혈열콩팥증후군은 한타바이러스속 한탄바이러스에 의해 발생하는 바이러스성 출혈열이다. 고열과 출혈에 이어 신장이 파괴되는 병으로, 한국 전쟁 당시 널리 알려져 한국형 출혈열 또는 한국형 유행성출혈열, 극동형 유행성출혈열이라고도 불린다.

법정전염병 제3급인 신증후군출혈열은 들쥐의 72~90%를 차지하는 들줄쥐의 배설물이 건조되면서 호흡기를 통해 전파된다고 추정된다. 도시의 시궁쥐, 실험실의 쥐도 바이러스를 매개한다. 매년 50만 명의 환자가 전 세계적으로 발생하고, 사망률은 7%에 이른다. 늦가을과 늦봄 건조기에 많이 발생한다. 야외활동이 많아 감염 기회가 많은 젊은 연령층 남자가 잘 감염되며(남성 대 여성 환자비율은 약 2 : 1), 최근에는 소아에서도 환자가 나타나고 있다.

(4) 쥐의 구제방법

쥐의 구제방법은 특정지역 내의 쥐를 없애는 것뿐만 아니라, 침입의 방제와 구제 후의 감시도 포함된다. 일시적으로 쥐를 없앴다하더라도 쥐가 재침입할 수 있는 곳에 대한 처리를 소홀하게 하면, 다시 본래에 살던 수의 쥐가 서식하게 된다.

① 기구에 의한 구제법

쥐틀, 쥐덫 등을 이용한 암살법Snap Trap, 포서망Cage Trap, 기타 포서기를 이용한다.

② 환경적 제거법

쥐가 서식할 수 있는 장소를 제공하지 않으며, 쥐가 먹을 수 있는 곡물관리를 잘 해야 한다. 주택에는 방서시설을 한다. 또한 쥐의 접근, 통로차단을 위해 건물에 방서처리를 한다.

③ 천적 이용법

고양이, 족제비, 살쾡이, 개, 부엉이 등을 사육하여 천적으로 이용한다.

④ 살서제의 이용

실내에서는 쿠마린Coumarin계의 대표적인 만성 출혈독제인 와파린Warfarin이 인축에 대한 안전성이 크고 살서율도 높아서 널리 쓰인다. 먹이 미끼에 0.025%를 섞어 4일 이상 계속 먹으면 약 1주일 후에 죽는데, 이는 혈액응고 저지작용에 의한 내출혈에 기인한다. 그러나 요즈음은 와파린에 대한 쥐의 저항성이 문제가 되고 있다. 급성 살서제로는 황인제, 인화아연, 아비산 등이 오래 전부터 사용되어 왔다.

2) 위생해충

(1) 바퀴

사람에게 혐오감을 주는 대표적인 위생해충인 바퀴는 약 3억5천만 년 전에 지구에 나타난 후 현재까지 4,000여 종이 생존하고 있는 소위 화석곤충으로, 한국에는 7종이 보고되어 있으며, 독일바퀴가 가장 많고, 일본바퀴, 미국바퀴 등이 있다.

바퀴는 주택, 아파트, 식당 등 옥내에 서식하는 대표적인 가주성 곤충으로 야행성이고, 생활 습성이 습기가 많고 어두운 장소를 선호하며 잡식성으로 군서생활을 한다.

① 바퀴의 종류

- 독일바퀴Balttella Germanica Linnaeus : 우리나라 가주성바퀴 중 제일 흔한 종으로, 가장 소형이며 몸길이는 1.0~1.5cm로 황갈색이다. 알의 부화기간은 2~4주이며, 자충은 30~60일만에 성충이 된다. 야간활동성으로 주로 우유를 함유한 식품이나 소맥분 및 기름기 있는 식품을 좋아한다.
- 검정바퀴Periplaneta Fuliginosa Seeville : 먹바퀴라고도 하며, 독일바퀴보다 크고 새까만 검정바퀴는 몸길이가 3~4cm 정도로 꽤 크고 이름 그대로 몸, 날개에 모두 강한 광택이 나는 새까만 바퀴벌레이다.
- 일본바퀴Periplaneta Japonica Karny : 집바퀴라고도 하며, 검정바퀴와 아주 비슷하나 몸집이 좀 작고 암컷의 날개가 짧아서 복부 중앙부까지 닿지 않으므로 쉽게 식별할 수 있다. 독일바퀴보다 크며, 몸길이는 3.5cm 전·후이다. 암컷의 날개가 짧아 마치 미니스커트를 입은 듯한 바퀴이다. 수컷은 몸집이 가늘고 흉부 배면이 약간 울퉁불퉁하므로 평활한 검정바퀴와 구별된다.
- 이질바퀴Peripaneta Americana Linnaeus : 미국바퀴라고도 하며, 가주성 4종 중 가장 큰 몸길이 3.5~4cm의 대형종이고, 우리나라 남부지방에 국한되어 분포하며 색은 광택 있는 적갈색이다. 알의 부화기간은 24~100일이며, 자충은 7~13개월에 걸쳐 7~13회 탈피한다.

② 바퀴에 의한 피해

- 직접피해 : 집안 등 생활공간에서 바퀴를 발견하면 공포감과 불쾌감을 갖게 되고 어린이를 물기도 한다.
- 질병매개 : 바퀴가 옮기는 병원체는 흑사병, 파상풍, 폐렴 등 세균, 바이러스, 기생충 등인데, 매개방법은 병원체를 한 장소에서 다른 장소로 옮겨주는 물리적 전파를 한다. 바퀴는 잡식성으로 피, 화농성물질, 배설물 등도 먹는데, 한 번 섭취한 먹이를 다시 토해내기 때문에 질병 매개능력을 높여준다. 또한 바퀴벌레 다리 표면의 극모나 털에 오염물질을 묻혀서 운반하기도 한다.
- 알레르기 유발 : 집안에 있는 바퀴들의 조각난 사체 등은 집 먼지의 주요 구성요

소가 되어 알레르기 유발물질이 되며 천식을 일으키기도 한다.

③ 바퀴의 구제

바퀴가 발생하기 쉬운 곳이나 은신처를 제거하여 깨끗이 하고, 먹이가 되는 음식물 관리를 철저히 하여 주위를 청결하게 하는 것이 무엇보다도 중요하다. 살충제를 사용하는 방법에는 다음과 같은 것들이 있다.

- 독이법Bait Poison : 바퀴먹이에 0.1% 켑톤, 2% 프로폭서, 10~15% 붕산 등의 살충제를 각각 혼합하여 식중독작용을 일으키게 하여 구제하는 방법으로, 완전구제는 어렵다.
- 훈증법Fumigation Method과 훈연법Smoking Method : 속효성이며 휘발성 살충제를 연무하거나 가연물질과 함께 연소시켜 바퀴가 숨어있는 틈 속까지 살충제를 침투시키는 방법이다.
- 잔류분무Residual Spray : 바퀴가 서식할 만한 곳에 잔류성 있는 살충제를 분무하는 방법으로, 1회 살포로 몇 개월의 구제효과가 있어 경제적인 방법이나 음식물, 식기 등이 오염되지 않도록 주의한다.

(2) 파리

파리는 사람을 귀찮게 하거나 질병을 매개하는 대표적인 위생곤충이다. 파리는 쌍시목에 속하는 곤충으로, 그 종류가 몇 천종이나 되지만, 식품위생상 문제가 되는 것은 집파리, 검정파리, 쉬파리 등이다. 집파리는 우리나라에서 가장 흔한 가주성 파리이며 도시보다 농촌에 많고 쓰레기, 퇴비, 축사 등에서 많이 발생한다.

① 파리의 종류

- 집파리과 : 집파리, 왕큰집파리, 딸집파리 등이 있는 집파리는 여러 가지 질병을 옮기는데, 집파리는 사람을 흡혈한다.
- 쉬파리과 : 쉬파리의 유충은 일반적으로 동물의 사체나 배설물에서 자라며 때로

는 승저증Myiasis을 일으킨다. 쉬파리 중에서 대표적인 것은 똥파리인데, 변소에서 발생하는 구더기의 대부분은 이것의 유충이다. 이 밖에도 쓰레기, 돼지우리, 닭장 등에서 발생한다. 특히 이 파리는 나태성(이미 부화된 알을 낳는 것)이어서 어류 등에 구더기가 생기게 하여 불결감을 준다.

- 검정파리과 : 검정파리류는 청색을 띠는데, 그 중에서 큰 검정파리는 높은 발생률을 보인다. 봄과 가을에는 인가 주변에서 발견되고, 여름에는 산으로 이동하여 높은 곳에서 발견된다. 성충은 유충이 발육하기 좋은 곳에 산란하며 한 번에 50~150개, 일생 동안 5~6회 산란한다. 산란 후 부화하여 성충이 되면 2번 탈피하고, 성장이 끝난 유충은 먹이 중에서 기어 나와 비교적 건조한 곳을 찾아가 번데기가 되고 5~10일 정도 있으면 산란을 한다. 산란은 최초 10일 이내로 완료한다.

② 파리에 의한 피해

파리는 도처에 날아다니며 불결한 것과 자주 접촉하고, 각종 음식물이나 식기류 등에 덤벼들므로 불쾌감이나 불결감을 준다. 파리는 사람을 성가시게 하는 것 외에 소화기계통의 전염병균을 기계적인 전파를 한다. 파리는 인축의 배설물에 앉아 병원체를 부착시킨 후에 음식물 등에 앉아 병원체를 전파시키고 먹은 것을 토하기도 하며 병원체를 전파시킨다. 집파리가 매개하는 질병은 이질 · 장티푸스 · 파라티푸스 · 콜레라 · 결핵, 뇌척수막염 등의 수인성전염병 외에 살모넬라성 위장염 · 소아마비 · 나병 · 화농성질환 등이며, 회충 · 십이지장충 · 요충 · 편충 등의 충란을 운반하기도 한다. 파리의 유충이 식품에 섞여서 소화관에 침입하면 승저증Myiasis(파리유충증)을 일으켜 복통 · 구토 · 설사 · 발열 · 혈변 등의 증상을 나타내기도 한다.

③ 파리의 구제

파리는 한 번 발생하면 구제하기가 어려우므로, 환경을 청결하게 하여 파리가 생겨나지 않도록 해야 한다. 가장 이상적인 방법은 파리의 발생원을 제거하는 것인데, 환경위생 개선으로 목적을 달성할 수 있다. 파리의 발생원은 쓰레기, 변소, 퇴비, 축사 등이므로 이들의 위생적 관리를 철저히 한다.

- 물리적 방법 : 파리의 접근을 차단하기 위해 방충망을 하여 음식물보관소에 파리의 접근을 차단한다. 또한 끈끈이테이프, 파리채 등이 이용되고 있다.
- 화학적 방법 : 파리는 다리로 온몸을 자주 비비는 습성 때문에, 파리가 잘 드나드는 장소에 잔류하게 분무하는 것이 효과적이다. 유충의 구제를 위해서는 유제, 분제 등을 살포한다. 또한 천적의 이용방법으로 기생벌이 사용되고 있다.

(3) 진드기

진드기는 절족동물 진드기상에 속하는 벌레로, 세계적으로 1만여 종 이상이 알려져 있고, 식품에서 발견되는 종류만 해도 100종이 넘는다. 많은 종류가 식품에 부착하여 거기에 발생한 곰팡이를 먹고 번식하는데, 가루 진드기류와 먼지 진드기류가 있다.

① 식품에 발생하는 진드기의 종류

식품에서 발견되는 가루진드기류는 크기가 0.3~0.6mm의 작은 충체로, 다음의 종류가 있다.

- 긴털가루진드기 : 몸길이 0.3~0.5mm의 유백색과 황백색의 진드기로 곡류, 곡분, 빵, 과자, 건조과일, 치즈, 건어, 초콜릿 등 각종 식품에서 발견되며 가루진드기류 중에서 가장 흔하게 발견되므로 그 피해도 크다.
- 수중다리가루진드기 : 몸길이 0.4~0.6mm인 유백색의 진드기로, 유럽에서는 가장 흔한 종류이다. 각종 저장식품, 종자, 치즈, 건조과일 등에 발생하고, 대량으로 발생하면 식품에 곰팡이 냄새를 발생시켜 식품의 가치를 떨어뜨린다.
- 보릿가루진드기 : 몸길이 0.4~0.6mm의 타원형, 유백색의 진드기이며, 곡류나 건어물에서 주로 많이 발견된다.
- 설탕진드기 : 몸길이 약 0.4mm인 유백색의 달걀형 진드기로서 세계적으로 널리 분포한다. 조제설탕이나 된장 등의 표면에 많이 번식하고, 건조과일에서도 많이 발견된다.

- 집고기진드기 : 타원형이며 몸길이가 0.5~0.6mm로 몸체 표면에 점이 있다. 설탕과 치즈 등에 발생하며, 미국 등지에 많이 분포되어 있다.
- 작은가루진드기 : 몸길이가 0.3-0.5mm로 밀가루, 흑설탕 등에 발생한다.

② 진드기에 의한 피해

진드기가 식품에 번식하면 불결감을 주고 식품을 망가뜨리거나 변질시켜 식품의 가치를 떨어드린다. 식품 중 진드기의 존재는 보관이나 취급의 미비함을 나타내고 식용으로도 부적당하다.

③ 진드기의 구제법

진드기는 건조한 상태에서는 증식할 수 없고 온도 20℃ 이상, 습도 75% 이상, 식품 내 수분함량이 13% 이상일 때 잘 증식한다.

진드기의 발생을 방지하려면 평소에 환경을 깨끗이 하고 주방, 찬장, 식품저장 장소 등의 통풍을 잘하여 방습에 힘쓰고 식품의 보관에 신경을 써야 한다. 곡분, 과자 등은 수분함량이 10% 이하가 되도록 충분히 건조시켜 방습용기에 보존하고, 곡물 등은 방습용기 속의 습도를 60% 이하로 하여 보존한다.

식품에 따라서는 가열, 냉동, 저온보존, 포장 등의 방법을 이용한다. 진드기는 50~60℃에서 5~7분간 가열하면 사멸되고, 냉동하면 대체로 죽지만 0℃ 정도의 저온보존은 증식을 억제할 뿐 완전히 사멸시킬 수는 없으므로 알루미늄 호일, 폴리에틸렌 등으로 구멍이나 틈이 없이 밀봉 포장하는 것도 방제의 한 방법이다.

약제에 의한 방제는 살충제 분무가 가장 효과적이다. 진드기는 마루 밑, 벽 틈, 창틀, 벽의 밑 부분 등으로 침입하기 쉬우므로, 이런 곳에 중점적으로 분무하는 것이 효과적이다.

6 시설 및 기구의 위생적 관리

식품제조 공장의 건물, 설비 등 모든 시설은 잘 보수되고 항상 위생적인 상태로 유지 · 관리되어야 한다.

- 작업장의 바닥, 내벽, 천정, 배수구, 조명장치, 환기장치, 기계 · 기구류 및 화장실은 1일 1회 이상 청소를 실시해야 한다.
- 제조기계 · 기구류는 항상 점검하여 고장이 있을 때는 신속히 보수하여 사용 가능한 상태를 유지해야 한다.
- 기구 및 도구는 오염 작업구역과 청결 작업구역 전용의 것으로 구분하여 사용해야 한다.
- 작업장 안에는 식품제조에 관계되지 않는 불필요한 물건을 놓지 말아야 한다.
- 온도계, 습도계, 압력계 등과 같은 계기류는 정기적으로 정확도를 점검하여 완벽한 것을 사용해야 한다.
- 냉장고 · 냉장시설 · 창고는 1주 1회 이상 정기적인 청소를 하고, 식품의 용출액으로 더러워진 경우는 그때마다 청소를 해야 한다.
- 저수탱크는 청결 및 위생을 유지하도록 연 2회 이상 내부청소를 하여 불순물을 제거해야 한다.
- 쥐, 곤충 등의 발생원은 매립, 복토, 소각, 살충제를 사용하여 제거하고, 6개월에 1회 이상 정기적인 소독을 실시해야 한다.
- 청소용구류는 사용 후 즉시 세척 · 건조해서 전용보관함에 보관해야 한다.
- 당일 발생한 폐기물은 당일에 제조장 외에 반출하여 처리해야 한다.
- 수거식 변소인 경우, 겨울철을 제외하고는 1주 1회 이상 곤충구제를 해야 한다.
- 우물물 또는 자가수도를 사용하는 경우에는, 연 1회 이상 공공검사기관의 수질검사를 받고 성적서는 1년간 보관해야 한다.

- 수질검사 결과 음용 부적합으로 판명이 난 경우에는 적절한 조치를 강구하고 부적절 음료를 식품제조에 사용하지 말아야 한다.
- 지하수(간이상수도 포함) 급수전의 유리 잔류염소는 0.2ppm으로 유지하고, 1주 1회 이상 잔류염소 측정을 하여 기록서를 1년간 보관한다.
- 세척과 소독에 사용되는 세제와 소독제는 허가된 것을 용도에 적합하게 사용해야 하며, 식품제조 기계 · 기구에 남아서 식품을 오염시키지 않도록 물로 깨끗이 세척해야 한다.
- 제조 작업이 끝난 후에는 제조장, 건물, 기계 · 기구류, 바닥, 벽 등을 깨끗이 세척해야 한다.
- 건강에 해를 끼칠 수 있는 살충제 등과 같은 물질은 독성과 사용법에 대한 경고문을 적절히 표기하여 잠금장치가 된 캐비닛이나 전용함에 보관한다.

7 식품취급자의 위생

식품공장의 위생관리는 식품재료나 시설 및 기구 외에도 식품종사자가 식품시설, 기구 등을 얼마나 위생적으로 취급하느냐에 달려 있다.

- 식품제조업 종사자는 고용 전 보건소나 병 · 의원의 건강진단을 받은 후에 이상이 발견되지 않을 경우에만 작업에 종사하도록 해야 한다. 또한 식품제조가공업 종사자는 위생분야 종사자 등의 건강진단 규칙이 정하는 바에 따라 건강진단을 받아야 한다.
- 종업원이 식품에 옮길 수 있는 감염병에 이환되었거나 질병보유자인 경우, 또는 상처 · 피부감염 · 염증 · 화농성질환 및 설사를 할 때에는 완치될 때까지 식품을 오염시킬 가능성이 있는 식품제조 작업에 종사하게 해서는 아니 된다.

- 식품제조업에 종사하는 모든 사람은 개인적인 위생상태가 좋아야 하고, 손톱을 짧게 깎고 위생복과 위생모를 착용해야 하며, 시계 · 팔찌 · 반지를 끼거나 매니큐어를 바른 채 작업해서는 아니 된다.
- 작업 중에는 적절한 보호복을 입고 작업 전용 신발을 신어야 하며, 신발을 신은 채 화장실 출입을 하지 말아야 한다.
- 종업원은 다음과 같은 경우, 반드시 손을 씻고 소독한 후 작업을 해야 한다.
  - 작업 전과 용변 후
  - 유해물질 또는 병원성미생물에 오염된 기구 등과 접촉한 경우
  - 오염작업 구역에서 비 오염작업 구역으로 이동하는 경우
- 작업 중 음식을 먹는다거나, 담배를 피우고 껌을 씹는다거나, 침을 뱉는 등의 식품을 오염시킬 수 있는 비위생적인 행동을 해서는 아니 된다.
- 작업장에서 사용되는 장갑은 깨끗하고 위생적인 것이어야 하며, 장갑을 착용하더라도 손은 항상 깨끗이 씻어야 한다.
- 식품오염을 사전에 방지하기 위해 제조장 내에 출입하는 방문객은 보호복을 착용하도록 하고, 이 기준을 준수하도록 필요한 조치를 취해야 한다.

쉽게 풀어 쓴

FOOD 식품위생학

HYGIENICS

CHAPTER 08

집단급식의 위생관리

쉽게 풀어 쓴
FOOD 식품위생학
HYGIENICS

1 식품의 구매 및 검수단계

집단급식의 그 규모는 급식소 운영기관이나 지역적으로 상당히 차이가 있다. 집단급식에서는 일단 식중독이 발생하면 수십 내지 수천 명의 대규모 환자가 발생하기 쉬우므로, 일반조리 시설보다 위생관리를 강화해야 한다. 더욱이 최근에 단체급식의 증가와 함께 단체급식 업체가 증가하고 있으므로, 이들 업체의 위생관리와 관련된 규제를 강화할 필요가 있다.

집단급식소에서 식품위생과 관련된 문제를 예방, 해결하기 위해서는 작업자가 전문지식을 가지고 식품재료를 취급하며 시설을 위생적으로 운영 · 관리해야 한다. 특히 안전하고 위생적인 급식을 위한 재료나 공정의 검토는 대단히 중요하다.

(1) 구매요령

정부의 규정을 충족시키는 믿을 수 있는 공급자를 선정하여 식자재를 안전하게 공급받는 것이 중요하다. 식자재 공급업자는 「식품위생법」에 의한 영업자가 아니고 일반 도 · 소매업자이기 때문에, 「식품위생법」에 규정된 식품의 안전성을 확보하기 위한 각종 규정을 따르지 않더라도 그렇다고 하여 「식품위생법」에 의한 제재나 벌칙을 가할 수도 없다.

따라서 공급업자를 선정할 때에는 사전에 업체를 방문하여 식품을 취급할 수 있는 위생적인 시설을 갖추고 있는지, 냉동 · 냉장차를 운영하고 있는지, 납품담당 전담직원이 있는지, 어디에서 생산된 식품이 어떤 과정을 거쳐서 공급되고 있는지를 꼭 확인하고 위생관련 여건이 좋은 업자를 선정하여야 한다. 그리고 반드시 계약을 맺어야 하며, 이때에 위생상의 안전성을 확보하기 위한 요구사항을 포함시켜야 한다. 예를 들어, 배달시간, 검수기준 및 반품이 될 수 있는 사유, 공급업자의 작업장 방문, 검사성적표 요구, 검사기관에 검사의뢰 등이다.

(2) 검수

효율적이면서 정확한 검수를 위해서는 필요한 기구와 설비를 갖추고 있어야 하며, 물품의 도착시간을 적절히 설정하여 바쁜 시간에 도착하거나 여러 물품 차량이 같은 시간에 도착하지 않도록 해야 한다. 또한 식품의 위생적인 상태와 분량을 잘 확인할 수 있도록 종업원을 훈련시켜야 한다.

검수를 담당할 종업원은 다음 사항을 잘 지켜야 한다.

- 도착된 재료는 즉시 검수한다. 신선도, 건조도, 색, 냄새 등 식품명세서의 사양을 확인한다.
- 반입된 품목이 구매 청구서나 발주서에 주문한 내용과 일치하는지 확인한다.
- 공산품의 경우 제조업체명, 제조년월인 및 유통기한을 확인한다.
- 수량을 파악하고 중량은 저울로 확인한다. 상자에 배달되거나 얼음에 채워서 배달된 식품은 상자나 얼음의 무게를 빼고 측정한다.
- 운송차량에 대하여 오염의 흔적, 예를 들면 냉동식품이 녹은 흔적이나 더러워진 흔적이 있는지를 확인한다.
- 냉동 · 냉장품의 경우 온도상태를 점검한다. 냉장 육류 · 어류와 전처리한 채소류는 5℃ 이하, 기타 냉장식품은 10℃, 냉동식품은 -15℃ 이하를 유지하고 녹은 흔적이 없는지 검사한다.
- 운송차량의 냉장 · 냉동온도를 확인한다.(냉장 10℃ 이하, 냉동 -18℃ 이하)
- 스테이플러, 못 및 다른 고정용품은 포장을 해체하자마자 즉시 제거한다.
- 유통기한과 사용 만기일을 확인한다.
- 식품용 온도계를 사용하여 식품의 온도를 측정한다.
- 대형 용기에 담긴 것과 상자에 넣어진 개별 포장품 모두를 확인한다.
- 검수에 합격한 물품은 장부에 기록하고, 받아들일 수 없는 것은 반품처리하거나 윗사람과 상의한다.
- 물품을 저장고에 즉시 옮긴다. 물품을 하역장 바닥이나 복도에 방치하지 않는다.

표 8.1 식재료 유형별 규격 확인사항

구 분	규 격	비 고
곡류 및 과채류	• 1차 농산물은 원산지를 표시한 제품	납품서(거래명세서)에 표기
어 · 육류	• 육류의 공급업체는 신뢰성 있는 인가업체 • 육류는 도축검사증명서, 등급판정확인서가 있는 것 • 냉장 · 냉동 상태로 유통되는 제품	도축검사증명서, 등급판정확인서 첨부
어 · 육류 가공품	• 검사를 필한 제품 • 유통기한이 표시된 제품 및 유통기한 이내의 제품 • 냉동상태로 유통되는 제품	납품서(거래명세서)에 표기
난류	• 위생란	
양념류	• 살균처리 하여 포장한 제품	
김치류	• 인가된 생산업체의 제품 • 포장상태가 완전한 제품	
기타 가공품	• 모든 가공품은 유통기한이 표시된 것 • 포장이 훼손되지 않은 것 • 유통기한 이내의 제품	납품서(거래명세서)에 표기

2 식품의 저장단계

(1) 저장요령

식품을 안전하게 저장하는데 필요한 시설과 설비를 잘 갖추어야 한다. 식품을 저장하는 동안 각 식품을 저장관리 규정에 따라 관리 및 기록하도록 종업원을 잘 훈련시킨다.

- 먼저 들어온 것을 먼저 내보내는 FIFOFirst In, First Out 방법을 채택한다. 물품을 받았을 때 각 포장마다 그 위에 사용 만기일을 기재한다. 그리고 먼저 들어온 것이 먼저 사용되게 한다. 정기적으로 사용 만기일을 체크한다.
- 식품 저장창고의 저장식품의 온도를 측정 및 기록한다. 저장실의 온도측정에는 자동온도기록장치를 사용하고, 식품의 내부온도측정에는 바이메탈 온도계를 사

용한다.

- 식품의 사용 만기일이 지난 것은 즉시 폐기한다.
- 관계자 이외의 사람이 저장고에 출입하는 것을 금한다.
- 새어나온 액은 깨끗이 닦고, 더러운 포장물과 쓰레기를 즉시 제거한다.
- 세척제와 기타 화학약품은 식품저장고 및 식품조리장과 떨어진 곳의 자물쇠가 채워진 방이나 캐비닛에 저장한다. 반드시 원래의 용기에 담겨져 있어야 하며, 더 튼튼한 다른 용기에 옮겨 담았을 경우에는 내용물과 독성을 기재한 라벨을 붙인다. 빈 화학약품 용기에 식품을 담거나 화학약품을 빈 식품용기에 담는 일은 절대 있어서는 안 된다. 약품인지 식품인지 의심스러울 때는 반드시 버려야 한다.

(2) 냉장저장

냉장고는 식품을 식품온도 4.4℃로 채소, 생선 등의 조리식품을 단기간 보관할 때 사용되는데, 식품 속의 미생물 성장은 지연되지만 이미 존재하는 미생물은 사멸되지 않는다. 따라서 냉장저장 할 품목의 식품류는 배달 즉시 냉장고로 운반하고 사용하기 전까지 냉장고에 계속 보관하여 식품의 품질이나 영양가가 손실되는 것을 최소화하여야 한다. 식품온도가 0℃ 이하로 유지되면 식품이 얼어 동해를 입을 수 있다. 냉장고에 식품을 보관하는 방법은 다음과 같다.

- 익힌 음식과 날 음식을 별도의 냉장고에 분리해서 보관하고 뚜껑을 덮어 보관하여 교차오염을 방지한다. 만일 두 개의 냉장고를 사용하지 않는다면, 조리된 음식은 냉장고 위 칸에 보관하여야 한다. 즉 조리된 식품 또는 바로 먹을 식품(맨 위), 생선, 소고기덩어리, 햄 소시지, 간 소고기, 생 닭고기(맨 아래) 순으로 저장하며, 저장할 때는 가열조리 시의 내부온도에 기초하여 조리 시에 높은 가열온도를 요하는 것을 아래에 둔다.
- 라벨에 날짜를 표기하거나 요일별로 색깔을 다르게 한 표식Date Mark을 사용한다.
- 냉장고 용량의 70% 이하의 적정량을 보관함으로써 냉기순환이 원활하여 적정온도가 유지되도록 한다.

- 냉장고에 식품을 보관할 경우에는 반드시 그 제품의 표시사항(보관방법 등)을 확인한 후 그에 맞게 보관한다.
- 냉동, 냉장고의 문 개폐는 신속하고 최소한으로 한다.
- 선입선출의 원칙을 지킨다.
- 개봉하여 일부 사용한 통조림류는 깨끗한 용기에 옮겨 담아, 개봉한 날짜와 원산지, 제조업체 등을 표시하고 냉장 보관한다.
- 유제품은 향이 강한 음식과 분리해서 저장한다.
- 과일, 채소는 매일 상태를 체크한다.
- 냉장고는 5℃ 이하, 냉동고는 -18℃ 이하의 내부온도가 유지되는가를 확인 기록하며, 이상이 있을 때는 즉시 조치한다.
- 냉장고 청소는 정기적으로 스케줄을 만들어 관리한다.

냉장고는 채소, 생선 등의 단기저장품을 0~10℃에서 보관하는데 사용하고, 대부분의 식품보관에 적합한 습도범위는 75~95%이며, 수분함량이 많은 채소나 생선류는 변질되기 쉬운 식품으로서 수분증발로 인해 시들거나 변색수축 등의 현상이 일어날 수 있으므로 습도가 충분히 유지되어야 한다.

냉장고의 내부에는 한 개 이상의 온도계를 설치하며 5℃ 이하의 내부온도를 유지하기 위해 하루에 적어도 2회 이상 정기적으로 온도를 점검하고, 온도가 기준 이상으로 올라갈 때는 경보나 부저가 울리는 장치를 설치하는 것이 좋다.

냉장고는 적절한 위생기준에 근거하여 정기적으로 세척해야 하는데, 1주일에 1회 정도 식품점검을 겸해서 청소를 한다. 특히 패킹이 느슨하거나 문에 틈이 생기지 않았는지 잘 살펴야 하며, 기체에 부착된 온도계 조정이나 성애 제거가 필요한지를 정기적으로 점검한다.

(3) 냉동저장

냉동고는 -5~-20℃에서 식품을 장기보관 하는 데는 유용하지만, 저장기간이 길어질수록 품질이 저하될 가능성이 있으며 냉해, 탈수, 오염, 손실 등이 생긴다.

- 냉동상태 -18℃ 이하로 저장하고 항상 온도계를 점검한다.
- 냉동식품을 보관할 때는 배달 즉시 신속히 운반하고 밀봉하여 냉동하는 것이 좋으며, 나중에 들어온 물품은 먼저 들어온 물품 뒤쪽에 두고, 물품 사이와 밑 부분까지 찬공기가 순환될 수 있도록 배열하여야 한다.
- 과일, 채소, 소고기 등은 생선, 패류, 가금류, 조리된 음식보다 저장온도 변화에 의해 영향을 더 많이 받으므로 주의하여야 한다.
- 냉동손상을 방지하기 위해서는 포장상태가 좋아야 한다.
- 선반과 벽, 바닥은 항상 깨끗해야 하고, 바닥에는 물기가 없어야 한다.
- 냉동고 문 앞에 물품 목록표를 붙여두고 적정 보관기한을 넘기지 않게 한다.
- 냉동창고는 냉장창고와 마찬가지로 안에서 문을 열 수 있게 하거나 경보장치를 설치하여, 사람이 안에 갇혔을 경우를 대비할 수 있어야 한다.
- 냉동식품을 완전히 해동하지 않고 조리한 경우는 품질이 현저히 떨어지므로, 반드시 적절한 해동을 거쳐 사용한다.

(4) 건조창고

건조창고는 15~25℃가 적당하고, 적합한 상대습도 범위는 50~60%이며 적정온도와 습도를 점검하기 위해 온도계와 습도계를 비치하는 것이 좋다. 건조창고에 식품을 보관하는 방법은 다음과 같다.

- 정해진 곳에 정해진 물품을 구분하여 보관하며, 물품의 정면에 이름표를 붙여 두면 재고조사나 출고할 때 소요되는 시간과 노력을 줄일 수 있다.
- 식품과 식품 이외의 것을 각각 분리하여 보관한다.
- 선입선출하기 쉽도록 보관 · 관리한다.
- 식품보관 선반은 바닥, 벽으로부터 15cm 이상의 공간을 띄워 청소하기 쉬워야 한다.
- 포장이 큰 제품을 나누어 보관할 때는 제품명과 유통기한을 반드시 표시한다.
- 장마철 등 높은 온도, 습도에 의하여 곰팡이 피해를 입지 않도록 한다.

- 유통기한이 있는 것은 유통기한 순으로 사용할 수 있도록 유통기간이 짧은 것부터 진열하며, 유통기간의 라벨이 보이도록 진열한다.
- 식품보관실에는 세척제, 소독액 등은 함께 보관하지 않는다.

(5) 식품별 보관 시 유의사항

- 야채류를 보관하는 창고는 환기에 유의하여 창고 내 온도가 상승하지 않도록 보관한다.
- 크게 절단한 고기나 큰 베이컨 조각은 위생 처리된 고리를 이용하여 걸어놓으며, 올려놓은 선반은 깨끗하고 위생적이어야 한다.
- 식품은 사용과 점검이 편리하도록 용기에 표시하거나 저장실에 개개별로 구분 표시하여 질서정연하게 보관하여야 한다.
- 곡류, 건어물의 보관창고는 통풍이 잘되게 하고, 곤충 발생의 유·무를 정기적으로 점검한다.
- 달걀은 깨져 있는 경우 이용하지 않으며, 용기에 혼합하는 경우 즉시 조리하거나 조리 전 냉장 보관한다.
- 사용한 기름을 재사용하려는 경우, 기름을 깨끗이 여과하여 냉암소에 보관한다.
- 냉장고의 식품보관은 반드시 식힌 다음에 이루어져야 한다. 뜨거운 것을 넣으면 내부온도가 상승하여 다른 식품을 부패시킬 우려가 있다.

3 전처리 및 세척단계

식재료는 조리 전에 충분히 세정하여 오염을 제거해야 한다. 전처리 과정은 식재료 종류별로 어류, 육류, 채소류 등으로 구분하여 교차오염을 방지하여야 한다.

전처리 과정은 25℃ 이하에서 2시간 이내에 수행하여야 하고, 식재료 전처리는 1회

소량씩 작업하며 식품의 내부온도가 15℃를 넘지 않는 것이 좋다. 전처리나 싱크대 세척에 사용하는 용수는 먹는 물을 사용하며 약알칼리성 세제를 이용하여 3회 이상 씻고 70% 알코올을 분무하여 소독하거나 또는 이와 동등한 방법으로 살균한다.

야채, 과일에 잔류하고 있는 농약을 제거하기 위해 중성세제를 사용하는 경우 0.15~0.25%가 적당하며 세정 후 흐르는 물에 헹군다. 대량을 한꺼번에 물에 헹구기 곤란한 경우에는 5회 이상 헹구도록 한다. 가열조리하지 않고 먹는 생채소나 과일은 흐르는 물로 3~4회 이상 충분히 세척하거나 소독액을 이용하여 소독한 후 흐르는 물에 여러 번 충분히 씻는다. 세척 정도는 육안검사로 청결상태나 이물질 잔존 여부를 확인하고, 불량한 경우 재세척 또는 소독을 실시하여야 한다.

또한 날것으로 조리하는 채소를 소독제나 차아염소산나트륨Sodium Hypochlorite액을 사용하여 소독하는 경우, 5%의 유효 염소를 사용하는 시판품의 50배 희석액에 5분간 담근 후 물로 씻는다. 생선은 머리와 내장을 제거하고 도마와 칼은 야채용과 구분하여 흐르는 물에 씻는다. 또한 전처리용 조리기구와 본 조리기구는 구분하여 사용하고 어패류용, 축육용, 야채용의 기구와 작업 장소도 구분한다.

세척정도는 육안검사로 청결상태나 이물질 잔존여부를 확인하고, 불량한 경우 재세척 또는 소독을 실시하여야 한다.

FOOD HYGIENICS

교차오염(Cross Contamination)

교차오염은 오염되지 않은 식재료나 음식이 오염된 식재료, 기구, 종사자와의 접촉으로 인해 미생물이 혼입되는 것을 말한다. 교차오염이 발생하는 것을 방지하기 위해서는 다음과 같은 점에 주의하여야 한다.

① 오염구역과 비 오염구역으로 구분하여 전처리, 조리, 기구세척 등의 작업을 분리시킨다.
- 오염작업구역 : 검수구역, 전처리구역, 식재료 저장구역, 세정구역
- 비 오염작업구역 : 조리구역(비가열처리 작업), 정량 및 배선구역, 식기보관구역, 식품절임구역, 가열처리구역

② 칼, 도마, 집게 등의 기구나 용기는 용도별(생식품용, 조리된 식품용)로 구분된 전용제품을 준비하여 사용한다.

③ 세척용기(또는 싱크)는 어류, 육류, 채소류로 구분해서 사용하고 사용 전·후에 충분히 세척, 소독한다. 구분해서 사용하기가 여의치 않을 경우 채소류 → 육류 → 어류 → 가금류 순으로 하며, 각각을 처리한 후에는 세척, 소독을 하고 다음 식재료를 처리한다.

④ 식품취급 작업은 바닥에서 60cm 이상의 높이에서 실시하여 바닥의 오염된 물이 튀지 않게 한다.

⑤ 식품취급 작업은 반드시 손을 세척, 소독한 후에 하며 식품용 고무장갑 또한 세척, 소독하여 사용한다.

⑥ 냉매로 사용한 얼음은 식품재료로 사용하면 안 된다.

⑦ 부패 또는 변질된 식품은 즉시 폐기하여야 하고, 보관되었던 장소를 깨끗이 청소하여야 한다.

⑧ 어패류를 냉장하는 경우에는 충분히 수세하거나 처리를 잘하여 용기에 넣어 냉장고 내에서의 교차오염을 방지할 수 있도록 주의하여 보관한다.

⑨ 식품의 교차오염을 방지하기 위해 냉장, 냉동고 내를 구획하거나 또는 청결한 포장용기에 넣어 보관한다.

⑩ 전처리하지 않은 식품과 전처리된 식품은 분리 보관한다.

4 조리단계

1) 조리 시 유의사항

- 조리장 밖에서 조리하여서는 안 된다.
- 냉장고 및 냉동고에서 꺼낸 식품은 신속하게 조리하여야 식중독균의 오염을 막을 수 있으며 칼, 도마, 용기 등은 육류용, 생선용, 채소용, 조리된 음식용, 생식용 등으로 구분하여 사용하여야 한다.
- 조리 중에는 조리식품과 비 조리식품을 구분하여 조리과정에서의 교차오염을 방지하여야 한다.
- 조리 후 맛을 볼 때에는 별도의 용기와 숟가락을 사용하여야 한다.
- 식품조리대 표면은 사용 후 즉시 뜨거운 물이나 세척제로 씻어낸다.
- 과일 및 채소류는 사용 전에 흐르는 물에 깨끗이 씻어낸 후 조리하여야 한다.
- 육류는 조리 직후 소비하고, 장기간 냉장보관을 피하는 것이 좋다.
- 조개류는 미생물이 많이 부착되어 있으므로 껍질을 깨끗이 닦고 조리하여야 하며, 껍질이 음식에 혼입되지 아니하도록 유의하여야 한다.
- 조리한 음식은 용기에 넣어 뚜껑을 덮든지 찬장, 냉장고, 온장고에 넣는다.
- 식품을 조리하기 전에는 반드시 비누 등으로 손을 깨끗이 씻어야 한다.
- 해로운 식품첨가물이나 이물질이 혼합된 조미료 또는 공업용 빙초산 등을 이용하여 조리해서는 안 된다.
- 조리하는 동안 포장하지 않은 식품은 외부의 오염원으로부터 보호되어야 한다.
- 조리사는 신체가 음식물에 접촉되지 않도록 유의한다.
- 조리되었거나 냉장 보관했던 위해발생 가능 음식은 74℃ 이상에서 15초 동안 음식 전체를 골고루 재가열한 후 제공하여야 한다.

식품을 가열 조리할 때에는 안전을 위해 최소 조리온도 시간을 준수하도록 내부 중심온도를 확인하여야 한다. 미국 NRA에서 정한 최소 조리온도 및 시간은 표 8.2와 같으며, 일반적으로 74℃에서 1분 이상 가열하면 안전하다고 본다.

표 8.2 식품조리 시 안전을 위한 최소 조리온도 및 시간

구 분	온도 및 시간
음식의 재가열	74℃에서 15초간
가금류 조리	74℃에서 15초간
돼지고기, 소고기 다짐육 조리	69℃에서 15초간
소고기, 생선, 달걀 조리	63℃에서 15초간

자료 : National Restaurant Association, 2001.

2) 식품의 해동

해동할 식품(육류, 가금류, 생선류)을 포장지나 비닐봉지에 담아 완전히 밀봉하여 다음과 같이 해동한다. 해동이 끝난 식재료는 실온에서 30분 이내에 다음 공정으로 이동하거나, 그 이상일 경우 냉장고에서 소량씩 꺼내 작업한다. 해동된 식재료를 담은 용기를 바닥에 방치해서는 안 되며, 한 번 해동시킨 식품은 다시 동결해서는 안 된다.

(1) 냉장고 안에서 해동하는 방법

- 해동해야 할 식품을 냉장고의 맨 아래 칸 선반에 두어 다른 음식에 물이 흐르거나 튀는 것을 막는다.
- 덩어리고기는 해동하는데 24시간 이상 걸리므로, 사용하기 하루 전에 해동한다.
- 해동할 때 냉장고 온도와 해동시간을 기록해 둔다.

(2) 흐르는 물에서 해동하는 방법

- 21℃ 이하의 흐르는 물에서 두 시간 이내에 해동되도록 하고, 해동 직후에는 전처리 및 조리가 이루어지게 한다.

- 급속해동을 할 경우, 식품의 내부온도가 10℃ 이상이 되면 작업을 중단하고 냉장실에 입고시킨다.
- 해동전용 싱크대에서 식수를 사용하여야 하며, 다른 식품이나 조리기구에 물이 튀지 않도록 한다.
- 해동전용 싱크대는 사용하기 전 · 후에 세척 및 소독을 하여야 한다.
- 큰 덩어리로 된 냉동육은 흐르는 물을 이용한 해동방법을 이용해서는 안 되며, 소단위 포장육에만 적용한다. 이때 포장을 개봉하지 말고 포장한 채 해동하는 것이 위생, 품질 면에서 더 바람직하다.
- 식품의 내부온도와 해동시간을 기록해 둔다.

(3) 전자레인지를 이용하여 해동하는 방법

- 이 방법은 해동 후 바로 조리에 들어가거나 전자레인지를 이용하여 조리가 완료되는 경우에만 사용한다.
- 부피가 큰 식품에는 적용하지 못한다.

(4) 조리하는 과정 중에 해동하는 방법

- 냉동채소나 해산물, 햄버거 패티 등과 같은 식품은 조리하면서 바로 해동이 함께 이루어진다.
- 일반적인 조리시간보다 더 오랫동안 조리하고 고루 익혀졌는지 확인한다.

5 배식단계

생산된 음식을 위생적으로 안전하게 습식하기 위해서는 조리 후 고객에게 배식될 때까지의 시간을 최소화하는 것이 중요하다. 또한 조리한 식품의 담기, 배식은 위생적으로 해야 한다. 조리 종료 후 2시간 내에는 급식하도록 하며, 적온이 유지되도록 보온·보냉 장비를 사용하여야 한다. 배식단계에서 유의할 점은 다음과 같다.

- 배식할 때는 내부온도가 5℃보다 낮거나 60℃ 이상이어야 한다.
- 조리된 식품은 매끼마다 처리하고, 다음 번 급식까지 보관하여 사용하지 않는다.
- 조리 후 배식 시까지의 시간은 가급적 단축시킨다.
- 배식대 및 배식 전용도구는 세척·소독하여 건조된 것을 사용하며, 음식별로 구분하여 사용한다.
- 교차오염 가능성이 있으므로 배식용기에 남은 음식을 새로운 배식용기에 옮겨 담아 배식하지 않는다.
- 배식할 때에는 반드시 마스크를 착용하고 요리에 직접 손을 대지 않으며, 집게나 일회용 위생장갑을 사용하도록 한다.
- 가급적 가열한 요리를 제공하고 두부를 차게 하여 제공하는 경우에는, 일단 삶아서 살균한 후 차게 하여 제공한다.
- 우유나 유제품은 냉장온도의 미개봉 상태로 제공한다.
- 설탕이나 소금, 후추 등은 개별 포장된 상태로 제공한다.
- 병조림, 통조림, 건어물, 가공식품 등은 제조일을 잘 확인한 후 사용한다.

겨울에는 야채의 세척에 주의하고, 식중독이 많이 발생하는 하절기에는 어패류의 조리를 제한한다. 조리된 음식은 반드시 뚜껑을 덮어두고, 보관 시에는 보관온도 관리에 유의한다.

- 조리된 음식을 식힐 때는 60℃에서 21℃로 2시간 이내에, 21℃에서 5℃ 이하로 4시간 이내로 실시한다.
- 식품은 50~60℃ 범위에서 4시간 이상 방치해서는 안 되며, 특히 실온에서는 2시간 이상 방치하면 안 된다.
- 급식하기 전까지 음식을 보관 시에는 음식에의 2차 오염을 방지할 수 있도록 깨

끗한 용기에 보관한다.

- 식기는 반드시 소독한 것을 사용한다.
- 배식을 위해 음식을 식기에 담을 때 집게나 국자 등을 사용할 것이며, 식기 안쪽에 손이 닿지 않도록 한다.
- 배식 후 남은 음식은 아무리 깨끗해도 다시 사용하지 않는다.

6 급식시설 및 기기의 위생관리

단체급식의 조리장은 온도 및 습기가 높아 각종 위생문제 요인에 노출되어 있으므로 시설의 설계 단계에서부터 위생적인 고려가 필요하다. 시설, 설비의 설계가 잘못되면 조리장 내 청소나 소독이 어려워 급식위생의 저해요인이 되므로, 조리장은 청소와 세척이 쉬운 구조로 하며 오염구역과 비 오염구역을 구획하여 배치한다. 전기, 가스, 상·하수도를 설계할 때에도 청소와 소독하기가 쉽도록 한다.

(1) 급식시설의 위생

조리장은 주위 환경이 깨끗하고 환기가 잘되는 곳이 좋으며, 위생적인 급식시설을 위해 표 8.3과 같은 사항을 고려하여야 한다. 교차오염을 방지하기 위해 검수, 전처리, 식재료 저장, 세척구역은 오염구역으로 조리, 배선 및 배식, 식기보관 구역은 비 오염구역으로 구분한다.

이러한 구획이 여의치 않을 경우 낮은 벽 설치 또는 바닥을 색깔로 구분하거나 경계선을 표시하는 방법으로 구분한다. 그러나 위생적인 작업도면 설계가 뒷받침되지 않은 상황에서는 단순한 경계선 표시만으로 교차오염을 차단하는 데는 한계가 있다.

표 8.3 위생적인 급식시설을 위한 고려사항

시설구분	내 용
바닥	• 바닥재는 흡수성과 미끄러짐이 없어야 한다. • 바닥에는 이은자국, 틈, 깨진 곳이 없어야 한다. • 바닥과 벽 사이의 각진 코너나 틈은 굴곡지게 하고, 틈새를 막아 청소하기 쉽게 한다.
벽과 천장	• 청소하기 쉬워야 한다. • 소음을 줄일 수 있어야 한다. • 색상이 밝아야 한다. • 열을 받는 구역은 내열성이 있어야 한다. • 습기나 충격으로 벽이 헐거나 금이 가기 쉬운 곳은 스테인리스 스틸을 부분적으로 사용한다. • 음식물이나 기름이 튀는 위치에는 독성이 있는 페인트를 사용하지 않는다.
수도	• 수압이 사용하는 장비의 조건에 맞아야 한다. • 온수를 사용하는 기계는 적정수준 이상의 온도가 유지되도록 한다.
하수	• 배수량이 충분하여야 한다. • 배수관이 천장 위로 지나가지 않아야 한다. • 바닥청소용 물과 장비에서 나오는 오수가 주방바닥으로 쏟아지지 않도록 한다. • 배수로의 거름망은 크게 설계하고, 자주 이물질을 제거한다.
전기	• 용량이 충분하여야 한다. • 장비의 전선은 손상되거나 풀리지 않도록 한다. • 전기선은 밖으로 노출되지 않도록 하고, 콘센트 덮개를 만들어 청소할 때 물이 들어가지 않도록 한다.
조명	• 조리장소, 식기세척장소, 화장실, 식기저장고는 최소한 200룩스이어야 한다. • 작업대에 그림자가 생기지 않도록 한다. • 전구를 보호할 수 있는 커버를 씌운다.
환기	• 팬을 이용하여 환기시킨다. • 스팀을 사용하는 기구 위에 별도의 배기후드를 설치한다. • 환기할 때 벌레나 해충이 들어오지 못하도록 한다. • 급식소의 크기를 고려하여 환기시스템을 설치한다.

(2) 급식기기의 위생

국내에서는 급식에 사용하는 기기의 위생표준 규격이 정해져 있지 않으나, 미국의 경우 NSFNational Sanitation Foundation 표준이 정해져 있으므로 수입 장비를 구입할 때는 NSF마크를 확인하도록 한다. 시설, 설비 및 기기의 NSF기준은 다음과 같다.

- 시설, 설비는 쉽게 청소할 수 있어야 한다.
- 음식물이 닿는 표면의 재료는 독소가 없고, 음식물의 색, 냄새, 맛에 영향을 주어서는 안 된다.

- 음식물이 닿는 내부의 코너나 가장자리는 둥글게 만들어져야 하며, 외부의 코너는 매끄러워야 한다.
- 음식과 닿는 모든 표면은 편평해야 하며 구멍이나 틈, 나사, 못 등이 없어야 한다.
- 마감재는 쉽게 청소할 수 있어야 하며 금이 가거나 깨지지 않아야 한다.
- 쏟아진 음식물이나 액체를 쉽게 닦을 수 있어야 한다.

표 8.4 기기의 위생관리

기기의 종류	위생관리 방법
냉장 · 냉동고	• 주 1회 이상 청소를 한다. • 온도를 주기적으로 측정 · 기록한다. • 교차오염을 예방하기 위해 식품을 분리 보관한다. • 내부용적의 65% 이하로 식품만 보관한다. • 조명은 라벨을 읽을 수 있을 정도로 한다.
식기세척기	• 바닥에서 최소한 15cm 이상 위에 설치한다. • 온도, 수압을 알리는 계기판은 잘 보이는 장소나 기계 가까이에 부착되어 쉽게 확인할 수 있어야 한다.
식기와 각종기물	• 사용 후 뜨거운 물로 깨끗이 씻어내고 세제를 묻힌 스펀지로 더러움을 제거한다. • 흐르는 물로 세제를 씻어낸다. • 완전히 건조시킨다. • 물을 사용하지 못하는 기물들은 더러움을 제거한 후 청결한 행주로 닦고 소독용 알코올을 분무한다. • 기물을 사용하기 전 소독용 알코올로 분무한 후 사용한다.
칼, 도마, 행주	• 딱딱한 고무나 아크릴로 만든 것으로, 틈이나 금이 없어야 한다. • 조리되지 않은 식품과 조리된 음식, 생선류 · 채소류를 다루는 도마는 구분해서 사용하여 교차오염을 방지한다. • 자외선 살균 등을 이용할 때 조사시간을 충분히 한다. • 청결하고 건조된 상태로 보관한다. • 행주는 5분 이상 열탕소독을 한다.

CHAPTER 09

사고의 예방

쉽게 풀어 쓴
FOOD 식품위생학
HYGIENICS

1 식음료업장의 안전사고

식음료업장은 사고와 부상이 발생하는 많은 위험성을 지니고 있다. 음식을 다루는 종업원이 부주의하거나 기기가 제대로 관리되어 있지 않으면, 종업원들은 넘어지거나 칼이나 도구에 베이거나 스쳐서 상처를 입고 또 화상을 입을 수도 있다. 기억해야 할 가장 중요한 것은 이러한 사고예방이 가능하다는 것이다.

사고예방 프로그램은 일반적으로 다음의 세 가지 활동이 있다.

- 주변 환경의 위험요소 제거
- 종업원에게 개인 예방도구 지급
- 위험을 피할 수 있는 종업원 예방교육

어느 곳이든지 위험요소를 제거하고, 잘 작동하는 안전도구나 기기를 사용하며, 깨끗하게 관리하고 위험 가능한 요인으로부터 종업원과 고객을 보호해야 한다.

분쇄기나 절단기 등을 사용할 때는 칼날을 감싸는 보호장비 등을 사용하여 손이 닿지 않도록 한다. 특히 절단기나 뼈를 발라내는 도구를 사용할 때는 철사와 나일론으로 만들어진 장갑을 사용하도록 한다. 또한 단열장갑을 사용하여 손이 데이지 않도록 하며, 앞이 막히고 고무밑창이 있는 신발을 착용한다.

종업원들은 부상당할 수 있는 위험요소를 어떻게 피하고, 사고를 예방할 수 있는지 교육을 받아야 한다. 즉 종업원들은 다음과 같은 사항들을 알고 있어야 한다.

- 필요할 때 사다리를 사용하는 방법
- 물건을 안전하게 옮기는 방법
- 안전장비를 사용하는 이유와 효과
- 안전의류 착용법

새로운 업무를 시작하기 전에 종업원은 맡은 업무의 진행방법과 안전에 대해 교육을 받도록 한다. 필요한 예방활동으로 큰 사고를 막을 수 있다.

식음료업장에는 쉽게 사용할 수 있는 응급치료 키트First Aid Kit를 구비해야 하며, 식음료업장 규모에 따라 한 개 이상의 키트가 필요할 수도 있다. 이러한 키트는 식품, 기기, 식기나 도구 등과 떨어져 있는 장소에 보관하며, 응급치료 설명서, 붕대, 반창고, 밴드, 화상연고, 항생연고와 기타 응급치료용 용품 등이 구비되어 있어야 한다. 매달 각 용품의 사용기한을 점검하고 필요하면 교체하도록 한다. 소방서, 경찰서, 구조대, 가까운 병원 응급실과 같은 곳의 전화번호를 전화기 주변에 쉽게 볼 수 있는 장소에 붙여두도록 한다.

1) 사고발생

- 침착해야 한다. 부상 정도를 판단할 정보가 필요하므로, 부상자가 의식이 있는지 확인한 후 괜찮은지 물어본다.
- 부상을 확인하고 외부의 도움이 필요한지 판단한 후, 확실하지 않으면 도움을 요청하도록 한다. 숨을 쉬지 않고 심장도 뛰지 않는 부상자일수록 병원이나 긴급구조원의 즉각적인 치료를 받으면 살아날 확률이 더욱 높다.
- 부상상태에 따라 응급치료 키트를 활용한다.
- 주변에 불필요한 구경꾼이 없도록 한다.
- 부상자의 이름, 사고날짜와 시간, 부상상태, 어떤 치료를 했는지, 구조대가 도착할 때까지 걸린 시간 등을 기록한다.

2) 사고의 형태

(1) 낙하사고

바닥을 깨끗하고 이물질이 없도록 유지하면 넘어지는 사고는 막을 수 있다. 젖은 바닥이나 기름, 흘린 음식 등이 위험요소이다. 청소를 한 후에는 젖은 바닥임을 알리는 표시를 해둔다. 종업원이 많이 다니거나 자주 젖는 바닥은 미끄럼방지용 매트를 설치한다. 누군가 넘어지면 움직이지 말고 가만히 있도록 하고, 부상 정도를 살펴보도록 한다. 만약 부상자가 움직이는데 힘들어한다면 빨리 치료를 하도록 한다. 또한 사다리를 올바르게 사용하지 않거나 사다리 대신 의자나 상자 등을 딛고 올라서는 행동 등에 의해 떨어지는 사고가 발생하기 쉽다. 기구를 사용할 때는 기구의 사용방법에 따라 제대로 사용하고, 기구의 사용 목적에 적합하게 사용해야 한다.

(2) 베기

손을 베이는 사고는 식음료업장에서 주로 발생하는 사고이다. 칼이나 슬라이서, 믹서, 그라인더, 깨진 유리 등을 부주의하게 다루는 것이 주된 사고의 원인이다. 칼은 항상 날카롭게 유지하되, 다른 주방도구로부터 떨어진 곳에 보관하도록 한다. 무딘 칼이 미끄러져 베이는 사고가 종종 발생하기도 한다. 칼을 세제에 풀어 거품을 낸 싱크대에 담가두지 않도록 하며, 작업에 맞는 올바른 도구를 사용하도록 한다. 칼이 떨어지면 떨어지는 칼을 잡지 않고 그냥 바닥에 떨어지도록 내버려 둔다. 슬라이서 회전 날은 분해한 후에 청소를 하며, 슬라이서나 칼날을 가진 전동도구를 세척하기 전에는 항상 플러그가 뽑혀있는지를 확인한다.

절단되었거나 베었다면, 상처 부위를 치료하기 위해 먼저 상처의 크기를 확인하고 깨끗한 천이나 수건으로 지압을 한다. 상처는 심장보다 위로 올리게 하며, 상처 부위가 크지 않다면 부드러운 비누와 깨끗한 물을 사용하여 씻은 후 항생연고를 바르고 방수성 밴드를 붙인다. 만약 부상자가 업무에 복귀한다면 일회용장갑 등을 지급하여 상처 부위를 보호하도록 한다. 심각한 상처는 의료전문가의 확인을 받도록 한다. 특히 사고 후에 땀이나 피로 인해 음식이 오염되지 않도록 주의해야 한다. 사고가 발생한 위치와 주변기기, 도구 등을 씻고 소독하도록 한다.

전기로 작동하는 기기는 제조업체의 사용법을 준수하여 사용한다. 일반적으로 믹서나 그라인더, 커터와 같은 대형 기기에는 긴급정지 장치가 있으면, 기기가 작동할 때에는 정지장치를 잠금 상태로 두었다가 비상시 정지장치 스위치를 켜면 기기가 바로 정지되어 부상의 위험을 줄일 수 있다. 비상정지 스위치는 종업원의 심각한 사고를 막는 생명의 장치로써 테이프나 다른 장치를 이용하여 스위치를 꺼 놓는 행동은 불법이므로 종업원에게 주의를 시켜야 한다.

(3) 화상

화상은 1도 화상(피부가 붉고 쓰라림), 2도 화상(물집이 생기고 붉으며 쓰라림)과 3도 화상(피부 표면이 탔고 감각이 거의 없음)으로 분류되는데, 화상의 심각도가 중요하다. 1도나 2도 정도로 조금만 데었을 때는 응급치료만으로 해결할 수 있지만, 3도 화상은 의료전문가의 진단이 필요하다.

화상치료는 다음의 단계를 거치도록 한다.

- 화상의 원인을 제거한다. 하지만 전기에 의한 화상이라면 구조자는 사고자와 접촉하기 전에 전원이 끊겼는지 확인한다.
- 피부의 온도를 낮추고 화상이 더 이상 진행되는 것을 막기 위해 찬물에 화상 부위를 담그거나 찬물을 뿌린다.
- 의사의 처방이 필요 없는 진통제 등을 사용하고, 감염이 되거나 물집이 커지지 않도록 한다.
- 상처부위를 소독된 밴드나 붕대 등으로 감싼다. 물집을 터뜨리지 않는다.
- 부상자를 진정시킨다.

2도 또는 3도의 화상을 입거나 넓은 범위로 화상을 입었을 때에는 즉시 응급구조대를 부르도록 한다. 특히 얼굴, 손, 사타구니 등의 화상은 대단히 심각한 상황으로 판단하여 의료전문가의 도움을 요청하도록 한다.

화학적 화상은 즉각적인 치료가 필요하다. 의료 요청을 하고 약품에 대한 정보MSDS를 살펴본 후 어떤 약품인지, 어떤 조치를 취해야 하는지를 확인한다. 화학적 화상은 특히 식기세척기나 소독약품을 다룰 때 종업원의 실수로 인해 주로 발생한다.

(4) 독극물

독극물 중독은 화학약품에 오염된 음식을 먹었을 때 발생한다. 식품이 화학물질에 의해 오염된 것으로 의심되면, 지체 없이 즉각 전문가의 도움을 요청하도록 한다. 또한 독극물관리센터에 연락하여 구조대가 오기 전까지 어떤 조치를 해야 하는지 물어보고 그에 따르도록 한다.

3) 작업태도에 대한 교육

물건을 올바르게 드는 법이나 미는 법 등을 교육하여 허리부상을 예방하도록 한다. 허리부상을 입은 작업자 한 명으로 인해 생산성이 떨어지고, 보상을 해주어야 하며 의료비도 지급해야 하므로, 허리부상은 대단히 비싼 사고인 것이다. 허리부상을 예방하기 위한 팸플릿이나 비디오 또는 수업용 교재를 보험회사나 지역 보건국에서 대여하여 교육할 수도 있다.

4) 종업원용 약품

FDA식품 규제는 종업원 건강을 위한 약품에 한정하여 식음료업장에 두는 것을 허용하고 있으며, 판매 목적으로 사용하면 안 된다. 종업원용 약품은 명확하게 라벨을 붙여야 하며 식품, 기기, 식기나 식탁보, 빨대나 수저, 냅킨 같은 용품의 보관 장소와는 떨어진 곳에 보관해야 한다. 식품용 냉장고에 보관하는 약품은 라벨을 붙이고, 용기에 넣어 가장 낮은 선반에 보관한다.

5) 심폐소생술과 기도가 막혔을 때의 응급처치

관할당국이 규정하지 않았다면 기도가 막히는 사고, 그리고 심폐소생술Cardiopulmonary Resuscitation; CPR 같은 응급치료법을 꼭 알아둘 필요는 없지만, 응급상황에 따른 심폐소생술이나 응급치료법을 종업원들이 볼 수 있도록 붙여두면, 생명을 구하는 데에 큰 도움을 얻을 수 있다. 차트는 적십자사나 심장협회에서 구할 수 있다.

영업시간 중에 응급치료법이나 심폐소생술을 할 수 있는 종업원이 작업장에 최소한 한 명은 있도록 하는 것이 좋다. 필요한 시기에 적절한 치료만이 생명을 살리는 지름길이라는 것을 기억해야 한다.

지역 보건소나 적십자사, 심장협회, 국가안전협회, 보험회사, 응급구조시스템, 소방서, 병원 등에서 식음료업장의 응급구조 활동에 대한 교육과정이나 포스터, 비디오 등을 제공하고 있다. 이러한 교육을 자발적으로 이수한 종업원을 식음료업장의 귀중한 자산으로 여겨야 한다.

6) 사고보고서

사고가 발생하면 항상 사고보고서를 작성하는 것이 좋다. 보험회사에 보험금 지급을 요구할 때 이 보고서가 필요하므로 사고발생 시간, 발생 당시 주변 환경, 부상 정도, 식음료업장이나 병원 등에서 제공한 치료 · 치료 후 요양이나 입원 등에 대해 보고서에 기록해야 한다. 사고가 발생하면 가능한 한 빨리 보험회사에 통보한다.

7) 안전교육 프로그램

주방기계나 기기의 사용방법을 이해하기 쉽도록 교육하고, 자세한 정보가 있는 사용설명서를 비치해 둔다. 또한 작업장에는 개별 사용설명서를 붙여두고, 종업원이 읽을 수 있는지 확인한다. 만약 종업원이 글을 잘 모른다면 안전한 수행절차에 대해 그림을 붙인다. 외국인 종업원들의 경우, 글을 읽을 수 없는 경우가 많이 있음을 주지하여 조치한다.

가능하면 다수의 종업원이 모일 수 있는 시간을 정해 기기의 올바른 사용법에 대해 시범을 보이고 의견을 나눌 수 있도록 하는 현장교육을 실시한다. 간단하더라도 현장교육이 매우 유용하며, 교육 후 모든 종업원이 동일한 정보를 학습했다는 것을 확인한다. 교육시간 동안에 종업원이 토론에 적극적으로 참여할 수 있도록 격려하거나 작업방식을 개선할 수 있는 아이디어를 제출해야 한다.

식음료업장 매니저의 중요한 업무 중 하나는 종업원들에게 기본적인 안전교육을 실시하고, 종업원들의 작업태도를 관찰하여 안전교육에서 배운 대로 작업을 하는지 확인하는 것이다. 안전에 부주의한 종업원은 자신 스스로나 다른 종업원에게 사고를 일으킬 수가 있다.

8) 자체 안전점검 목록

안전점검을 함으로써 사고를 예방할 수 있다. 비용 대비 가장 효과적인 안전대책은 안전점검을 실시하는 것으로, 점검을 통해 화재나 사고를 예방한다면 막대한 비용을 절감할 수 있다.

9) 화재안전

화재는 식음료업장에서 흔하게 발생할 수 있는 사고이다. 기름에 의한 화재가 가장 많이 발생하며, 전기 화재가 두 번째이다. 전기 기기를 정기적으로 점검하고 잘못된 전선이나 기기를 수리하여 화재를 줄일 수 있다. 전선이나 회로에 과부하를 주지 않도록 하며, 환기 기기나 바닥의 전선을 안전하게 설치하도록 한다. 플러그를 뺄 때 전선을 당기지 않고 플러그 헤드를 잡고 제거하도록 교육한 후, 그렇게 하고 있는지를 확인한다.

환풍기 후드, 팬, 필터, 주변 벽에 기름기가 끼지 않도록 깨끗하게 청소하며, 기구들은 제조업체의 설명서에 따라 주기적으로 청소하도록 한다. 화재가 발생하면 일단 먼저 건물 밖으로 대피한 후 빨리 소방서에 연락하도록 한다.

10) 소화기

소화기는 사용 가능한 것으로 찾기 쉬운 곳에 설치해야 하며, 화재의 형태에 따라 사용한다. 물소화기는 기름에 의한 화재에 사용하면 기름이 물에 떠서 쉽게 번져 위험할 수 있으므로, 식음료업장에서는 사용하지 않도록 한다. 또한 전기에 의한 화재에서 물소화기를 사용하면 더 큰 피해가 발생할 수 있으므로 사용하지 않는다. 이산화탄소를 사용하는 소화기는 안전하고 기기나 식품 접촉면에 오염물질을 남기지 않아 식음료업장에 적합한 소화기이다. 이 소화기를 사용한 후 직접 닿은 음식은 버리도록 한다. ABC 다목적 소화기는 잔여물을 남긴다. 지역 소방서에서 화재의 종류에 따른 소화도구 정보와 사용법에 대해 교육하고 있으므로 활용해야 한다.

종업원이 불 근처에서 작업하다가 옷에 불이 번질 수도 있기 때문에 소화용 담요를 가까운 곳에 비치하며, 이런 경우 담요를 사용하여 불을 끄고 도움을 청하도록 한다. 그러나 빨리 끌 수 없는 화재가 발생하면 소방서에 도움을 요청한다. 기기의 전원을 차단하고 문과 창문을 모두 닫은 후 화재 장소로부터 탈출한다. 모든 식음료업장에서는 화재 대처계획을 미리 세워두어야 하며, 대피경로를 확실히 표시해 두어야 한다. 또한 화재훈련을 주기적으로 실시하여 종업원들이 어디로 어떻게 대피해야 하는지를 익히도록 한다. 정전되었을 때는 자동으로 켜지는 비상용 전등을 비치한다.

식음료업장에서는 지정된 곳에 소화기를 비치하고 정기적으로 점검을 받아야 한다. 소화기는 적어도 일 년에 한 번 점검하고, 꼬리표를 붙여두어 다음 점검이 언제인지 알 수 있도록 한다. 또한 소화기의 유효기간이 지나면 벌금을 내야 한다. 그리고 40파운드 이하의 소화기는 지상에서 5피트 위에 설치해야 하고, 40파운드 이상이면 3.5피트 이하 위치에 설치한다(FDA 식품규제).

11) 배기시스템

배기를 위한 후드시스템은 조리 기구나 세척기 위에 설치되어 증기, 열과 연기를 제거한다. 몇 종류의 후드는 화재진압용 보조도구를 내장하고 있는데, 이러한 도구는 불을 끄는데 아주 효과적이므로 종업원들은 보조도구가 어떻게 작동하는지 알고 있어야 한다. 후드시스템은 화재예방 전문가에 의해 설치되고 주기적으로 점검받아야 한다.

12) 살수장치

살수장치Sprinkler System는 「건축법」에 의해 신규건축이나 구조변경을 할 때 건물에 설치하여야 한다. 일정한 거리의 위치에 살수장치를 설치해야 하며, 고장이 나면 바로 기기회사에 의뢰해 수리하도록 한다.

2 위험관리

위험한 상황은 아무 때나 발생한다. 식음료업장은 화재나 홍수, 폭풍이나 지진 등의 자연재해와 같은 위험에 대비해야 한다. 또한 정전이나 단수, 배수시스템의 고장이나 식중독, 매스컴의 조사, 갑작스런 종업원의 퇴사와 같은 상황도 식음료업장 운영에 지대한 영향을 줄 수 있다. 어떻게 이러한 위기상황에 대처해야 할 것인가? 다음과 같은 문제해결 접근방식을 사용하여 대처계획을 세워두도록 한다.

먼저, 문제의 심각성을 파악한다. 상황을 점검하고, 발생 가능한 상황을 예측한다. 그리고 외부의 도움이 필요한지를 판단한다. 종업원과 매니저가 팀으로 업무를 수행한다면, 개개인의 능력을 활용하여 팀 접근법을 사용한다. 여러 사람이 같은 상황에 대해 각각 말하는 것보다는 한 명의 대변인을 지정하여 상황을 설명하도록 하면서 조직 내의 통제를 유지하도록 한다.

또한 식음료업장 내에 있는 물건들은 중요도에 따라 순위를 정해 두도록 한다. 그리고 침착하고 긍정적으로 생각한다. 정해둔 규칙에 따라 행동하며, 문제를 해결할 수 있는 외부의 물자나 도움을 찾도록 한다. 사고 후 필요에 따라 사고 순간에 취한 행동이나 대화에 대해 기록하며, 모든 상황에 따른 침착하고 정직해야 한다.

1) 생물테러

2001년 9·11 테러 이후, 테러에 대한 공포가 현실화되었다. 최근 몇 년간 미국정부는 테러에 대한 모든 예방책을 세우고 있다. 또한 테러에 대한 관련된 사람들의 이성적인 대응이 대단히 중요하다. 미국정부의 테러에 대처하는 몇 가지 대응법을 소개하면 다음과 같다.

- 종업원을 감독하여 신분이 확실한 정해진 종업원만 주방에 출입할 수 있도록 한다. 사진이 있는 이름표를 사용하여 신분을 확인한다.
- 출입이 허가된 종업원만이 식품준비실 및 조리실에 출입할 수 있도록 한다.
- 방문자에 대한 정책을 살펴 주방의 안전을 도모하는 규정으로 개방한다. 방명록 등을 사용하여 방문자를 확인하도록 한다.
- 종업원들이 도시락이나 지갑 등 소지품을 가지고 주방에 출입하지 못하도록 하며, 탈의실이나 라커룸 등을 사용하여 종업원들이 개인소지품을 보관할 수 있도록 한다.
- 의심스러운 물건이나 활동을 발견하면, 매니저에게 보고하도록 종업원을 교육한다.
- 수상한 문제가 발견되면 FBI나 FDA의 수사관을 부르도록 한다. 수사관들은 긴급 상황이나 사건에 대비해 적절한 장비나 도구를 가지고 있으며 조언을 해줄 것이다.
- 대변인을 지정하여 방송국 촬영이나 기자회견을 준비하도록 함으로써, 사고에 대해 적절한 선에서 통제할 수 있으며 이상한 기사가 발표되지 않도록 할 수 있다.

식음료업장에서 제품 바꿔치기는 오랫동안 일어났으며, 이러한 문제에 대처하기 위한 식음료업장의 내부정책이나 절차가 필요하다. 의심스러운 행동을 보면, 바로 보고할 수 있도록 종업원을 교육하며, 사고의 가능성을 무시하기보다는 사고위험에 다소 적극적으로 대처하는 것이 현명하다.

2) 비상시 물 공급

식음료업장의 식수원이 빗물 등으로 인해 오염되거나 배관의 부식 등으로 인해 미생물학적 수질이 음용수 안전기준에 미치지 못하면 물을 끓여서 사용해야 한다.

식음료업장은 비상시에도 인증된 안전한 식수원의 물을 사용해야 한다. 즉 별도에 포장된 물이나 물탱크로 공급되는 물을 사용해야 한다. 식음료업장에서 물을 판매할 때에는 보건규정에 적합한 식수원에서 물을 공급받아야 한다.

단수와 같은 긴급 상황에서는 확실하지 않은 식수원의 물을 염소소독이나 끓여서 소독한다. 염소소독법은 1갤런의 물에 6방울의 염소표백제를 첨가하는데, 이때 소독제의 라벨을 확인하여 유용 치아염소산나트륨이 5.25% 들어있는지를 확인한다. 물을 염소로 소독할 때의 중요한 사항은 다음과 같다.

- 염소표백제를 첨가한 후 사용하기 전까지 30분 이상을 기다린다.
- 방울의 염소소독제를 첨가하고도 미약한 염소 맛이 나지 않는다면, 이러한 맛이 날 때까지 조금 더 첨가한다. 소독약 맛이 느껴진다는 것은 소독이 된 안전한 물이라는 증거이다.

물은 끓여 소독할 수도 있는데, 이 때 끓기 시작한 후 최소한 5분 이상은 더 끓인다. 깨끗한 용기를 사용하여 번갈아 부어주어 공기를 혼입하면서 식히면, 끓인 물의 밋밋한 맛을 줄일 수 있다. 식음료업장에서 물의 사용을 줄이기 위해서는 다음을 고려한다.

- 식음료업장에서 직접 얼음을 만드는 대신 포장된 얼음을 구매한다.
- 재사용하는 식기류 대신 일회용품을 사용한다.
- 복잡한 준비과정을 요하는 음식은 직접 조리하기보다는 외부에서 조달하도록 한다.
- 메뉴의 종류를 제한하거나 영업시간을 줄인다.
- 위생을 위해 이동화장실을 사용한다.

식수관련 긴급 상황이 해결되어 상수도 공급이 재개되면, 다음과 같은 예방책을 실행하도록 한다.

- 건물 전체 배관이 새로 공급되는 물로 바뀌도록 하고, 식기세척기와 같은 기기의 수도 거름장치와 배관 거름장치를 세척하도록 한다.

- 얼음제조기, 음료수 디스펜서나 뜨거운 물 제공용 기구 등과 같이 물을 사용하는 장치를 세척하고 소독한다.
- 수도관과 연결된 고정기물, 싱크대, 기기 등을 세척하고 소독한다.

다시 공급되는 물에 대해 생물학적 수질검사를 하는 것이 좋다. 물의 안전성은 색깔이나 향, 맛으로는 판단할 수 없다. 상수도에 대한 긴급 상황이 발생했을 때, 문의사항은 관할지역 수도국에 한다.

3 식중독사고

식중독 문제가 발생했을 때 고객과 협조하여 관할지역 보건소 등에 도움을 요청하도록 한다. 관할 관청의 도움을 얻어 식중독의 발병 원인이 무엇인지 조사하고, 원인 음식을 먹은 시간을 추정하며 그 음식의 표본을 채취할 수 있다면, 보관하여 연구소에 분석을 의뢰한다.

고객에게서는 최근 먹은 음식의 시료를 요청할 수도 있다. 고객이 하는 말을 잘 듣고 문제를 설명할 만한 증거를 찾도록 해야 한다. 문제를 분석하려 하지 말고 고객의 불만을 무시하지 않도록 한다. 고객과의 인터뷰를 기록하여 문제를 조사한 후 결과를 고객에게 알려줄 것을 분명히 하고, 사실을 확인한 다음 고객에게 알리도록 한다. 진실이 규명되기 전에는 식음료업장의 과실을 섣불리 인정하지 않도록 한다.

1) 식품의 확인

제공된 음식에 대한 조사 후 식음료업장의 음식이 식중독의 원인이라는 증거가 없다면, 사건을 식음료업장 내에서만 알도록 한다. 한 명의 고객에게 질병이 발생한 경우는 식중독으로 의심되지 않지만, 둘 이상 고객이 동일한 문제를 제기한다면 보건소와 같은 외부 전문기관에 의뢰하여 문제를 해결한다. 확인을 위해 시료를 준비할 때 또 다른 시료를 냉동고에 보관하여 다른 시험결과와 비교할 수 있도록 한다. 공중보건소, 보험회사나 변호사 등이 제공하는 문제해결에 대한 조언도 참고한다.

2) 공식조사

공식조사를 위해서는 의심스러운 재료는 사용을 중지한다. 보건검사관들이 HACCP 검사와 종업원의 건강검진을 요구할 수도 있다. 그리고 청소나 소독이 필요하면 시설의 사용을 잠시 중단시킨다. 또한 모든 작업은 가능한 빠른 시간 내로 끝내야 한다는 것을 명심해야 한다. 무엇보다도 조사에 협조하여 공중보건을 지키는 것이 매우 중요하다. 최종 분석결과 후 문제가 어디에서 발생했는지를 밝히는 것보다, 그곳에서 다시 식중독이 재발하지 않도록 예방하는 것이 더 중요하다.

어떤 위기상황이든지 가능한 한 침착하고 체계적으로 문제에 접근하며 취한 행동에 대해 평가한다. 위험관리는 쉬운 작업이 아니므로 위기상황을 해결하는 데에 도움이 될 절차를 미리 작성해 두는 것도 좋다.

사전에 매니저와 종업원이 주기적으로 모여 최악의 위기상황 대처방법을 모색해야 하며, 모의훈련을 실행하여 종업원들이 유사문제 상황에서 대처할 수 있는 기술을 습득하도록 해야 한다. 또한 언론에 식음료업장의 입장을 전달할 대변인을 정해두고, 긴급 상황 대처방법을 작성한 규정집을 보관하도록 한다.

3) 보존식

「식품위생법 시행규칙」에 따른 집단급식소를 운영하는 자의 준수사항에서 조리로 제공된 식품은 보존식을 해야 하는데, 보관 시 매회 1인분 분량을 영하(−) 18℃ 이하에서 144시간 보관해야 한다.

식중독이 발생했을 경우 보존식은 식중독에 대한 원인을 찾기 위함이며, 보존식을 하지 않았을 경우 과태료가 부과되어진다.

보존식은 제공 형태별로 보관하여야 하며, 상시 제공되는 음료수 이외의 차 종류 모두를 실시, 검식일지, 메뉴표, 운영일지와 동일한 메뉴를 보관하고, 밥, 김치를 포함한 전체 메뉴, 후식, 간식 모두 보존하고 품절되어 대체 반찬을 사용했을 경우 대체 반찬도 보존해야 한다.

보존식 관리대장을 작성한 후 확인자의 서명은 반드시 있어야 한다.

CHAPTER 10

교육과 훈련

쉽게 풀어 쓴

FOOD 식품위생학

HYGIENICS

1 교육과 훈련

식음료업장 관리자들은 오랫동안 교육 훈련비용을 영업을 위한 필요악적인 비용으로 간주하였다. 그러나 오늘날의 관리자들은 교육 훈련을 영업을 위한 비용소모가 아니라 매우 중요하고 필수적인 투자라고 생각한다. 어떤 투자보다도 교육 훈련은 가치가 높은 투자이다.

안전과 위생에 대한 지식이 많은 것과 효과적으로 안전과 위생교육 훈련을 할 수 있는 능력은 차이가 있다. 관리자들이 교육 훈련의 여러 측면을 알 수 있도록 본 장을 기록하였다. 식음료업장 관리자들은 식음료업장의 질과 고객만족을 위해 최대한의 노력을 기울여야 하며, 고객과 종업원의 안전을 보장하는 가장 확실한 방법은 올바른 교육 훈련을 실시하는 것이다.

식음료업장에서 식품을 다루는 종업원들이 모든 기기사용에 대한 절차를 숙지하고 안전과 위생 활동 절차에 대해 적절한 교육 훈련을 받는 것은 아주 중요한 일이다. 식품 사고의 대부분이 식품을 다루는 종업원들이 조리시간과 온도를 조절하는 것, 개인위생, 교차 오염관리 등에 대한 올바른 교육을 받지 못해서 발생한 것으로 여겨지고 있다. 안전 및 위생 절차는 모든 업무에 적용시켜야 하는 것이며, 식품을 다룰 때 표준 조작법 등을 숙지하도록 해야 한다. 따라서 모든 종업원은 안전과 위생에 관련된 교육을 받아야 한다.

2 교육과 훈련의 장점

종업원 교육 훈련의 장점은 다음과 같다.

① 향상된 고객만족

잘 훈련된 직원은 고객이 기대하는 높은 품질의 서비스와 음식을 제공할 수 있으며, 만족한 고객은 단골고객이 되어 사업이 성공하도록 해 준다. 이러한 고객은 훌륭한 서비스와 안전하고 맛있는 질 높은 음식을 원한다.

② 이직률 감소

종업원이 만족하고 직무를 잘 유지하도록 하는 열쇠는 성공에 대한 기회 제공과 기술과 능력향상의 기회를 제공하는 것이다. 대부분의 종업원은 직무를 효과적으로 수행하기 위해 교육 훈련을 받고 싶어 한다. 이직률 감소는 비용의 절감과 종업원 삶의 질 향상으로 연결되며, 잘 훈련된 전문 종업원의 훌륭한 서비스로 인해 더 높은 고객만족을 실천할 수 있게 된다.

③ 비용의 절감

잘 훈련된 종업원은 신참 종업원보다 실수를 적게 하여 전체 비용을 줄이는 결과를 가져온다.

④ 사고 감소

여러 연구에서 경험이 많고 훈련을 잘 받은 종업원은 사고의 위험이 적다는 것이 밝혀져 있다. 안전에 대해 훈련된 직원은 사고를 더 효과적으로 처리할 수 있는 능력도 있다.

⑤ 향상된 품질

교육 훈련은 음식의 품질을 향상시킬 수 있고 직원이 더욱 효율적으로 일할 수 있게 하며, 고객의 만족도와 직원 업무 환경의 질을 높이는 결과를 가져온다.

3 훈련 방해요소

교육 훈련의 많은 장점을 알고 있으면서 왜 많은 식음료업장에서는 종업원 교육의 훈련을 꺼리는 것일까? 이러한 훈련의 장점을 알고 있는 것만으로는 부족하며 더 중요한 것은 실행에 있다. 즉 계획을 세우고 실행에 옮기는 것이 필요하다. 이를 저해하는 요소는 다음사항들이 있다.

① 시간 부족에 대한 생각

대다수의 식음료업장은 바빠서 훈련할 시간이 없다고 생각하지만, 생각을 바꿀 필요가 있다. 훈련을 통해 모든 종업원들이 어떤 일이든지 한 번에 정확하게 할 수 있다면, 이로 인해 절약될 시간을 먼저 고려해야 한다.

② 실천의지 부족

일부 관리자들은 직원을 교육하기 위한 시간을 배정하지 않으려고 한다. 하지만 식품을 안전하게 다루는 기술을 교육하고 훈련하는 것은 전체적인 성공을 위해 꼭 필요한 것이다.

③ 훈련기술의 부족

많은 관리자들은 직원교육을 하고 싶지만 어떻게 해야 할지를 모르는 경우가 있다.

④ 자기훈련의 부족

교육 훈련은 교육 프로그램을 수립하여 직원들에게 학습기회를 제시하는 관리자의 능력을 보여주는 것으로, 이를 잘 수행하기 위해서 관리자들은 자기 훈련을 하고 시간을 투자하여야 한다.

자기훈련이 잘 된 관리자에 의해 꾸준하게 시행되는 계획된 훈련은 식음료업장의 안전과 성공에 기여할 것이다.

4 훈련계획

훈련 계획을 할 때 다음 사항을 고려해야 한다.

- 종업원 성과의 목표 기준을 세운다.
- 목표 기준에 맞춘 종업원 교육을 위해 가이드라인을 제시한다.
- 훈련시간 계획을 세운다.

(1) 종업원 성과기준 확립

목표 기준이란 식음료업장이 성공하기 위해서 필요한 절차, 정책이나 과정 등이다. 먼저, 적용할 목표 기준을 확인해야 한다. 일반적으로 이미 정해져 있는 여러 가지 기준이 있는데, 예를 들면 특정 직무에 대한 직무기술서, 회사정책, 최적 직무수행 설명서, HACCP 가이드라인, 식품안전과 취급요령에 대한 법령 등이 있다. 여기에 각 식음료업장에서 사용할 개별 기준도 첨가할 수 있다. 이러한 기준을 잘 인지했다면 목표 기준에 부합할 수 있도록 어떻게 종업원들을 교육 훈련할 것인가에 대해 결정해야 한다.

(2) 종업원 교육 준비하기

- 무엇을 교육할 것인가?
- 누가 훈련을 할 것인가?
- 어떤 방법으로 훈련을 진행할 것인가?

- 언제, 얼마나 오래 훈련할 것인가?
- 어디서 교육할 것이며, 어떤 교육자료가 필요할 것인가?

(3) 무엇을 교육할 것인가?

무엇을 교육할 것인가는 여러 가지 사항에 따라 달라진다. 신입직원에게는 기존의 직원과는 다른 교육을 시행해야 한다. 교육 내용을 결정하기 위해서 필요성 평가를 시행한다. 필요성 평가는 일정 부서나 시설에 필요한 특정기술이나 훈련에 대해 묻는 질문지나 설문조사 방법이다. 먼저 어떤 부서인지 확인하고 어떤 성과기준을 정했는지 조사한다. 어쩐 직무를 잘하며 기술 향상을 위해 어떤 영역의 일을 알고 있어야 하는지 확인한다. 그리고 고객의 소리에 귀 기울여야 한다. 고객의 불평은 종업원의 훈련이 필요하다는 좋은 증거이다. 교육훈련 내용을 위한 몇 가지 기준으로 다음 항목들이 있다.

- 안전한 식품 취급요령
- 식중독의 일반적인 원인
- 기기와 식기류 등의 적절한 사용법과 세척방법
- 화재안전 등을 포함한 긴급 상황 대처방법
- 고객 접대방법과 작업장 예절
- HACCP에 대한 인식
- 회사의 정책과 절차

여러분이 직접 교육 훈련을 계획하고 있다면 교육 내용을 가능한 최소 단위로 나누도록 한다. 예를 들어, 신입직원에게 식품 보관에 대해 교육할 때, 냉동 보관, 냉장 보관, 건조 보관 등을 한 번에 가르치려 한다면 오히려 혼란만 줄 수 있으므로, 각각을 나누어 짧은 시간에 필요한 주제를 교육하는 것이 더 효과적이다. 성인교육의 중요한 원칙은 교육시간을 짧게 하는 것이다(약 30~60분). 또 다른 원칙은 성인들은 자신이 받고 있는 훈련에 직접 참여하고 싶어 한다는 것이다. 단순히 앉아서 보는 것을 원하지 않으며 실습을 통해서 더 잘 배운다. 짧은 시간 안에 너무 많은 것을 가르치고자 하면 교육을 받은 정보를 소화할 여유가 없게 되어 효과적이지 않다.

또한 장기적인 교육 훈련 계획을 수립하는 것도 중요하다. 식품의 저장에 대한 교육으로 오늘은 냉동저장에 대한 교육을 실시한다면, 냉장저장이나 건조저장에 대한 계획을 같이 수립해야 한다. 관리자들은 종업원에게 새로운 업무를 맡기기 전에 무슨 교육을 받았는지 확인해야 한다.

(4) 누가 교육을 할 것인가?

교육 훈련 주제를 정하면, 다음 단계는 누가 교육을 할 것이지 정하는 것이다. 예를 들면, 여러분이 개인위생을 교육하고 있다면 여러분 스스로가 개인위생 전체 내용을 교육하길 원할 것이다. 하지만 약품안전에 대해 교육할 때에는 약품 제조업체에 연락하여 전문지식을 가지고 있는 회사 교육담당자를 섭외하여 교육을 진행하게 할 수도 있다.

특정 주제에 대해 교육하는 사람과 교육받는 사람이 서로 간에 잘 맞는 경우에 대단히 효과적이다. 교육관들은 교육 전에 누가 교육을 받는지, 주제에 대한 참가자의 지식수준은 어떤지, 현재 가지고 있는 기술의 정도 등에 대해 알아야 한다.

(5) 어떤 방법으로 교육할 것인가?

효과적인 교육 훈련에 필요한 또 다른 중요 요소는 주제와 참가자에 맞는 적절한 교육방법을 선택하는 것이다. 사용할 수 있는 교육방법은 다음과 같이 다양하다.

① 직무 중 훈련

일반적으로 직무 중 훈련은 작업장 내에서 1:1로 교육하며 훈련된 선임직원에 의해 진행된다. 이러한 직무 중 훈련의 임무를 부여받은 직원은 대부분 자신의 업무량이 줄지 않아 교육이 자칫 완전히 이루어지지 않을 수 있으며, 급하게 서두르거나 단편적일 수 있다. 그러므로 이러한 교육 임무를 부여받은 직원이 자신의 일에 조금

소홀해지더라도 질책하지 말아야 한다. 신입직원을 제대로 교육하는 것이 중요하기 때문이다.

이 방법을 성공적으로 실행할 수 있는 한 가지 방법은 교관 훈련 프로그램이다. 각 부서의 가장 유능한 직원을 선발하여 이들에게 효과적인 교육기술을 가르친 후 이들을 자신이 속한 부서의 교육담당으로 임명한다. 교육 훈련이 성공적으로 이루어지려면 교육담당과 관리자 사이의 빈번한 공식적·비공식적 회의와 대화가 중요하다.

② 강의식 교육훈련

집단교육법으로써 한 부서의 모든 직원이 새로운 기술 등을 배우는 데에 좋은 방법으로 팀에 초점을 맞추어 팀워크를 높이는 장점이 있다. 그러나 교육 내용이 매우 기술적이거나 많은 단계로 이루어진 교육이라면 효과가 떨어진다. 전달식 강의는 직원을 교육하는데 비효과적이지만, 많은 사람을 한 번에 교육할 수 있어서 많이 이용되는 방법이다. 마지막에는 학습한 교육 내용에 대한 평가를 하여 교육효과를 높이도록 한다.

③ 개별교육

처음으로 일을 배우는 종업원에게 초점을 맞춘 방식으로, 사람마다 교육방법에 따라 다른 속도로 학습하므로 개별 발달 교육과정에서는 개개인의 방법과 속도로 일을 배우도록 한다. 이 방법을 사용할 때에는 주기적으로 교육과정을 점검하여 진행속도를 조절해야 한다.

교육방법에 상관없이 다양한 종류의 교육자료를 사용하여 교육했을 때 매우 효과적이다. 비디오, 오디오, 포스터, 그림과 함께 시범을 보이는 등 교육의 효과를 높일 수 있는 다양한 방법을 동원하는 것이 종업원 교육에 효과적이다.

(6) 언제, 얼마나, 오래 교육할 것인가?

식음료업장은 매우 바쁘며 교육할 시간을 확보하기란 어려우므로, 다음 사항들을 훈련 일정을 정할 때 고려해야 한다.

- 영업시간 중 가장 바쁜 시간은 언제인가?
- 어느 날이 가장 바쁜 날인가? 가장 한적하며 바쁘지 않은 날을 선택한다.
- 종업원의 업무를 방해하지 않을 정도의 소규모로 서로 다른 시간에 훈련을 할 수 있는가? 한 그룹의 직원을 두 그룹 이상으로 나누어 교육한다.

교육하기 전에 종업원의 업무스케줄을 확인하여 교육계획 시간표를 정한 후 종업원에게는 미리 정해진 교육훈련을 알려주도록 한다. 교육의 주제와 시간표를 작성하여 모두가 볼 수 있는 게시판 등에 붙여둠으로써 교육의 중요성과 가치에 대해 알리는 것이 중요하다. 긴급 상황이 아니면 예정된 교육계획을 취소하지 않도록 한다.

교육시간은 참가자의 교육에 대한 집중도를 항상 고려하여 가능하면 시간을 한 시간 이내로 정한다. 이 짧은 시간의 빈번한 정기교육이 더 효과적이다.

(7) 교육장소 및 자료

교육 일정이 정해지면 교육장소와 교육에 사용할 자료 등을 정한다. 예를 들면, 식품위생에 대한 주제라면 회의실이나 비어있는 식당에서 책 등의 교재를 사용하여 진행할 수 있다. 교재, 교사용가이드, 훈련키트 등의 다양한 교육 자료를 활용한다. 하지만 올바른 손 씻는 방법 등 실습이 중요한 주제를 교육할 때에는 작은 그룹으로 세면대 주변에서 하는 것이 효과적이다. 올바른 방법을 시범보이고 참가자들에게 직접 해보도록 한다. 이러한 교육에서 필요한 자료는 한 장의 손 씻는 순서도나 세면대 위에 붙여놓은 포스터 정도로도 충분하다.

5 교육실행

교육 훈련 계획이 완료되면 다음은 실행이다. 효과적인 교육 훈련을 위해서는 다음을 명심해야 한다.

① 간단명료하게 하라

한 번의 교육으로 너무 많은 정보를 주입하려 한다면 교육과정 뒷부분에 이르러 참석자들은 교육 내용에 질리거나 실망할 수 있다. 주요 내용에만 집중하며 주제에서 벗어나지 않도록 한다. 예를 들어, 올바른 손 씻는 방법에 대해 교육한다면 순서에만 집중해서 간단히 가르치도록 하며 쓸데없이 복장상태나 유니폼 기준 등에 대한 이야기로 강의를 시작하지 않는다.

② 재미있게 하라

교육은 교관이나 참석자에게 있어 즐거운 경험이 되어야 한다. 시청각자료를 사용하여 참석자가 많이 참여할 수 있는 프로그램을 한다. 간단한 놀이나 작은 포상은 교육시간을 즐겁게 하고 교육효과를 강화하는 데에 효과적이다.

③ 적극적 참여를 유도하라

종업원들은 수업에 직접 참여하길 원한다. 의견을 발표할 수 있는 질문을 하거나 퀴즈나 시범에 직접 참여하도록 한다. 교육의 성과를 측정하기 위해 사전 · 사후 시험을 보도록 한다.

④ 시각자료를 활용하라

음식장식이나 식탁배열 등의 수업을 더욱 효과적으로 하기 위해서는 비디오, 차트, 포스터, 슬라이드, 파워포인트 등의 시각자료를 사용하는 것이 좋다.

6 성과측정

교육효과를 평가하기 위해 다음과 같은 활동을 할 수 있다.

- 교육이 끝난 후 직원이 행하는 업무를 관찰하여 교육받은 대로 업무를 수행하는지 확인한다. 즉 배운 대로 새로운 기술을 사용하는지 살펴보고 잘 이행되지 않으면 다시 올바른 방법을 지도한다.
- 새로 배운 기술의 적용에 문제가 있는 직원은 업무배치를 보류한다.
- 긍정적으로 대화하고 지속적인 관심과 의견을 보인다.

CHAPTER 11

식품첨가물

쉽게 풀어 쓴

FOOD 식품위생학

HYGIENICS

1 식품첨가물

식품첨가물은 식품의 조리·가공 또는 제조과정에서 식품의 상품적 가치를 높이고 영양적·위생적인 가치를 향상시킬 목적으로 만들어졌으며, 식품공업의 발달과 더불어 첨가물의 이용은 증가하고 있는 추세이다.

우리나라 「식품위생법」 제2조에서 식품첨가물의 정의는 "식품첨가물이라 함은 식품을 제조·가공 또는 보존하는 과정에서 식품에 넣거나 섞는 물질 또는 식품을 적시는 등에 사용되는 물질을 말한다."라고 규정하고 있다.

FAO/WHO의 합동식품첨가물전문가위원회JECFA에서는 "식품의 외관, 향미, 조직 또는 저장성을 향상시키기 위한 목적으로 식품에 의도적으로 보통 미량으로 첨가되는 비영양물질"로 식품첨가물을 정의하고 있다.

식품 중에 첨가되는 식품첨가물의 양은 물리적·영양학적 또는 기타 기술적 효과를 달성하는데 필요한 최소량으로 사용되어야 하며, 식품첨가물은 소비자에게 이익을 주어야 하고 건강을 해(害)할 우려가 없어야 한다. 영양소의 과잉섭취나 불균형한 섭취를 유발해서도 아니되며, 식품제조나 가공과정 중에 결함 있는 원재료나 비위생적인 제조방법을 은폐하기 위해 사용해서도 안 된다.

식품첨가물로 식품 중에 첨가되는 영양강화제는 식품의 영양학적 품질을 유지 또는 개선시키는데 사용되어야 하며, 고시에서 품목별로 정해져 있는 주용도 이외에 국제적으로 다른 용도로서 기술적 효과가 입증된 사용의 정당성이 인정되는 경우에는 해당용도로 사용할 수 있다.

식품첨가물의 기준 및 규격 설정과 사용기준 개정(이하 '설정 등'이라 한다) 신청은 다음 각 항에 따라 이루어져야 하며, 이를 위해 FAO/WHO 합동식품첨가물전문가위원회JECFA, 국제식품규격위원회Codex Alimentarius Commission; CAC 등 국제기구에서의 안전성 평가 결과 및 사용기준과 우리나라의 식품섭취 현황 등을 고려하여 과학적인 평가를 하고 있다. 신청된 식품첨가물의 안전성을 입증 또는 확인하고, 사용의 기술적 필요성 및 정당성이 있어야 하며, 식품첨가물의 사용 목적은 다음의 각호 중 어느 하나에 부합해야 한다.

- 식품의 특성, 본질 또는 품질을 변화시켜 소비자를 기만할 우려가 있는 경우에는 제외되며, 식품의 품질유지, 안정성 향상 또는 관능적 특성을 개선시킬 수 있을 것
- 일상적으로 섭취되는 식품이 아닌 경우에는 식품 중의 영양가를 의도적으로 저하시키는 경우에도 정당성이 인정될 수 있는 식품의 영양가를 유지시킬 것
- 질병치료 및 기타 의료효과를 목적으로 하는 경우는 제외되며, 특정식사를 필요로 하는 소비자를 위해 제조하는 식품에 필요한 원료 또는 성분을 공급할 것
- 식품의 제조, 가공과정 중 결함 있는 원재료나 비위생적인 제조방법을 은폐할 목적으로 사용되는 경우는 제외되며, 식품의 제조 · 가공 · 저장 · 처리의 보조적 역할을 할 것

식품첨가물이란, 식품의 구성성분 이외의 성분으로 식품에 첨가되는 사용 목적이 명확해야 하며, 그와 동시에 식품과 공존하는 가치를 가지고 있는 물질을 말한다.

2 식품첨가물 종류와 분류

우리나라 식품의약품안전처는 '식품첨가물 공전'식약처 고시 제2021-19호, 2021.3.9.을 통해 산업체가 식품첨가물 용도에 따라 올바르게 사용할 수 있도록 유도하여 소비자 안심제고에 기여할 것이라고 밝혔으며, 합성·천연으로 구분되어 있던 식품첨가물을 감미료, 산화방지제 등 31개 용도로 분류하고, 국내 지정된 618개 품목에 대해서 주용도를 명시하여 식품첨가물 사용 목적을 쉽게 확인할 수 있도록 하였다. 이는 사용 목적에 따라 크게 6개의 그룹으로 나눌 수 있으며, 기능별로 정확히 구분하기는 어려우나 허용된 화학적 합성품을 분류해 보면 표 11.1과 같다.

표 11.1 식품첨가물의 사용목적별 분류

사용목적	명 칭
관능을 만족시키는 첨가물	조미료, 산미료, 감미료, 착색료, 착향료, 표백제, 발색제
식품의 변질, 변패를 방지하는 첨가물	살균제, 보존제, 산화방지제
식품의 품질개량, 품질유지에 사용되는 물질	품질개량제, 밀가루개량제, 유화제, 호료, 이형제, 피막제, 추출제, 용제
식품제조에 필요한 첨가물	식품제조용 첨가제, 소포제
식품의 영양 강화에 사용되는 첨가물	강화제
기 타	껌기초제, 팽창제

3 식품첨가물을 올바르게 사용하는 방법

식품첨가물은 식품의 제조 · 가공 또는 보존할 때 사용하지만, 그 사용목적이나 사용방법이 잘못되면 인체의 건강을 해치게 되어 식품위생상 중대한 결과를 초래할 수 있으므로, 식품첨가물은 올바르게 사용해야 하므로 식품첨가물의 사용방법은 다음에 맞게 사용한다.

- 식품의 성질, 제조 또는 각종 식품첨가물의 효과, 성질을 잘 연구하여 가장 적합한 식품첨가물을 선택하여 사용기준에 맞게 사용해야 한다.
- 제조방법의 개선에 노력하여 첨가물을 사용하지 않아도 되는 경우는 되도록 사용하지 말아야 하며, 식품첨가물의 사용은 언제나 필요최소량이어야 한다.
- 첨가물의 사용을 과신하지 말아야 하며, 정확히 칭량해서 사용하고, 식품 중에서 균일하게 되도록 잘 혼합하여 사용해야 한다.
- 식품에 첨가물을 사용할 경우에는 기준에 따라 정확히 표시해야 한다.
- 필요하다고 인정될 때는, 수시로 첨가물의 성분 규격의 적정여부에 대한 자가실험을 실시한다.
- 식품첨가물은 별도로 잘 정돈하여 보관하며, 각각 보관조건에 알맞게 하도록 한다.

4 식품첨가물 각론

1) 보존료

미생물의 증식에 의해 일어나는 식품의 부패나 변패를 방지하고, 식품의 신선도 보존 및 영양가 손실을 방지하는데 사용되는 식품첨가물로서 방부제라고도 한다.

보존료Preservatives, Antimicrobial Agents는 2종 이상을 혼용하여 사용하면 효과가 높아서, 한 가지 성분 또는 두 가지 성분을 혼합하여 사용하기도 한다. 보존료의 사용 목적은 식품에 대한 살균작용보다는 부패미생물에 대한 정균작용이나 효소의 억제작용에 있으며, 이들 보존료는 약간의 독성이 있어 그 성분규격이나 아래의 사용기준을 잘 지켜 사용해야 한다. 식품에 사용되는 보존료는 다음과 같은 조건이 있다.

- 독성이 없거나 낮아야 하며 무미, 무취하고 자극성이 없을 것
- 식품의 성분에 따라 효능이 변하지 말아야 하며, 식품의 변질 및 부패를 유발하는 각종 미생물의 증식을 억제할 것
- 사용하기 쉬워야 하며, 장기간 효력을 나타낼 것
- 열, 공기, 광선 등에 안정하고 pH에 의해 영향을 받지 않을 것

이러한 조건에 알맞는 보존료를 사용하여 미생물의 발육정지 작용을 나타내거나 살균작용을 나타내게 된다.

현재 「식품위생법」에서 허용된 보존료라 하더라도 그 독성과 식품의 섭취량, 빈도 등을 고려하여 식품에 첨가하는 양을 규정하고 있으며, 특정식품에 한해서 그 효력을 발휘하는 최소량을 첨가하도록 하는 사용기준이 마련되어 있다. 허용보존료와 그 사용기준은 표 11.2와 같다.

표 11.2 허용보존료와 그 사용기준

보존료명	사용기준
데히드로초산나트륨 (Sodium Dehydroacetate)	데히드로초산으로 자연치즈, 가공치즈, 버터류 및 마가린류 외에 사용금지 : 0.5g/kg 이하
소르빈산 (Sorbic Acid) 소르빈산칼륨 (Potassium Sorbate) 소르빈산칼슘 (Calcium Sorbate)	1. 자연치즈 및 가공치즈 : 3.0g/kg 이하(프로피온산, 프로피온산칼슘과 병용할 때에는 소르빈산 및 프로피온산의 사용량의 합계가 3.0g/kg 이하) 2. 식육가공품(포장육, 양념육류, 분쇄가공육제품, 갈비가공품, 식육추출가공품, 식용우지, 식육돈지 제외), 고래고기제품, 어육가공품, 성게젓, 땅콩버터, 모조치즈 : 2.0g/kg 이하 3. 염분 8% 이하의 젓갈류, 한식된장, 된장, 고추장, 춘장, 청국장(단 비건조제품에 한함), 혼합장, 어패류건제품, 팥 등 앙금류, 절임류(식초절임 제외), 드레싱, 플라워페이스트 : 1.0g/kg 이하 4. 알로에 전잎 및 알로에 겔 건강기능식품(단 두 가지 이상의 건강기능식품 원료를 사용하는 경우에는 알로에 건강기능식품 사용함량 비율에 적용) : 1.0g/kg 이하, 안식향산, 안식향산나트륨, 안식향산칼륨 및 안식향산칼륨 및 안식향산칼슘과 병용할 때에는 소르빈산으로서 사용량과 안식향산의 사용량의 합계가 1.5g/kg 이하, 그 중에 안식행산 사용량은 0.5/g/kg 이하 5. 잼류 : 1.0g/kg 이하(안식향산, 안식향산 염류, 파라옥시안식향산메틸, 파라옥시안식향산에틸, 프로피온산, 프로피온산염류와 병용할 때에는 소르빈산, 안식향산, 파라옥시안식향산 및 프로피온산의 사용량의 합계가 1.0g/kg 이하, 그 중 안식향산 사용량은 0.6g/kg 이하) 6. 건조과실류, 토마토케첩, 식초절임, 당절임(건조당절임 제외) : 0.5g/kg 이하 7. 과실주 : 0.2g/kg 이하 8. 발효음료류(살균한 것은 제외) : 0.05g/kg 이하 9. 마가린류 : 1.0/g/kg 이하(안식향산, 안식향산 염류와 병용할 때에는 소르빈산 및 안식향산의 사용량의 합계가 1.9g/kg 이하) 10. 향신료 조제품(건조제품 제외) : 1.0g/kg 이하 11. 저지방마가린(지방스프레드) : 2.0g/kg 이하(안식향산, 안식향산염류와 병용할 때에는 소르빈산 및 안식향산의 사용량의 2.0g/kg 이하여야 하며 그 중 안식향산의 사용량이 1.0g/kg 이하) 12. 당류가공품(당류를 주원료로 하여 제조한 것으로 건과류, 빵류, 아이스크림류 등 식품에 도포, 충전 등의 목적으로 사용되는 시럽상 또는 페이스트상에 한한다) : 1.0g/kg 이하
안식향산 (Benzoic Acid) 안식향산나트륨 (Sodium Benzoate) 안식향산칼륨 (Potassium Benzoate) 안식향산칼슘 (Calcium Benzoate)	1. 과일 · 채소류음료(비가열제품 제외), 탄산음료류(탄산수 제외), 그 밖의 음료(분말음료 제외), 인삼 · 홍삼음료, 한식간장, 양조간장, 산분해간장, 효소분해간장 및 혼합간장에 안식향산의 사용량 : 0.6g/kg 이하 2. 알로에 전잎 및 알로에 겔 건강기능식품(단 두 가지 이상의 건강기능식품 원료를 사용하는 경우에는 알로에 건강기능식품 사용식품 함량 비율에 적용) : 0.5g/kg 이하 3. 오이초절임 및 마요네즈 : 1.0g/kg 이하 4. 잼류 : 1.0g/kg 이하(소르빈산, 소르빈산 염류, 파라옥시안식행산메틸, 파라옥시안식향산에틸, 프로피온산, 프로피온산 염류와 병용할 때에는 소르빈산, 안식향산, 파라옥시안식향산 및 프로피온산의 사용량의 합계가 1.0g/kg 이하) 5. 망고처트니 : 0.23g/kg 이하(파라옥시안식향산메틸 및 파라옥시안식향산에틸과 병용할 때에는 안식향산 및 파라옥시안식향산의 사용량의 합계가 0.25/g/kg 이하) 6. 마요네즈 : 1.0g/kg 이하

	7. 마가린류 : 1.0g/kg 이하(소르빈산, 소르빈산칼륨과 소르빈산칼슘을 병용할 때에는 소르빈산 및 안식향산의 사용량의 합계가 1.0g/kg 이하. 다만 저지방마가린(지방스프레드)의 경우 사용량의 합계가 2.0g/kg 이하여야 하며, 그 중 안식향산의 사용량이 1.0g/kg 이하)
파라옥시안식향산에틸 (Ethyl ρ-hydroxy benzoate) 파라옥시안식향산메틸 (Methyl ρ-hydroxybenzoate)	다음의 식품에만 사용. 파라옥시안식향산으로서 사용량은. 1. 캡슐류 : 1.0g/kg 이하 2. 잼류 : 1.0g/kg 이하(소르빈산, 소르빈산 염류, 안식향산, 안식 향산 염류, 파라옥시안식향산에틸, 프로피온산, 프로피온산 염류와 병용할 때에는 소르빈산, 안식향산, 파라옥시안식향산 및 프로피온산의 사용량의 합계가 1.0g/kg 이하) 3. 망고처트니 : 0.25g/kg 이하(안식향산 염류 및 파라옥시안식향 산메틸과 병용할 때에는 안식향산 및 파라옥시안식향산의 사용량의 합계가 0.25g/kg 이하) 4. 한식간장, 양조간장, 산분해간장, 효소분해간장 및 혼합간장 : 0.25g/L 이하(안식향산, 안식향산나트륨, 안식향산염류와 병용할 때에는 파라옥시안식향산으로서 사용량과 안식향산으로서 사용량의 합계가 0.6g/kg 이하여야 하며, 그 중의 파라옥시안식향산의 사용량은 0.25g/kg 이하) 5. 소스류 : 0.2g/kg 이하 6. 과일 : 채소류음료(비가열제품 제외), 그 밖의 음료(분말음료 제외), 인삼 · 홍삼음료 : 0.1g/kg 이하 7. 식초 : 0.1g/L 이하 8. 과실류 · 채소류(표피부분에 한함 : 0.0012g/kg 이하
프로피온산 (Propionic Acid) 프로피온산나트륨 (Sodium Propionate) 프로피온산칼슘 (Calcium Propionate)	다음의 식품에만 사용. 프로피온산으로서 사용량은. 1. 빵 및 케이크 : 2.5g/kg 이하 2. 자연치즈 및 가공치즈 : 3.0g/kg 이하(소르빈산, 소르빈산칼 및 소르빈산칼륨과 병용할 때에는 소르빈산 및 프로피온산의 사용량의 합계가 3.0g/kg 이하) 3. 잼류 : 1.0g/kg 이하(소르빈산, 소르빈산 염류, 안식향산, 안식향산 염류, 파라옥시안식향산메틸 및 파라옥시안식향산에틸과 병용할 때에는 소르빈산, 안식향산, 파라옥시안식향산 및 프로피온산의 사용량의 합계가 1.0g/kg 이하)
이초산나트륨 (Sodium Diacetate)	1. 빵류 : 0.4% 이하 2. 식용유지류(향미유 제외), 식육가공품(식육추출가공품 제외), 알 가공품 및 캔디류 : 0.1% 이하 3. 수프류 및 과자 : 0.05% 이하 4. 소스류 : 0.25% 이하

2) 살균료

살균료Bacteriocides는 미생물을 단시간에 사멸시키기 위한 목적으로 사용되는 첨가물로서, 식품의 부패원인균을 없애기 위해 식품에 첨가 또는 식품제조 시에 사용되는 물질로 현재 허용된 것은 표 11.3과 같다. 살균료로서의 식품첨가물은, 독성이 낮고 식품에 악영향을 주지 않으면서도 살균력이 강하며 지속성이 있어야 한다.

표 11.3 허용살균료와 그 사용기준

살균료명	사용기준
고도표백분 (Calcium Hypochlorite) 차아염소산나트륨(수) (Sodium Hypochlorite) 차아염소산수 (Hypochlorous Acid Water) 오존수 (Ozone Water)	• 과일류, 채소류 등 식품의 살균 목적으로 사용해야 하며, 최종식품의 완성 전에 제거할 것 • 차아염소산나트륨은 참깨에 사용해서는 안 된다.
차아황산나트륨 (Sodium Hyposulfite)	1. 박고지(육질을 잘라 건조시킨 것) : 5.0g/kg 2. 건조과실류 : 1.0g/kg 3. 곤약분 : 0.90g/kg 4. 건조감자 : 0.50g/kg 5. 새우(껍질 벗긴 살), 발효식초, 냉동생게(껍질 벗긴 살) : 0.10g/kg 6. 당밀 : 0.30g/kg 7. 물엿, 기타엿 : 0.20g/kg 8. 과실주 : 0.35g/kg 9. 과실주스, 농축과실즙, 과 · 채가공품 : 0.15g/kg(단 5배 이상 희석하여 음용하거나 사용하는 제품에 한함)

3) 산화방지제

산화방지제Antioxidants는 식품을 보존할 때 공기 중 산소에 의해 일어나는 변질이 문제가 되고, 유지 또는 유지함유 식품의 산패에 의한 이미, 이취, 변색과 색소의 퇴색, 영양가 감소 등을 방지하기 위한 목적으로 사용되는 첨가물로서 항산화제라고도 한다.

산패란 유지를 오래 방치해 두었을 때 공기 중의 산소, 습기, 일광, 열, 효소, 세균 등의 작용으로 유지가 화학변화를 일으킴으로써 생기는 현상으로, 산성이 되어 불쾌한 냄새가 나면서 맛이 나쁘게 변하고 빛깔이 변하는 현상을 말한다.

산패는 식품 등에 대한 영향이 끼치며 특히 유지를 많이 함유하는 식품은 산패에 의해 맛을 잃고 비타민이나 아미노산 등의 영양소가 파괴되며, 심할 때는 독성(毒性)을 나타낸다. 산패를 방지하기 위해서는 산화방지제(항산화제)를 첨가하여 차고 어두운 곳에 저장해야 한다. 산화방지제는 단독 또는 병용하기도 하는데, 일반적으로 병용하여 사용할 때 그 효능이 증가되는 경우가 많다. 현재 산화방지제로서 허용된 것의 종류와 사용기준은 표 11.4와 같다.

표 11.4 산화방지제와 사용기준

산화방지제명	사용기준
디부틸히드록시톨루엔 (Butylated Hydroxy Toluene; BHT)	1. 식용유지류(향미유 제외), 식용우지, 식용돈지, 버터류, 어패건제품 및 어패염장품 : 0.2g/kg 이하(BHA 및 TBHQ와 병용할 때에는 디부틸히드록시톨루엔의 사용량 합계가 0.2g/kg 이하) 2. 어 · 패냉동품(생식용 냉동선어패류 및 생식용 굴은 제외) 및 고래냉동품(생식용은 제외)의 침지액 : 1g/kg 이하(BHA 및 TBHQ와 병용할 때에는 사용량의 합계가 1g/kg 이하) 3. 추잉껌 : 0.4g/kg 이하(BHA 및 TBHQ와 병용할 때에는 디부틸히드록시톨루엔으로서 사용량의 합계가 1g/kg 이하) 4. 체중조절용 조제식품 및 시리얼류 : 0.05g/kg 이하(BHA과 병용할 때에는 BHT으로서 사용량의 합계가 0.05g/kg 이하) 5. 마요네즈 : 0.06g/kg 이하 6. 식육(가금류에 한함) : 0.1g/kg 이하(지방함량 기준)
부틸히드록시아니솔 (Butylated Hydroxy Anisole; BHA)	다음 식품에만 사용하며 그 사용량은, 1. 식용유지류(향미유 제외), 식용우지, 식용돈지, 버터류, 어 · 패건제품 및 어 · 패염장품 : 0.2g/kg 이하(BHT 및 TBHQ와 병용할 때에는 사용량의 합계가 0.2g/kg 이하) 2. 어 · 패냉동품(생식용 냉동선어패류 및 생식용 굴은 제외) 및 고래냉동품(생식용은 제외)의 침지액 : 1g/kg 이하(BHT 및 TBHQ와 병용할 때에는 사용량의 합계가 1g/kg 이하) 3. 추잉껌 : 0.4g/kg 이하(BHT 및 TBHQ와 병용할 때에는 사용량의 합계가 0.4g/kg 이하) 4. 체중조절용 조제식품 및 시리얼류 : 0.05g/kg 이하(BHT와 병용할 때에는 사용량의 합계가 0.05g/kg 이하) 5. 마요네즈 : 0.06g/kg 이하 6. 식육(가금류에 한한다) : 0.1g/kg 이하(지방함량 기준)
터셔리부틸히드로퀴논 (tert-Butylhydroquinone; TBHQ)	다음 식품에만 사용하며 그 사용량은, 1. 식용유지류(향미유 제외), 식용우지, 식용돈지, 버터류, 어패건제품 및 어 · 패염장품 : 0.2g/kg 이하(BHA 및 BHT와 병용할 때에는 사용량의 합계가 0.2g/kg 이하) 2. 어 · 패냉동품(생식용 냉동선어패류 및 생식용 굴은 제외) 및 고래냉동품(생식용은 제외)의 침지액 : 1g/kg 이하(BHA 및 BHT와 병용할 때에는 사용량의 합계가 1g/kg 이하) 3. 추잉껌 : 0.4g/kg 이하(BHA 및 BHT와 병용할 때에는 사용량의 합계가 0.4g/kg 이하)
몰식자산프로필 (Propyl Gallate)	식용유지류(향미유 제외), 식용우지, 식용돈지 및 버터류에만 사용. 몰식자산프로필로서 사용량은 0.1g/kg 이하
아스코르빌파르미테이트 (Ascorbyl Palmitate)	다음 식품에만 사용하며 사용량은, 1. 식용유지류(향미유 제외), 식용우지, 식용돈지 : 0.5g/kg 이하(L-아스코르빌스테아레이트와 병용할 때에는 사용량의 합계가 0.5g/kg 이하) 2. 마요네즈 : 0.5g/kg 이하

	3. 조제유류, 영아용조제식, 성장기용조제식, 영 · 유아 특수조제식품 : 0.05g/kg 이하(표준조유농도에 대해) 4. 영 · 유아용 곡류제조식, 기타 영 · 유아식 : 0.2g/L 이하(표준조유농도에 대해) 5. 그 밖의 식품 : 1.0g/kg 이하(다만, 건강기능식품의 경우 제한받지 아니한다.)
L-아스코르빌스테아레이트 (L-Ascorbyl Stearate)	다음 식품에만 사용하며 그 사용량은, 1. 식용유지류(향미유 제외), 식용우지 및 식용돈지 : 0.5g/kg 이하(아스코르빌파르미테이트와 병용할 때에는 사용량의 합계가 0.5g/kg 이하)
옥시스테아린 (Oxystearin)	다음 식품에만 사용하며 그 사용량은, 1. 식용유지류(향미유 제외), 식용우지 및 식용돈지 : 0.125% 이하
이.디.티.에이.이나트륨 (Disodium Ethylenediaminetetraacetate) 이.디.티.에이.칼슘이나트륨 (Calcium Disodium Ethylenediaminetetraacetate)	다음 식품에만 사용하며 그 사용량은 무수이.디.티.에이.이나트륨으로서, 1. 드레싱류 및 소스류 : 0.075/g/kg 이하(이.디.티.에이.칼슘이나트륨을 병용할 때에는 사용량의 합계가 0.075g/kg 이하) 2. 통조림 또는 병조림 : 0.25g/kg 이하(이.디.티.에이.칼슘이나트륨을 병용할 때에는 사용량의 합계가 0.25g/kg 이하) 3. 캔 또는 병제품 음료류 : 0.035g/kg 이하(이.디.티.에이.칼슘이나트륨을 병용할 때에는 사용량의 합계가 0.035g/kg 이하) 4. 마가린류 : 0.1g/kg 이하(이.디.티.에이.칼슘이나트륨을 병용할 때에는 사용량의 합계가 0.1g/kg 이하) 5. 오이초절임 및 양배추초절임 : 0.22g/kg 이하(이.디.티.에이.칼슘이나트륨을 병용할 때에는 사용량의 합계가 0.22g/kg 이하) 6. 건조과실류(바나나에 한한다) : 0.265g/kg 이하(이.디.티.에이.칼슘이나트륨을 병용할 때에는 사용량의 합계가 0.265g/kg 이하) 7. 서류가공품(냉동감자에 한한다) : 0.365g/kg 이하(이.디.티.에이.칼슘이나트륨을 병용할 때에는 사용량의 합계가 0.365g/kg 이하) 8. 땅콩버터 : 0.1g/kg 이하(이.디.티.에이.칼슘이나트륨을 병용할 때에는 사용량의 합계가 0.1g/kg 이하)
에리소르빈산 (Erythorbic Acid) 에리소르빈산나트륨 (Sodium Erythorbate)	사용기준이 없으며, 산화방지 이외의 목적으로 사용하면 안 된다.

4) 착향료

착향료Flavoring Agents는 식품에 착향의 목적으로 사용되는 합성향료로, 상온에서 휘발성이 있고 식품에 향을 부여하기 위해 첨가하는 물질로서 식품 자체의 냄새를 없애거나 강화 또는 식품의 냄새를 변화시키기 위해 사용되는 첨가물이다.

향료에 화학적 변화를 주지 않는 방법으로서 2종 이상 단순 혼합한 것이 포함되며, 희석 및 용해나 분산 등을 위해 물이나 트리아세틴 및 주정, 프로필렌글리콜이나 글리세린 등을 첨가할 수 있다. 향료의 형태를 구분하면 아래와 같다.

- 수용성 향료Essence : 알코올을 사용하여 향료를 수용성으로 만든 것으로 유상의 방향성분을 물에 용해되도록 만들어진 것으로 에센스Essence라고 한다.
- 유성 향료Essential Oil : 오일Oil이라고 하며 천연의 정유(精油)에 합성향료를 혼합한 것이나 에센스의 방향성분에 프로필렌글리콜 등에 녹인 것을 말한다.
- 유화 향료Emulsified Flavor : 에멀전Emulsion 형태의 천연 정유(精油)나 합성향료를 유화시킨 것으로, 음료 등에 유화나 혼탁 등을 주기 위해 사용되는 향료이다.
- 분말향료Powder Flavor : 분말에 향료를 혼합하여 분무 건조한 형태의 미세한 분말Powder로 보존되므로 장기간 보존에 용이하다.

D-멘톨, L-멘톨, 아니스알데히드 등이 있으며 DL-멘톨, L-멘톨을 제외하고는 착향의 목적 이외에는 사용하면 안 된다.

5) 표백제

표백제Bleaching Agents는 색이 있는 물질을 무색의 물질로 만들 목적으로 화학적으로 분해나 변색시키며, 특히 식품가공이나 제조에 있어서 일반색소 및 발색성 물질을 탈색시켜 무색의 화합물로 바꾸고 식품의 보존 중에 일어나는 갈변 · 착색 등의 변화를 억제하기 위해 사용하는 첨가물이다. 식품의 표백에는 표백제의 산화작용이나 환원작용이 관여하며, 산화작용에 의해 색소를 분해하는 것으로는 과산화수소, 과산화벤조일, 차아염소산나트륨을 산화형 표백제라 하고, 환원작용에 의한 색소파괴 작용이 있는 메타중아황산나트륨, 아황산나트륨, 산성아황산나트륨, 차아황산나트륨 등이 환원형 표백제에 해당한다. 살균제이면서 표백제로 허용된 과산화수소는 실험결과 발암성이 인정되어 최종식품의 완성 전에 분해 또는 제거하도록 사용기준이 정해져 있다. 과산화수소의 경우, 제조과정에 있어서 완전제거가 불가능하기 때문에 사실상 금지된 것이나 다름없다.

산화형 표백제는 색소 중의 산소를 빼앗아 표백되며, 한 번 사용하여 표백이 되면 색이 다시 복원되는 일이 없으며 지나치면 변색되어 색이 더 짙어지는 경우가 생기고 비타민 등의 영양소 손실을 가져올 수 있으며 식품의 조직이 부분적으로 파괴되거나 손상될 수 있으므로 유의해야 한다.

환원형 표백제는 표백제가 존재하고 있는 동안에만 효과가 있고, 표백제가 없어지면 공기 중의 산소에 의해 다시 복원되는 경우가 있는 것이 단점이다. 사용기준은 식품 중 잔존하는 이산화황(아황산가스)의 양으로 규정하고 있으며, 아황산염이 천식환자에 민감한 반응을 나타내는 등의 독성이 문제가 되어 우리나라에서는 참깨와 두류 및 서류, 과실류와 야채류 및 그 단순가공품(탈피, 절단 등)에는 사용을 금하고 있다. 허용된 표백제와 그 사용기준은 표 11.5와 같다.

표 11.5 허용 표백제 및 그 사용기준

표백제명	사용기준
무수아황산 (Sulfur Dioxide) 아황산나트륨 (Sodium Sulfite) 메타중아황산나트륨 (Sodium Metabisulfite) 메타중아황산칼륨 (Potassium Metabisulfite) 산성아황산나트륨 (Sodium) 차아황산나트륨 (Sodium Hyposulfite)	사용량은 이산화황으로서 아래의 기준 이상 넘지 않도록 사용함 • 박고지(박의 속을 제거하고 육질을 잘라내어 건조시킨 것) : 5.0g/kg 이하 • 당밀 : 0.3g/kg 이하 • 물엿, 기타엿 : 0.2g/kg 이하 • 과실주 :0.35g/kg 이하 • 과일주스, 농축과일즙 및 과채가공품 : 0.15g/kg 이하(5배 희석하여 음용하거나 사용하는 것) • 건조과실류 : 1.0g/kg 이하 • 곤약분 : 0.9g/kg 이하 • 새우살(껍질벗긴 살), 냉동생게 : 0.1g/kg 이하 • 설탕 : 0.02g/kg 이하 • 발효식초 : 0.10g/kg 이하 • 건조감자 : 0.5g/kg 이하 • 그 밖의 식품(참깨, 두류, 과실류, 서류, 채소류 및 그 단순가공품(탈피, 절단 등) 제외) : 0.03g/kg 이하
과산화수소 (Hydrogen Peroxide)	• 최종식품의 완성 전에 분해 또는 제거한다.

6) 밀가루 개량제

밀가루는 제분 후 2~3개월 기간 저장할 경우, 밀가루가 공기 중에 함유된 산소에 의해 산화작용으로 단백질 분해효소의 활성이 떨어지거나 카로티노이드색소의 분해가 진행되는 등 밀가루가 자연 표백되거나 숙성되어 제빵 저해물질이 파괴되므로 밀가루의 품질을 개량할 수 있으나, 장기간 저장하는 것은 품질이나 경제적으로 곤란하다. 그래서 이와 같은 효과를 인위적으로 단기간에 행할 목적으로 쓰이는 식품첨가물을 밀가루 개량제Flour Improving Agent, Dough Conditioners라 한다. 그렇지만 이 식품첨가물들을 과량 사용하면 글루텐의 신축성이 떨어지고 비타민의 파괴와 제품색의 불량 등이 나타나 품질저하를 일으킨다. 현재 허용된 밀가루 개량제와 사용기준은 표 11.6과 같다.

표 11.6 밀가루 개량제와 그 사용기준

밀가루 개량제명	사용기준
과산화벤조일(희석) (Diluted Benzoyl Peroxide) 과황산암모늄 (Ammonium Persulfate) 아조디카르본아미드 (Azodicarbonamide) 염소 (Chlorine) 이산화염소 (Chlorine Dioxide)	• 밀가루 0.3g/kg 이하(밀가루 이외의 식품에는 사용금지) • 밀가루 0.3g/kg 이하 • 밀가루 45mg/kg 이하 • 밀가루 30mg/kg 이하 • 케이크 및 카스텔라 제조용 밀가루 30mg/kg 이하
스테아릴 젖산칼슘 (Calcium Stearoyl Lactylate) 스테아릴 젖산나트륨 (Sodium Stearoyl Lactylate)	• 빵류 및 이의 제조용 믹스, 식물성크림 및 난백(스테아릴 젖산나트륨 제외) 이외는 사용금지 • 면류, 자연치즈 및 가공치즈(스테아릴 젖산칼슘 제외), 과자(한과류 제외) 소스류(스테아릴 젖산칼슘 제외) 이외는 사용금지

7) 발색제

식품 중의 색소성분과 반응하여 식품의 색을 선명하게 하거나 발색시키는 첨가물을 발색제Color Fixatives, Color Developers라 한다. 발색제를 이용하는 식품은 어육제품, 식육제품, 경육제품, 과실류, 각종채소 등에 사용된다. 인체에 미치는 영향으로 헤모글로빈 빈혈증이나 호흡기 기능 악화, 급성구토 증세와 발한 및 의식불명 등이 있다.

사용되고 있는 아질산나트륨의 치사량이 1g 정도인데 그 자체가 독성을 가지고 있으며, 식품에 들어 있는 단백질인 아민류와 반응하여 발암물질로 알려진 니트로소아민을 생성한다. 니트로소아민은 돌연변이와 출산장애 등을 일으키는 물질로도 알려져 세계보건기구WHO에서는 어린이들이 먹는 식품에는 자제하도록 권고하고 있다.

우리나라 식품의약품안전처는 육가공품에 대한 아질산나트륨의 잔존량을 0.07mg (70ppm)으로 제한하고 있으며, 햄과 소시지의 안전 섭취량의 기준을 체중 1kg당 하루 2.7g 이하로 가이드라인을 정한 바가 있다. 허용발색제 종류와 그 사용기준은 표 11.7과 같다.

표 11.7 허용발색제 및 그 사용기준

발색제명	사용기준
아질산나트륨 (Sodium Nitrite)	다음 식품에만 사용하며 아질산나트륨의 사용량은 아질산이온 잔존량으로, 1. 식육가공품(포장육, 식육추출가공품, 식육우지, 식육돈지 제외) 및 고래고기제품 : 0.07g/kg 이하 2. 어육소시지 : 0.05g/kg 이하 3. 명란젓 및 연어알젓 : 0.005g/kg 이하
질산칼륨 (Potassium Nitrate)	다음 식품에만 사용하며 질산칼륨 사용량은 아질산이온 잔존량으로, 1. 식육가공품(포장육, 식육추출가공품, 식육우지, 식육돈지 제외) 및 고래고기제품 : 0.07g/kg 이하 2. 어육소시지, 자연치즈, 가공치즈 : 0.05g/kg 이하 3. 대구알 염장품 : 0.2g/kg 이하
질산나트륨 (Sodium Nitrate)	다음 식품에만 사용. 질산나트륨 사용량은 아질산이온 잔존량으로, 1. 식육가공품(포장육, 식육추출가공품, 식육우지, 식육돈지 제외) 및 고래고기제품 : 0.07g/kg 이하 2. 어육소시지, 자연치즈, 가공치즈 : 0.05g/kg 이하
글루콘산철 (Ferrous Gluconate)	다음 식품에만 사용. 글루콘산철의 사용량은 철로서, 1. 올리브 : 0.15g/kg 이하 2. 영양소보충용 건강기능식품
젖산철 (Ferrous Lactate) 황산제일철 (Ferrous Sulfate)	사용기준 없음
황산알루미늄칼륨 (Aluminium Potassium Sulfate)	한식된장, 된장, 조미된장에 사용금지

8) 착색료

착색료Coloring Agents는 천연식품이 가진 자연의 색이 식품의 가공, 즉 조리나 가공 중에 변색 · 퇴색하는 수가 많으므로 가공식품에 착색료를 이용하여 착색시켜 외관을 좋게 하여 기호면에서 식욕을 촉진시키고 품질면에서 그 가치를 높이기 위해 첨가하는 물질이다. 주로 사용하는 식품으로는 청량음료, 당과 젤리제품, 통조림, 식육제품, 간장과 소스 등이다. 우리나라 「식품위생법」에서 착색료로 허용된 화학적인 합성품은 타르색소와 타르색소의 알루미늄레이크 및 비타르색소가 있다. 허용된 착색료의 종류 및 그 사용기준은 표 11.8과 같다.

표 11.8 허용합성착색료 및 그 사용기준

착색료명	사용기준
타르색소로서, 식용색소 녹색 제3호(Fast Green FCF) 식용색소 녹색 제3호 알루미늄레이크 식용색소 적색 제2호(Amaranth) 식용색소 적색 제2호 알루미늄레이크 식용색소 적색 제3호(Erythrosine) 식용색소 청색 제1호(Brilliant Blue FCF) 식용색소 청색 제1호 알루미늄레이크 식용색소 청색 제2호(Indigocarmine) 식용색소 청색 제2호 알루미늄레이크 식용색소 황색 제4호(Tartrazine) 식용색소 황색 제4호 알루미늄레이크 식용색소 황색 제5호(Sunset Yellow FCF) 식용색소 황색 제5호 알루미늄레이크 식용색소 적색 제40호(Allura Red) 식용색소 적색 제40호 알루미늄레이크	• 면류, 단무지, 특수영양식품(캡슐류 제외), 건강보조식품(캡슐류 제외), 유가공품(아이스크림류, 아이스크림분말류, 아이스크림믹스류 제외), 두유류, 발효음료류, 과실 · 채소류 음료(과실음료, 채소음료, 과실 · 채소류 음료 제외), 인삼제품류(캡슐류 및 인삼과자류 제외), 두부 및 묵류, 젓갈류, 김치류, 절임류, 조림류, 천연식품{식육, 어패류(경육 포함), 채소류, 과실류, 해조류, 두류 등 및 그 단순가공품(탈피, 절단 등)}, 벌꿀, 장류, 식초, 소스류, 토마토케첩, 잼류(기타 잼류 제외), 고춧가루 및 실고추, 후춧가루, 향신료가공품(고추냉이가공품 및 겨자가공품 제외), 향미유, 카레, 식육제품(소시지류 제외), 어육가공품(소시지류 제외), 식용유지, 버터류, 마가린류, 다류, 식빵, 드레싱, 카스텔라, 레토르트식품, 즉석건조식품, 복합조미식품, 메주, 코코아버터, 땅콩 및 견과류 가공품, 수프류, 코코아분말, 조미김, 과채가공품류, 추출 가공식품, 알 가공품에 사용하여서는 안 된다.
비타르색소로서, 삼이산화철(Iron Sesquioxide)	• 바나나(꼭지의 절단면), 곤약 이외의 식품에는 사용하면 안 된다.
비타르색소로서, 수용성 안나토 β-카로틴(β-carotene) β-아포-8, -카로티날(β-apo-8,-carorenal) 카르민(Carmine)	아래 식품에 사용하면 안 된다. • 천연식품{식육류, 어패류(경육 포함), 과실류, 채소류, 해조류, 두류 및 그 단순가공품(탈피, 절단 등)}, 다류, 고춧가루 또는 실고추, 김치류, 고추장, 식초
비타르색소로서, 철 클로로필린나트륨(Sodium Iron Chlorophyllin)	아래 식품에 사용하면 안 된다. • 천연식품류{식육류, 어패류(고래고기 포함), 과실류, 해조류, 두류 등 그 단순가공품(탈피 및 절단 등)}, 다류 및 커피, 고춧가루 또는 실고추, 김치류, 고추장 및 조미고추장, 식초

비타르색소로서, 동 클로로필(Copper Chlorothyll) 동 클로로필린나트륨(Sodium Copper Chlorophyllin) 동 클로로필린칼륨(Potassium Copper Chlorophyllin)	동으로서 사용량은, • 채소류 또는 과일류의 저장품 : 0.1g/kg 이하 • 다시다(무수물) : 0.15g/kg 이하 • 껌, 인삼껌 및 캔디류 : 0.05g/kg 이하 • 완두콩 통조림 중의 한천 : 0.0004g/kg 이하
비타르색소로서, 이산화티타늄(Tiyanium Dioxide)	착색 목적 이외에 사용해서는 안 되며, 아래의 식품에 사용해서도 아니된다. • 천연식품류{식육류, 어패류(고래고기 포함), 과실류, 해조류, 두류 등 그 단순가공품(탈피 및 절단 등)}, 식빵과 카스텔라, 코코아매스와 코코아버터 및 코코아분말, 잼류, 유가공품(아이스크림류, 아이스크림분말류, 아이스크림믹스류 제외), 식육가공품(소시지류, 식육추출가공품 제외), 알가공품, 어육가공품(어육소시지 제외), 두부류와 묵류 및 두유류, 식용유지류, 면류, 다류, 커피, 과일 · 채소류음료(과 · 채음료 제외), 두유류, 발효음료류, 인삼 · 홍삼류, 장류, 식초, 소스류, 토마토케첩, 카레, 고춧가루와 실고추, 천연향신료, 복합조미식품, 마요네즈, 김치류, 젓갈류, 절임식품(밀봉 및 가열살균 또는 멸균 처리한 절임제품 제외), 단무지, 조림식품, 조미김, 즉석조리식품, 레토르트식품, 특수용도식품, 건강기능식품(정제제피 및 캡슐 제외)

9) 산미료

산미료Acidulants는 식품에 신맛을 부여하기 위해 사용하는 첨가물로서, 상쾌한 신맛은 소화액의 분비를 촉진하고 식욕을 돋우는 역할을 하며 향미료로서 역할도 하고 pH 조절을 위한 완충제 역할도 한다. 또한 식품보존료의 역할을 함으로써 가공식품에 널리 사용되고 있다.

산미료로 허용된 것은 초산, 구연산, 주석산, 인산, 푸말산, 이산화탄소, 사과산, 젖산, 아스코르빈산, 아디핀산, 이타콘산, 글루콘산, 글루코노델타락톤 등이 있다. 산미료의 맛이나 산미도 등은 종류에 따라 차이를 나타내며 주석산이나 구연산 등과 그 염은 완충작용을 한다. 유기산류는 부패세균이나 병원균의 증식을 억제하는 작용이 있어서 청량음료수에서는 산미료 외에도 보존료로서의 역할도 하게 된다. 산미료는 사용기준이 따로 없으며, 허용산미료는 표 11.9와 같다.

표 11.9 허용산미료 및 그 사용식품

산미료	사용식품
초산 및 빙초산 {(Glacial) Acetic Acid, CH_3COOH}	• 합성식초, 콘시럽, 피클, 케첩, 애플시럽, 마요네즈, 치즈, 과자류 등
구연산 (Citric Acid)	• 청량음료, 주스, 젤리, 잼, 채소 • 통조림에는 pH 조정제
푸말산 (Fumaric Acid)	• 물에 녹기 어려운 성질을 가져 다른 유기산과 병용하여 사용
푸말산 1 나트륨 (Manosodium Fumarate)	• 신맛이 푸말산보다 약하고, 다른 유기산과 병용하여 사용
L-주석산 및 DL-주석산 (L-tartaric Acid or Disodium -DL-tartarate)	• 청량음료수, 과즙, 캔디, 소스, 냉과, 과일주, 캔디, 젤리, 아이스크림, 포도주스 등
젖산 (Latic Acid)	• 청주양조용, 청량음료수 등
DL-사과산 (DL-malic Acid)	• 청량음료수, 젤리, 젖산균음료 등에 다른 유기산과 병용하여 사용
글루코노델타락톤 (Glucono-δ-lactone)	• 비스킷, 빵, 도넛 등의 팽창제의 산 성분으로 이용, 두부에는 응고제로 이용
글루콘산 (Gluconic Acid)	• 주류, 청량음료수, 식초 등
인산 (Phosphoric Acid)	• 콜라에 0.02~0.06% 첨가 • 양조용 pH 조정제로 이용
아디핀산 (Adipic Acid)	• 분말청량음료, 젤리의 젤화제, 캔디, 향료추출물 등
이산화탄소 (Carbon Dioxide, CO_2)	• 청량음료수 등
이타콘산 (Itaconic Acid)	• 과즙, 커피, 발효유 등의 음료, 소스, 간장 등

10) 영양강화제

영양강화제Enriched Agents, Nutrients는 식품의 영양 강화를 목적으로 미량 첨가하는 물질로서 가공식품 중 부족한 영양소를 보충하거나 식품제조 중이나 보존할 시 손실되는 비타민, 아미노산, 무기질 등의 영양소를 보충할 목적으로 사용된다. 식품의 색이나 풍미에 영향을 주지 않으며, 사용량에 있어서 제한되는 것과 사용기준이 없는 것이 있으므로 이를 고려하여 적당량을 첨가해야 한다.

표 11.10 영양강화제 분류 및 그 종류

영양소	강화제
비타민류 (34)	니코틴산, 니코틴산아미드, 비타민 K_1을 제외하고는 사용 기준이 없음 • 니코틴산, 니코틴산아미드 : 식육 및 선어패류(고래고기를 포함한 신선한 어패류에는 사용 못함) • 디벤조일티아민, 디벤조일티아민염산염, 유성 비타민 A, 분말 비타민 A, 지방산 에스테르, 비타민 B_1, 나프탈린-1,5-디설폰산염, 비타민 B_1 로단산염, 비타민 B_1 라우릴황산염, 비타민 B_1 황산염, 비타민 B_1 염산염, 비타민 B_1 질산염, 비타민 B_2, 비타민 B_2 인산에스테르 나트륨, 비타민 B_6, 엽산, 염산염, 염화콜린, 이노시톨, 주석산수소콜린, 판토텐산나트륨, 비타민 B_{12}, 비타민 C, 아스코르빈산칼슘, L-아스코르빈산나트륨, 아스코르빌팔미테이트, 아스코르빌 스테아레이트, 비타민 D_2, 비타민 D_3, 비타민 E 초산에스테르, 비타민 P, 비오틴(영양 강화목적 이외에는 사용금지), 비타민 K(특수의료 용도 등 식품 및 영양소 보충용 건강기능식품에만 사용 가능함)
아미노산류 (23)	사용기준이 없는 아미노산류 • L-라이신염산염, L-발린, DL-메티오닌, L-메티오닌, DL-트립토판, L-트립토판, DL-트레오닌, L-트레오닌, L-이소루이신, L-페닐알라닌, L-히스티딘염산염, L-시스틴, L-아르기닌, L-아스파라긴, L-아스파르트산, DL-페닐알라닌, L-티로신, L-세린, L-루신, L-알라닌, L-프롤린, L-히스티딘, L-시스테인염산염(밀가루, 과일주스, 빵류 및 이의 제조용 믹스에만 사용)
철제 (11)	사용기준이 없는 철제 • 구연산철, 구연산철암모늄, 전해철, 인산철, 젖산철, 황산철, 황산제1철, 푸마르산제1철, 피로인산제2철, 피로인산철나트륨 • 글루콘산철(사용기준 있음) : 올리브 가공품에 0.15g/kg 이하(영양소보충용 건강기능식품 이외에 사용하여서는 안 된다.)
칼슘제 (12)	• 구연산칼슘, 글루콘산칼슘 : 빵류에 1.75% 이하, 그 밖의 식품에는 1% 이하(특수용도식품과 건강기능식품에는 제한이 없음) • 염화칼슘, 젖산칼슘, 수산화칼슘, 제1인산칼슘, 제2인산칼슘, 제3인산칼슘, 판토텐산칼슘, 탄산칼슘, 황산칼슘, 글리세로인산칼슘 : 1% 이하(특수용도식품과 건강기능식품에는 제한이 없음)
기타 (12)	• 산화아연, 황산아연 : 영양소보충용 건강기능식품, 특수의료용도 등 식품, 체중조절용 조제식품 및 시리얼류에 한하여 그 표준 조유농도에 대하여 6mg/L 이하 • 황산동, 요오드칼륨 : 영양소 보충용 건강기능식품, 특수의료용도 등 식품, 체중조절용 조제식품 및 시리얼류에 한하여 사용하며 포도주의 경우 사용량은 동으로서 1mL/kg 이하 • 글리세로인산칼륨, 황산망간, 제2인산마그네슘, 제3인산마그네슘, 글루콘산동 : 조제유류, 영아용 조제식, 성장기용조제식, 영양소보충용 건강기능식품, 특수의료용도 등 식품, 체중조절용 조제식품 및 시리얼류에만 사용 가능함 • 글루콘산망간 : 빵류, 탄산음료류, 그 밖의 음료, 식육가공품(식육추출가공품, 식육우지, 식육돈지 제외), 어육가공품, 모조치즈, 식물성크림, 유가공품(아이스크림분말류, 아이스크림믹스류, 아이스크림류 제외), 알가공품(영양소 보충용 건강기능식품에만 사용) • 글루콘산아연, 글루콘산나트륨 : 조제유류, 영아용조제식, 성장기용조제식, 영양소보충용 건강기능식품, 특수의료용도 등 식품, 체중조절용 조제식품 및 시리얼류에만 사용 가능함

11) 유화제

잘 섞이지 않는 두 액체의 물질을 잘 섞이게 하는 물질을 유화제Emulsifiers라 한다.

유화제는 구조상 분자 내에 친수성기와 친유기(소수성기)를 동시에 가지고 있는 물질로 친수기와 친유기의 분자 범위에 따라 수중유적형Oil in Water Emulsion; O/W과 유중수적형Water in Oil Emulsion; W/O으로 구분, 분산입자의 크기는 사용한 유화제의 종류, 유화정도, 농도, 성질 등에 따라서 다르다. 식품에서 효과를 높이려면 적절한 유화제를 선택할 필요가 있으며 친수성과 친유성의 균형값인 HLBHydrophile-lipophile Balance과 젤Gel화성 등의 성질을 종합하여 정하도록 하는 것이 좋다. 유화제는 식품에 대한 사용량에 대한 제한의 기준은 없으며 허용유화제의 종류와 사용기준은 표 11.11과 같다.

표 11.11 허용유화제와 사용기준

유화제명	사용기준
글리세린지방산에스테르 (Glycerin Esters of Fatty Acids)	• 비스킷, 캐러멜, 추잉껌, 초콜릿, 마가린 등
소르비탄지방산에스테르 (Sorbitan Esters of Fatty Acids)	• 추잉껌 : 5~10%, 버터크림, 빵크림 : 0.4~0.6%, 쿠키, 비스킷, 크래커 : 4~7%
자당지방산에스테르 (Sucrose Esters of Fatty Acids)	• 빵, 케이크, 마가린, 쇼트닝, 아이스크림, 초콜릿 등에 사용 • 주스, 분말주스 : 1~10%, 초콜릿 : 0.1%, 양갱 : 0.1~0.15%, 카스텔라 : 0.1% 정도
프로필렌글리콜지방산에스테르 (Propylene Glycol Esters of Fatty Acids)	• 케이크, 마가린, 아이스크림, 쇼트닝 등에 사용(다른 유화제와 혼용 시 효과상승)
폴리소르베이트류 (Polysorbates)	• 제과 · 제빵, 아이스크림류, 초콜릿, 아이스밀크, 과일셔벗
레시틴 (Lecithin)	• 초콜릿, 캐러멜, 빵, 비스킷, 케이크 등에 사용
효소분해레시틴 (Enzymatically Decomposed Lecithin)	• 마가린, 쇼트닝, 초콜릿, 면류, 드레싱, 마요네즈 등에 사용

12) 피막제

피막제Coating Agents는 과실이나 채소의 표면에 피막을 입혀 호흡작용과 증산작용을 억제시켜, 장시간 저장 중에 외관을 좋게 하고 신선도를 유지시킬 목적으로 사용하는 첨가물이다. 과일이나 채소류의 피막 이외에는 사용이 금지되어 있으며, 현재 허용되고 있는 것은 표 11.12와 같다.

표 11.12 허용피막제와 그 사용기준

피막제명	사용기준
몰피린지방산염 (Morpholine Salts of Fatty Acid)	• 과실 또는 과채류 표피의 피막제 이외의 용도에 사용하여서는 안 된다.
초산비닐수지 (Polyvinyl Acetate)	• 껌기초제 및 과실 또는 과채표피의 피막제 이외의 용도에 사용하여서는 안 된다.

13) 호료

식품에 작용하여 형체를 보존하는데 도움을 주어 점착성을 증가시켜 감촉을 좋게 하며, 유화안정성을 증가, 식품가공에서 가열이나 보존 중에 점성 및 안정성을 높이기 위해 식품에 첨가되는 첨가물을 호료Thickening Agent, Gelling Agents 또는 농화제, 증점제, 겔화제라고도 한다.

호료로 다당류나 단백질 등의 고분자가 사용된다. 호료는 식품에 사용하면 증점제로서의 역할뿐만 아니라 유산균음료, 아이스크림, 마요네즈에서는 분산안정제로 사용되고, 햄·소시지에는 결착보수제로 사용, 김에는 피복제 등으로 사용되나 사용량은 규제하고 있다. 허용된 호료는 표 11.13과 같다.

표 11.13 허용호료 및 그 사용기준

호　료	사용기준
폴리아크릴산나트륨 (Sodium Polyacrylate)	• 사용량은 일반식품에 0.2% 이하
알긴산 프로필렌글리콜 (Propylene Glycol Alginate)	• 사용량은 일반식품에 1% 이하
메틸셀룰로오스 (Methyl Cellulose) 카르복시 메틸셀룰로오스나트륨 (Sodium Carboxymethyl Cellulose) 카르복시 메틸셀룰로오스칼슘 (Clcium Carboxymethyl Cellulose) 카르복시 메틸스타치나트륨 (Sodium Carboxymethyl Starch)	• 사용량은 일반식품에 2% 이하(메틸셀룰로오스, 카르복시메틸셀룰로오스나트륨 또는 카르복시메틸스타치나트륨과 병용 시 각각의 사용량의 합계가 2% 이하). 다만 건강기능식품에는 제한받지 않는다.

알긴산나트륨(Sodium Alginate) 카제인(Casein) 카제인나트륨(Sodium Caseinate) 변성전분(Modified Starch)	• 사용기준이 없음
알긴산암모늄(Ammonium Alginate) 알긴산칼륨(Potassium Alginate) 알긴산칼슘(Calcium Alginate)	• 사용기준이 없음

14) 인공감미료

합성감미료Non-nutritive Sweeteners는 천연감미료와 달리 영양가가 없으며 감미만이 목적으로 이용되고 있고 단맛을 내는 천연감미료에 비해 그 단맛의 정도가 아주 높게 나타난다. 천연의 당은 종류도 많고 그 단맛을 내는 정도도 다르지만, 설탕을 기준으로 단맛을 100으로 했을 때 인공감미료는 상대적으로 감미도는 아주 높게 나타난다. 현재 허용되고 있는 감미료는 표 11.14와 같다.

표 11.14 허용감미료 및 그 사용기준

감미료명	사용기준
사카린나트륨 (Saccharin Sodium)	아래의 식품 이외에 사용하면 안 됨 • 젓갈류, 절임식품 및 조림식품 : 1.0g/kg 이하(단, 팥 등의 앙금류 경우에는 0.2g/kg 이하) • 김치류 : 0.2g/kg 이하 • 음료류(발효음료류 및 인삼 · 홍삼음료 제외) : 0.2g/kg 이하(다만, 5배 이상 희석하여 사용하는 것은 1.0g/kg 이하로 사용) • 어육가공품, 시리얼 : 0.1g/kg 이하 • 영양소보충용 건강기능식품(단, 두 가지 이상의 건강기능식품 원료를 사용하는 경우에는 영양소 함량 비율에 따름), 특수의료용 등 식품, 체중조절용 조제식품 : 1.2g/kg 이하 • 양조간장, 소스류, 토마토케첩 : 0.16g/kg 이하 • 탁주, 소주 : 0.08g/kg 이하 • 뻥튀기 : 0.5g/kg 이하
글리실리진산2 나트륨 (Disodium Glycyrrhizinate)	• 한식된장, 된장, 한식간장, 양조간장, 산분해간장, 효소분해간장 및 혼합간장 이외의 식품에 사용하여서는 안 된다.
D-소르비톨(D-sorbitol) D-말티톨(D-maltitol) 자일리톨(Xylitol) 이소말트(Isomalt)	• 한식된장, 된장, 한식간장, 양조간장, 산분해간장, 효소분해간장 및 혼합간장 이외의 식품에 사용하여서는 안 된다.

아스파탐 (Aspartame)	기타식품의 경우 제한받지 않는다. • 빵류, 과자 및 이의 제조용 믹스에서 0.5% 이하 • 시리얼류, 특수의료용도 등 식품 : 1.0g.kg 이하 • 체중조절용 조제식품 : 0.8g/kg 이하
스테비올배당체(천연첨가물) (Steviol Glycoside)	• 식빵, 백설탕, 갈색설탕, 포도당, 물엿, 캔디류, 벌꿀, 유가공품(아이스크림류, 아이스크림분말류, 아이스크림믹스류, 발효유류, 가공유류 제외)에는 사용하여서는 안 된다.
수크랄로오스 (Sucralose)	• 잼류, 음료수, 가공유류, 발효유류, 조제커피, 특수의료용도 등 식품 : 0.4g/kg 이하 • 체중조절용 조제식품 : 0.32g/kg 이하 • 시리얼류 : 1.0g/kg 이하 • 과자 : 1.8g/kg 이하 • 추잉껌 : 2.6g/kg 이하 • 설탕 대체식품 : 12g/kg 이하

15) 팽창제

팽창제Leavening Agents, Baking Powders는 빵이나 과자 등에 첨가하여 가스를 발생시켜서 연하고 맛을 좋게 하는 동시에 소화되기 쉬운 상태로 만들기 위해 첨가하는 식품첨가물이다. 합성팽창제는 단일팽창제의 결점을 보완한 것으로 암모니아계의 합성팽창제, 알칼리성의 탄산염류나 탄산수소염류에 산성물질을 혼합한 1제식 합성팽창제, 탄산염류 및 탄산수소염류에 전분 등의 분산제와 별도로 산성물질을 혼합한 2제식 합성팽창제가 있고, 대상식품 및 사용기준은 없으며 합성팽창제 종류는 표 11.15와 같다.

표 11.15 합성팽창제 분류

형 태	팽창제
산제팽창제	• 황산알루미늄칼륨(명반, 소명반), D-주석산수소칼륨, L-주석산수소칼륨(2제식 합성팽창제와 산성물질), 산성피로인산나트륨, 글루코노델타락톤, 제1인산칼슘 등
알칼리팽창제	• 염화암모늄, 탄산수소나트륨(1제식 팽창제), 탄산수소암모늄, 탄산마그네슘, 탄산암모늄 등
산 · 알칼리제팽창제	• 황산알루미늄암모늄(암모늄명반, 소암모늄명반) 등

16) 껌 기초제

추잉껌의 기초제로 이전에는 천연수지인 치클 등을 이용하였으나, 현재는 초산비닐수지나 에스테르검, 폴리이소부틸렌, 폴리부텐 등의 합성고분자 화합물을 사용한다. 껌 기초제Chewing Gum Bases는 껌에 적당한 점성과 탄력성을 가지게 하여 그 풍미를 유지하는데 중요한 역할을 하는 것으로, 첨가물 중 초산비닐수지는 과일이나 과채의 표피 피막제로도 쓰이며 껌 기초제로 지정된 것은 표 11.16과 같다.

표 11.16 허용 껌 기초제 및 그 사용기준

껌 기초제	사용기준
에스테르검(Ester Gum)	추잉껌 기초제 이외의 용도에 사용해서는 안 된다. • 탄산음료류 및 기타음료에 한하여 사용량은 0.10g/kg 이하 사용
초산비닐수지(Polyvinyl Acetate)	아래의 식품용도 이외에는 사용하면 안 된다. • 추잉껌 기초제 • 과실류 또는 과채류 표피의 피막제
폴리이소부틸렌(Polyisobutylene) 폴리부텐(Polybutene)	추잉껌 기초제 이외의 식품에 사용해서는 안 된다.

17) 소포제

식품제조 공정에 있어서 거품이 발생하여 품질이나 작업 면에서 큰 지장을 받게 되는 수가 많은데, 이러한 거품을 억제하여 작업을 원활하게 진행되도록 사용되는 물질을 소포제Antifoaming Agents라 한다. 발효나 양조공업, 유제품, 잼, 주스, 두부, 엿 등의 제조공정에 이용되며 현재 규소수지가 허용되어 있다.

표 11.17 허용소포제 및 그 사용기준

소포제	사용기준
규소수지(Silicone Resin)	거품을 없애는 목적 이외에 사용하여서는 안 된다. • 일반식품에 0.05g/kg 이하

18) 품질개량제

품질개량제Texturizers는 결착제 또는 조직개량제라고도 부르며, 식육이나 어육으로 제품을 제조할 때 맛이나 풍미, 색깔과 조직감 등을 개량하기 위해 사용하는 물질로서 가장 일반적인 물질이 인산염류이다. 인산염의 기능은 금속이온 때문에 일어나는 제반문제를 방지할 수 있으며, 금속이온과의 착염을 형성, 단백질이나 전분과의 상호반응하고 pH의 안정성을 위한 완충작용을 하고, 유화안정성 및 보수력 증가와 흡수력 촉진하고 전분과 교차결합 및 항산화제의 상승효과와 응고방지 등의 효과를 나타낸다.

즉 금속이온이 불활성화되면 비타민 C의 산화분해방지를 하고, 인공착색료의 퇴색 및 변색방지와 갈변방지뿐만 아니라 표백제의 표백효과를 높일 수 있다. 방부제와 금속이온의 결합으로 인한 방부효과 감소를 방지해주며 금속이 가진 특유의 맛과 냄새를 제거할 수 있다. 피로인산염과 병용하여 육제품을 비롯한 소시지, 햄 등의 제조에 필수적인 첨가물이며, 유제품은 유질의 변화가 방지되며, 토마토주스에 사용할 경우 점도를 높이며 색소의 퇴색을 방지하고 비타민 C를 안정화시켜 주며, 면류에 사용하면 탄력성을 증가시켜 씹는 맛이 좋아진다. 치즈, 분유, 통조림류, 아이스크림류, 주스류, 간장, 된장, 주류, 두부, 청량음료 등에 다양하게 사용하고 있다.

19) 용제

하나의 용액에서 어떤 용액을 만들기 위한 물리적 조작(용해나 추출, 흡수 및 세정 등)의 대상이 되는 성분, 즉 녹이는데 사용한 성분을 용제Solvents라고 하는데, 착향료나 착색료 및 보존료 등을 식품에 첨가할 경우 잘 녹지 않으므로 용해시켜 식품에 균일하게 흡착시키기 위해 사용하는 것을 말한다. 독성이 낮고 첨가물을 잘 용해시켜야 하며 풍미에 영향을 주지 않으면서 물에 잘 녹아 유지와도 잘 섞이는 등의 성질을 가져야 한다.

용제의 성질은 그 분자구조에 따라 그 용해력은 용액이 형성될 때의 조건, 즉 온도나 압력, 조합되는 성분, 용질의 성질 등에 따라 변화하므로 용액을 만들 때에는 용제의 선택이 중요한 사항이다. 현재 허용되어 있는 용제는 글리세린지방산에스테르Glycerine Esters of Fatty Acid, 글리세린Glycerine과 프로필렌글리콜Propylene Glycol이다. 프로필렌글리콜은 습윤제로도 이용되며 견과류 가공품에 5% 이하, 만두 및 만두피에는 1.2% 이하, 아이스크림은 2.5% 이하, 기타식품에는 2% 이하로 사용한다.

20) 이형제

빵이나 비스킷류의 제조과정에서 반죽이 분할기로부터 잘 분리되도록 하고, 구울 때 빵틀로부터 형태를 유지하면서 쉽게 분리하도록 하기 위해 사용되는 것이 이형제 Release Agents이다. 허용된 이형제로 유동파라핀은 석유에서 얻어진 탄화수소류의 혼합물로서 무색이며 끈적한 액체로 고도의 정제된 제품으로 산화되기 쉬워 산화방지제 중 DL-α-토코페롤을 첨가하는 것을 인정하고 있다.

이 첨가물을 사용하면 기름가스의 생성이나 기계의 부식이 적고 반죽의 분할과정에서 중량의 오차가 낮다. 그렇지만 많은 양을 먹었을 때 소화 · 흡수가 어려워 복통과 설사를 일으킬 수가 있으며 지용성 비타민의 흡수도 감소시킬 수 있는 단점이 있다.

표 11.18 허용 이형제 및 그 사용기준

이형제	사용기준
유동파라핀(Liquid Paraffin)	아래의 식품 이외에는 사용하여서는 안 된다. • 빵류 : 0.15% 이하 • 캡슐류 : 0.6% 이하 • 건조과채류 : 0.02% 이하

REFERENCES

강근옥 외(2009). 식품위생학, 보문각.

구난숙 · 김완수 · 이경애 · 김미정(2012). 식품위생학, 파워북.

권정훈 · 김정원 · 유화춘 · 정현정(2013). 식품위생학, ㈜교문사.

금종화 · 김정목 · 곽준수 · 김창렬 · 김명숙 · 박신인 · 소명환 · 손규목 · 이상일 · 이경임 · 조석금 · 채용곤 · 김성영(2014). 알기 쉬운 식품위생학, 도서출판 효일.

김경희 · 방우석 · 윤요한 · 이연리 · 정현정(2014). 식품미생물학, 지구문화사.

김덕웅 외(2007). 21세기 식품위생학, 수학사.

김미정 외(2008). 식품위생학, 라이프사이언스.

김미정 · 권오란 · 전향숙 · 원혜숙 · 김지연 · 강병철 · 제정환 · 한재갑 · 홍성화 · 복혜숙 · 김우선 · 피재호 · 박헌용 · 김현정(2012). 건강기능식품, (주)교문사.

김옥경 · 박인숙 · 방우석 · 범봉수 · 임용숙 · 장재선 · 채기수 · 하상철(2014). 식품위생학, 지구문화사.

김지응 · 정세훈 · 어금희(2013). 식품위생학, 백산출판사.

노광래 외(2011). 식품위생학, 양서원.

민경찬 · 신용칠 · 조규봉 · 김영성(2009). 식품위생관리, 광문각.

배동호(2007). 식품 중 에틸카바메이트 모니터링 및 위해평가 보고서, 건국대학교.

송재철 외(2005). 새로운 식품위생학, 동서문화원.

송형익 외(2014). 식품위생학, 지구문화사.

송형익 · 김정현 · 박성진 · 배지현 · 배현수 · 이미영 · 이웅수 · 조좌형 · 최소례(2011). 식품위생학, 지구문화사.

식품의약품안전처 식품위해평가부 미생물과(2013). 병원성미생물 도감.

식품의약품안전처(2007). 식품 중 아크릴아마이드 모니터링 및 위해평가.

식품의약품안전처(2008). 벤조피렌 리플릿.

식품의약품안전처(2014). 알기 쉬운 HACCP관리.

식품의약품안전처(2018). 식품첨가물의 기준 및 규격.

식품의약품안전청(2009). 집단급식소 위생관리매뉴얼.

양일선 외(2004). 단체급식, 교문사.
이상희(2011). 식품 중 아크릴아마이드 실태조사 및 위해평가보고서, 한국식품연구원.
조신호 · 조경련 · 강명수 · 송미란 · 주난영(2012). 식품학, (주)교문사.
한국음식중앙회(2011). 위생교육교재.
http://www.kfda.go.kr
http://www.mw.go.kr
http://www.cdc.go.kr
http://www.naver.com